U0303086

“十三五”国家重点出版物出版规划项目

长江上游生态与环境系列

三峡库区沉积物磷及重金属淤积特征与环境效应

吴艳宏 范继辉 王晓晓 等 著

科学出版社
龍門書局
北 京

内容简介

本书分析三峡库区泥沙来源、时空变化及其淤积特征，揭示污染物及其形态在库区的时空分布，阐明沉积物中污染物的迁移转化机制及其生态环境效应。本书丰富了梯级水库建设过程中水沙变化、泥沙来源识别、水沙间污染物的迁移转化规律及微生物在其中的作用等方面的研究，为三峡库区水生态环境预测提供依据。

本书可供从事地球化学、水利与水资源、内源污染控制、生态环境保护、区域开发与管理等相关研究人员和高等院校师生参考。

图书在版编目(CIP)数据

三峡库区沉积物磷及重金属淤积特征与环境效应 / 吴艳宏等著.
—北京：科学出版社，2021.5
（长江上游生态与环境系列）
“十三五”国家重点出版物出版规划项目
ISBN 978-7-5088-5799-2

Ⅰ.①三… Ⅱ.①吴… Ⅲ.①三峡水利工程-水库淤积-水污染-污染控制-研究 Ⅳ.①X524

中国版本图书馆 CIP 数据核字（2020）第 171050 号

责任编辑：李小锐 冯 铂 / 责任校对：彭 映
责任印制：肖 兴 / 封面设计：墨创文化

科学出版社
龍門書局 出版
北京东黄城根北街16号
邮政编码：100717
http://www.sciencep.com

三河市春园印刷有限公司 印刷
科学出版社发行 各地新华书店经销

*

2021年5月第 一 版 开本：787×1092 1/16
2021年5月第一次印刷 印张：11 3/4
字数：278 000

定价：120.00 元

（如有印装质量问题，我社负责调换）

“长江上游生态与环境系列”编委会

《三峡库区沉积物磷及重金属淤积特征与环境效应》

著者名单

吴艳宏　范继辉　王晓晓　严冬春　邴海健

孙宏洋　周　俊　钟志淋　祝　贺　王彬俨

序

长江发源于青藏高原的唐古拉山脉，自西向东奔腾，流经青海、四川、西藏、云南、重庆、湖北、湖南、江西、安徽、江苏、上海等11个省（区/市），在上海崇明岛附近注入东海，全长6300余公里。其中宜昌以上为长江上游，宜昌至湖口为长江中游，湖口以下为长江下游。长江流域总面积达180万平方公里，2019年长江经济带总人口约6亿，GDP占全国的42%以上。长江是我们的母亲河，镌刻着中华民族五千年历史的精神图腾，支撑着华夏文明的孕育、传承和发展，其地位和作用无可替代。

宜昌以上的长江上游地区是整个长江流域重要的生态屏障。三峡工程的建设及上游梯级水库开发的推进，对生态环境的影响日益显现。上游地区生态环境结构与功能的优劣，及其所铸就的生态环境的整体状态，直接关系着整个长江流域尤其是中下游地区可持续发展的大局，尤为重要。

2014年国务院正式发布了《关于依托黄金水道推动长江经济带发展的指导意见》，确定长江经济带为“生态文明建设的先行示范带”。2016年1月5日，习近平总书记在重庆召开推动长江经济带发展座谈会上明确指出，“当前和今后相当长一个时期，要把修复长江生态环境摆在压倒性位置，共抓大保护，不搞大开发”“要在生态环境容量上过紧日子的前提下，依托长江水道，统筹岸上水上，正确处理防洪、通航、发电的矛盾”。因此，如何科学反映长江上游地区真实的生态环境情况，如何客观评估20世纪80年代以来，人类活跃的经济活动对这一区域生态环境产生的深远影响，并对其可能的不利影响采取防控、减缓、修复等对策和措施，都亟须可靠、系统、规范科学数据和科学知识的支撑。

长江上游以其独特而复杂的地理、气候、植被、水文等生态环境系统和丰富多样的社会经济形态特征，历来都是科研工作者的研究热点。近20年来，国家资助了一大批科技和保护项目，在广大科技工作者的努力下，长江上游生态环境问题的研究、保护和建设取得了显著进展，这其中最重要的就是对生态环境的研究已经从传统的只关注生态环境自身的特征、过程、机理和变化，转变为对生态环境组成的各要素之间及各圈层之间的相互作用关系、自然生态系统与社会生态系统之间的相互作用关系，以及流域整体与区域局地单元之间的相互作用关系等方面的创新性研究。

为总结过去，指导未来，科学出版社依托本领域具有深厚学术影响力的20多位专家策划组织了“长江上游生态与环境”系列，本系列围绕生态、环境、特色三个方面，将水、土、气、冰冻圈和森林、草地、湿地、农田以及人文生态等与长江上游生态环境相关的国家重要科研项目的优秀成果组织起来，全面、系统地反映长江上游地区的生态环境现状及未来发展趋势，为长江经济带国家战略实施，以及生态文明时代社会与环境问题的治理提供可靠的智力支持。

丛书编委会成员阵容强大、学术水平高。相信在编委会的组织下，本系列将为长江上游生态环境的持续综合研究提供可靠、系统、规范的科学基础支持，并推动长江上游生态环境领域的研究向纵深发展，充分展示其学术价值、文化价值和社会服务价值。

中国科学院院士　秦大河

2020 年 10 月

前　言

三峡水库是目前我国最大，也是举世瞩目的特大型水库。水库正常蓄水位 175m，5 月底降至防洪限制水位 145m。这种水库调度方式使得库周形成垂直高度为 30m、面积 348.93km^2 的水库消落带。三峡水库上游水能资源丰沛，是我国水电开发的主战场，近年来，随着溪洛渡水电站、向家坝水电站、瀑布沟水电站等巨型电站相继开工，河流的梯级开发局面已经形成，将对三峡水库入库径流过程、泥沙输送等产生巨大的影响。入库径流过程、入库泥沙量及组成的变化以及三峡水库水位变化，都会影响到库区泥沙淤积状况，关系到三峡工程的长期效益和水库上下游、长江沿岸的生态环境。

三峡水库运行以来，出现了一些新的情况：

近年来上游入库泥沙总量呈减少趋势，而重庆至宜昌段入库泥沙通量有增大趋势，同时泥沙淤积的空间分布上发生变异。受库岸地形差异、水文条件变化、水位周期性大幅涨落、泥沙自身特性等因素影响，库区沉积泥沙在库区近岸带、干流河道、变动回水区等部位的空间分布不均匀。现有的研究，采用资料类比分析、泥沙模型模拟、实体模型试验等方法，从宏观上针对水库运行后泥沙淤积形态和库容泥沙冲淤变化进行评估预测。但受模型边界条件难确定和实际来水来沙条件改变的影响，模拟结果与库区泥沙淤积实际情况的符合程度还需大量实际观测数据检验。

伴随入库泥沙通量及其来源的变化，大量次级支流淤积河段出现水体富营养化。泥沙是水体污染物的载体，不同来源的泥沙携带污染物及其吸附解析特征不同。三峡水库泥沙主要由干支流挟带入库泥沙和库岸侵蚀产沙构成，不同来源泥沙的化学矿物成分、粒级组成、表面吸附物质等均存在较大差异，在泥沙与水体间的物质交换过程中的作用也不尽相同，阐明库区沉积物的泥沙来源组成对于分析库区沉积泥沙中营养元素的环境影响十分必要。

三峡库区消落带是泥沙淤积的主要区域，周期性干湿交替环境，对重金属的迁移转化产生重要影响，有待深入研究。水环境重金属污染是目前国际上研究的热点问题之一。水体中重金属绝大部分能够迅速被水中悬浮颗粒和底部沉积物所吸附并富集。沉积物中重金属的地球化学行为和生态效应十分复杂，其物理化学行为如沉淀与溶解、氧化与还原、吸附与解吸等具有可逆性，在外界条件发生变化时，沉积物中重金属可能再次进入水体，从而成为对水质具有潜在影响的次生污染源。

本书对三峡库区以上主要干支流水电开发现状、未来趋势和长江上游主要干支流及三峡入库径流、泥沙变化规律进行分析，探讨上游水库群建设对三峡入库水沙过程的影响；利用多种指标分析三峡库区泥沙来源及其在库区及消落带的淤积特征，探讨上游水沙变化对库区泥沙淤积的影响；分析库区及消落带沉积物磷的含量、形态组成及时空分布特征，开展泥沙对磷的吸附/解吸过程的研究，结合库区泥沙输入输出量，评估泥沙对水体磷的吸附能力，并评估沉积物磷迁移转化及其生态环境效应；分析库区及消落带沉积物重金属的含量、形态组成及时空分布特征，利用多种评价指标分析重金属生态环境风险；对库区沉积物中微生物的群落结构进行调查，分析影响沉积物中微生物群落结构的主要因素，探讨磷和重金属对沉积物中微生物的影响。

本书分 7 章，第 1 章由吴艳宏、王晓晓撰写；第 2 章由范继辉撰写；第 3 章由严冬春、王彬俨撰写；第 4 章由王晓晓、周俊、吴艳宏撰写；第 5 章由邴海健、钟志淋、祝贺、吴艳宏撰写；第 6 章由孙宏洋、吴艳宏撰写；第 7 章由吴艳宏、邴海健、王晓晓、范继辉撰写。全书由吴艳宏、王晓晓、邴海健完成统稿。

本书的研究工作得到“长江上游水库群建设运行对三峡水库水沙环境的影响（KFJ-EW-STS-009）”和“三峡水库沉积物内源释放通量及其环境效应（KFJ-EW-STS-008）”资助，感谢中国科学院科技促进发展局资源环境处对本研究工作的支持！感谢周维先生和冯仁国先生在项目立项和执行过程中给予的大力支持和指导！感谢中国科学院、水利部成都山地灾害与环境研究所三峡库区水土保持与环境研究站和中国科学院重庆绿色智能技术研究院三峡生态环境研究所在项目开展野外工作中提供的帮助！感谢西南大学何丙辉教授承担了项目的部分研究工作！

由于三峡水库泥沙及相关环境问题的复杂性，本书难免存在不足之处，恳请专家和读者指正。

目　　录

第1章 绪　论

1.1 研 究 背 景

随着水电开发力度的不断加大，其对流域水沙系统造成的影响日益突出。水库的建成不仅改变了流域的径流时空，还从宏观上改变了河流泥沙的时空分布，库区水位壅高，水深加大，流速降低，泥沙淤积。泥沙是塑造河流形态、维护生态系统健康的重要驱动力，水库拦沙问题的研究是揭示流域内水沙条件变化的关键，也是工程规划、设计以及水库运行调度的基础。目前，长江流域已建水库5.2万座，占全国已建水库数量的53%，总库容3600亿m^3，已形成以三峡水库为核心的世界规模最大的巨型水库群，在流域防洪、生态保护、供水、发电和航运等方面发挥巨大作用的同时，对流域内的水沙输移特性变化也产生了较大影响。20世纪90年代至今，国内外众多学者针对该问题开展了大量的分析研究，取得了十分丰富的研究成果。然而，近年来，随着气候变化及人类活动的影响，长江上游泥沙输移特性发生了新的变化，特别是2011年以来，金沙江中下游梯级水电站陆续建成运行后，三峡水库的入库泥沙量大幅度减少，在新的环境下，水库群建设对流域内产生拦沙效益方面的研究鲜见报道。近几年的实测资料表明，长江上游水库群的拦沙作用明显大于预期。因此，定量研究长江上游水库的拦沙效应，掌握水库拦沙对流域内泥沙减少的贡献权重，是揭示三峡水库水沙输移特性变化的关键之一。

泥沙问题作为三峡水库运行安全的核心问题之一，得到了越来越多的关注。水库蓄水显著改变了河道泥沙的冲淤状态，三峡库区河道冲淤由蓄水前的平均每年冲刷0.5亿t转变为蓄水后平均每年淤积1.32亿t，由此产生了泥沙问题中的两大核心："从哪儿来"和"淤在哪儿"。另外，泥沙沉积过程还是消落带生态系统中至关重要的环节之一，它不仅通过提供基础物质直接决定河岸区域的地貌特征及演变过程，同时为水陆界面的污染物(磷、重金属等)迁移过程提供重要载体。

河流建库在改变河流泥沙输移的同时，也改变了磷在河流中的地球化学过程。在回水顶托作用下，河流的流速减缓，延长了水的滞留时间，从而导致河流中的悬移质泥沙在水库中不断沉积，颗粒物携带的磷沉积到库底，并通过悬浮颗粒物的絮凝、吸附作用使水中的磷浓度降低(陈锦山等，2011；Wang et al.，2009)。库区泥沙沉积的同时水体透明度增加，有利于河流中浮游藻类的生长，而浮游藻类对磷的吸收有利于水体中溶解态磷浓度的降低，促进磷在水库中的滞留。以往研究发现，三峡水库对磷酸盐的滞留率大约为36%(冉祥滨，2009)。三峡水库的修建使长江中下游的泥沙量减少了91%，总磷和颗粒态磷分别减少了77%和83.5%(Zhou et al.，2013)。2003～2006年，进入三峡库区中的泥沙约有60%滞留在水库中(Xu and Milliman，2009)。在水环境变化的条件下，沉积物中的磷会重新释放到水体中，成为内源磷(Cornwell et al.，2014；Jarvie et al.，2005；Sondergaard et al.，

2003)。沉积物中磷的二次释放问题受到学者和政府的关注，在磷的外源输入被控制的情况下，内源磷的释放是影响水质的重要原因(秦伯强等，2006)。因此，有必要进行三峡库区泥沙对磷迁移和赋存特征的影响研究。

重金属因其毒性、非降解性以及食物链的生物富集作用，对各种生态系统均构成严重威胁，现已成为一个全球性问题(Duan et al.，2018；Rosado et al.，2016；El Nemr et al.，2016；Bai et al.，2016；Singh et al.，2005)。在水生生态系统中，除一小部分重金属以溶解态存在于水体中外，90%以上的重金属都存在于悬浮颗粒和沉积物中(Zahra et al.，2013；Zheng et al.，2008)。沉积物是重金属主要的“汇”，被认为是衡量重金属污染的有效指标(Baborowski et al.，2012；Viers et al.，2009)。河流沉积物中重金属可通过水动力扰动、化学和生物过程在不同沉积条件下释放到水体中，对水生生物和人类健康造成潜在威胁(Singh et al.，2005)。沉积环境变化对沉积物中重金属的分布和迁移起着至关重要的作用(Singh et al.，2005)。例如，细颗粒的沉积物不仅能够吸附更多的重金属，而且含有金属铁/锰氧化物的表面涂层，这将限制沉积物中重金属的移动性和生物可利用性(Bing et al.，2013；Ip et al.，2007)。因此，有必要全面了解沉积物中重金属的地球化学分布、来源特征和风险状况的机制，以制订区域水环境管理的污染控制策略。

微生物在地球上无处不在，在任何环境适宜的地方都能繁殖，几乎出现在任何有水的地方，例如沉积物中(Yan et al.，2015；Green et al.，2008)。此外，微生物有非常高的多样性和丰富度，它们的生物化学多样性令人叹为观止，这使得它们在生物圈生物地球化学循环中起着至关重要的作用(Woese，1994)。建造大坝作为一种人为影响河流环境的主要方式，能显著改变河流的水文过程和沉积条件，把河流转变为半河流或湖泊型环境。另外，与大坝(或水库)管理相关的人类活动常常导致水体和沉积物的理化性质改变(Fremion et al.，2016)。因此，沉积物中微生物群落很容易遭受人为或自然胁迫，微生物的变化也会直接影响沉积物环境中的功能过程，改变其元素循环、生态稳定性、恢复能力和生态服务(Xie et al.，2016；Reed and Martiny，2013)。

综上，在全球气候变化和长江上游水电开发的背景下，三峡库区上游来水来沙发生了巨大变化，直接影响三峡库区泥沙的输送。三峡水库的调蓄过程引起泥沙在库区大量淤积，泥沙淤积改变了污染物(磷、重金属等)在库区的时空分布特征，同时也改变了库区沉积物中的生物种群特征，进而影响三峡库区的水生态环境。因此，有必要对三峡水库正式运行以后来水来沙、泥沙淤积、污染物的时空变化和微生物特征进行研究，为三峡水库水生态环境保护、污染控制和科学运行管理提供科学依据。

1.2 三峡库区概况

1.2.1 地理位置及范围

三峡库区(28°32′～31°44′N，105°44′～111°39′E)东起湖北宜昌，西至重庆江津，全长667km，面积5.79万km^2(图1.1)。库区主要涉及湖北境内的兴山县、巴东县、秭归县和夷陵区4个区(县)和重庆的巫山县、巫溪县、奉节县、云阳县、开州区、万州区、忠县、

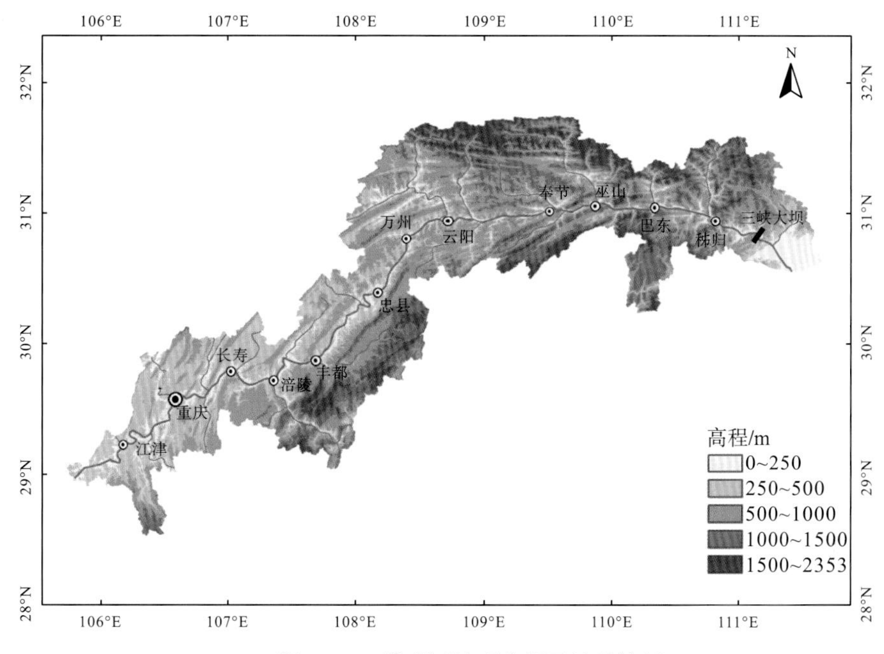

图1.1　三峡库区地理位置及地貌特征

丰都县、石柱县、涪陵区、武隆区、长寿区、渝北区、巴南区、江北区、南岸区、渝中区、沙坪坝区、北碚区、九龙坡区、大渡口区、江津区共22个区(县)。

1.2.2　地质、地貌特征

1. 地层与地质构造

三峡库区以大巴山脉和巫山山脉为骨架，以中山、低山和峡谷等侵蚀地貌景观为主，自西向东跨越了我国地貌上的第二和第三两个大阶梯。地势中段高，向东、西两侧降低；南、北两侧高，中部长江一线最低。西邻四川盆地边缘高山峡谷区，东濒长江中下游平原丘陵区。区内山脉总体走向与大的构造线方向一致。在新构造运动影响下，山体上部有多级台面发育，显示出峰峦叠嶂的层状地貌景观。该地区在大地构造上属于扬子准地台，基底主要由早元古—晚元古代变质火山-碎屑岩及侵入其间的岩浆岩组成。

三峡地区地层自老至新出露比较全，除缺失志留系上统、泥盆系下统、石炭系上统和古近系和新近系外，自前震旦系崆岭群至第四系皆有出露(饶开永，2010)。其分布由东至西自老而新展布。三斗坪至庙河段出露前震旦系结晶岩；庙河至香溪为震旦系至三叠系至侏罗系地层；牛口至观武镇三叠系中、下统大面积出露；观武镇以西至库尾近400km的库区，侏罗系地层广布，仅在背斜核部出露三叠系及少量二叠系地层。第四系堆积物零星分布于河流阶地、剥夷面及斜坡地带。分布比较集中、体积较大的第四系堆积体大都是崩塌、滑坡体。

三峡库区横跨川鄂褶皱带中段和川东弧形褶皱带东段，北为大巴山弧形褶皱带，东南与长阳东西向构造带相邻，西南有川黔南北向构造带插入，东与淮阳山字形构造相接。库区褶皱的特点是自西向东，一系列北北东向弧形褶皱受巴山弧阻隔，向北西外凸，由北东向转向北东东向，最后以近东西向与秭归向斜相交并嵌入秭归向斜中。褶皱形态以奉节为界，奉节以东背斜紧闭并伴有倒转现象，向斜为复式褶皱，次级褶曲发育，多沿主槽两侧呈平行斜列式展布。奉节以西向斜宽缓，背斜紧闭，成“隔挡式”构造。

库区内断裂不甚发育。库首段有九湾溪断裂、仙女山断裂、新华断裂。巴东—奉节段有齐岳山断裂、恩施断裂、郁江断裂、黔江断裂。奉节以西断裂不发育。区内规模较大的仙女山断裂和新华断裂距库区较远，横穿干流水库的主要断裂仅有九湾溪断裂、牛口断裂、横石溪断裂、杨家棚断裂、黄草山断裂等，另外建始断裂北延出现的坪阳坝断裂、碚石断裂与龙船河、冷水溪等支流库段相交。这些断裂规模都不大，均未造成大范围的岩体破坏。

库区内地震水平不高，强度小、频度低。地壳稳定性相对较好，属弱震环境。据国家地震局《中国地震烈度区划图(1990)》(1∶400 万，50 年超越概率 10%)，库区的地震烈度大多为Ⅵ度和小于Ⅵ度。自 1959 年建立三峡地震台网至今，三峡库区内发生的最大地震为 1979 年 5 月 22 日秭归县龙会观的 5.1 级地震，震中紧靠北岸，震中烈度达Ⅶ度；此外，记录到 4.0～4.9 级地震 8 次，3.0～3.9 级地震 27 次，均为浅源地震，震源深度 8～16km(秦胜伍，2006)。

2. 地形地貌

库区内山地的隆起伴随河流的切割，形成高耸的壮观山系，高低悬殊，山高坡陡，河谷深切。河谷平坝、丘陵、山地分别占三峡库区总面积的 4.3%、21.7%和 74.0%。

库区奉节以东，地貌以大巴山、巫山山脉为骨架，形成以震旦系至三叠系碳酸盐岩组成的川鄂褶皱山地，属于以侵蚀为主兼有溶蚀作用的中山峡谷间夹低山宽谷地貌景观。山脉总体为近东西向，局部为南北向。长江多斜切或横切，因而河谷多为斜向或横向谷。山顶高程多为 1000～2000m，相对高差 1000m 左右。河谷狭窄，岸坡陡峭，江面宽一般为 200～300m。山脉走向也受构造控制，大巴山脉呈北西—北西西向耸立于库区之北，主峰大神农架高程 3150m，为长江和汉江的分水岭。巫山山脉呈北东—北东东向绵延于鄂、渝边境，绿葱坡至云台荒一带，高程 1800～2000m，为长江与清江的分水岭。长江河谷深切，两岸山峰耸立，河谷狭窄，水流湍急，形成了著名的长江三峡。该段地貌的另一特征是层状地貌明显，自分水岭向长江河谷，呈阶梯状逐级下降过渡，可见两期四级夷平面。长江两岸支流发育，北岸支流为北西向，南岸支流为北东向。

库区奉节以西属四川盆地的东部，以侏罗系碎屑岩为主的低山丘陵宽谷地形；山脉受构造控制，形成了一系列北东—南西向平行展布的窄条状低山，形成独特的平行岭谷景观。总体地势自盆地边缘向中心逐渐降低，在奉节一带高程近千米，至长寿附近逐渐降为 300～500m；高耸突起的带状山梁，由坚硬的石灰岩与砂岩组成，山脊高程一般为 700～800m；低缓丘陵则多由砂岩、黏土岩组成，山顶高程一般为 300～600m。长江蜿蜒于向斜谷地，形成开阔平缓的宽谷，局部地段横切背斜时，常形成短小峡谷。

库区微地貌形态多种多样，主要为山地受流水地质作用和重力地质作用改造的产物，如冲沟、洪积扇、倒石堆、滑坡体等。巫山至云阳的长江河谷中可见Ⅱ～Ⅳ级阶地，重庆李永沱一带可见Ⅰ～Ⅵ级阶地。库区局部还发育岩溶地貌，如溶沟、溶槽、岩溶漏斗等。

1.2.3　消落带特征

随着三峡水库蓄水运行，库区受水位涨落的影响而形成不同类型的消落带。据统计(图1.2)，三峡水库消落带总面积348.93km^2，175m岸线长5578.21km。湖北境内消落带面积42.65km^2，175m岸线长696.78km，占三峡水库消落带总面积的12%。重庆段消落带面积306.28km^2、岸线长4881.43km，占三峡水库消落带总面积的88%。重庆段消落带主要集中在涪陵区以下库区段，下游8个区县消落带面积占三峡水库消落带总面积的81.84%(张彬，2013)。

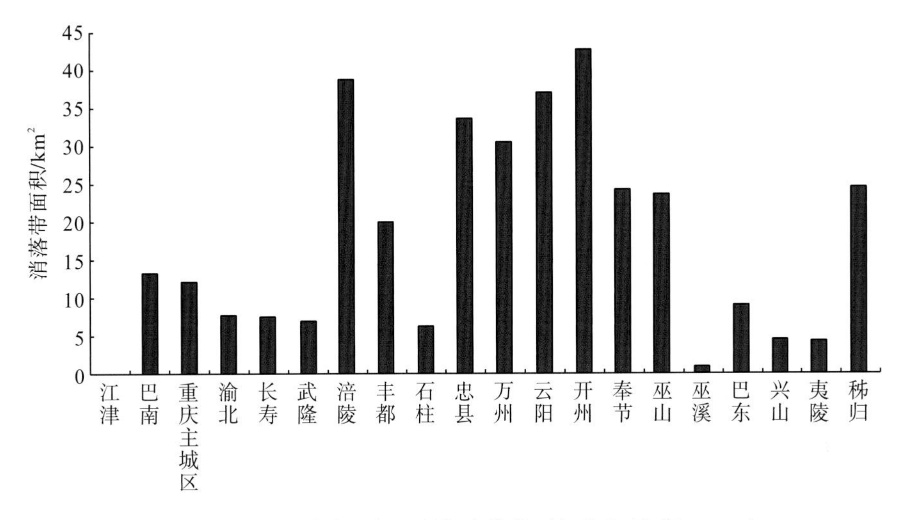

图1.2　三峡库区各区(县)消落带面积分布(张彬，2013)

库区不同库段消落带地貌类型差异较大。江津到万州的消落带主要以坡面直缓(坡度小于15°)的阶地为主，同时伴有下部平缓、上部坡度较大(坡度大于25°)的消落带类型；奉节到坝前消落带主要以陡峭(坡度大于45°)的裸露岩壁为主(Bao et al.，2015a)(图1.3)。

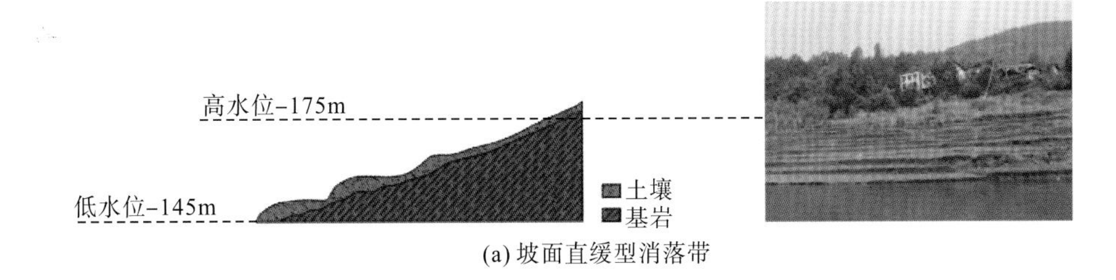

(a) 坡面直缓型消落带

图1.3　三峡库区消落带地貌特征(Bao et al.，2015a)

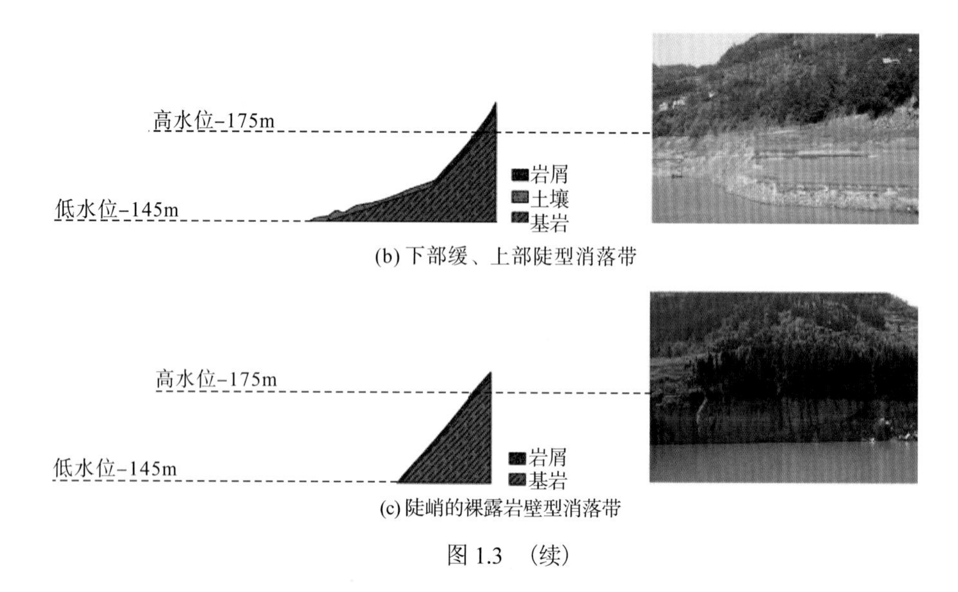

(b) 下部缓、上部陡型消落带

(c) 陡峭的裸露岩壁型消落带

图 1.3 （续）

1.2.4 水文特征

以往研究表明(陈静等，2005)，在三峡库区蓄水前，重庆主城至万州段流速与河宽成正比，最高流速 3.0～4.0m/s，一般出现在河宽大于 1000m、水深小于 20m 处。相反，低流速出现在水深较大的河床部位，河宽小于500m，河谷呈“U”字形，过水断面面积较大。万州往下至奉节河段，最大流速基本都出现在水深大于 50m 的峡谷河床部位，流速大于上部碛滩河段，河宽较窄(小于600m)，河床呈“V”字形，过水断面面积较小。奉节至秭归河段，水深大的部位，河面较窄(小于500m)，河床呈“W”字形，过水断面面积较大，流速变小。

三峡库区蓄水后，在回水顶托作用下，库区水流平均流速明显降低，从蓄水前的 0.5～1.5m/s 降低到 175m 蓄水后的 0.08～0.45m/s(兰凯，2005)。库区水中悬移质颗粒的粒径(特别是在常年回水区内)变小，中值粒径从 2002 年之前的 11μm 减小到 2003～2010 年的 9μm。2003～2013 年，多年平均入库流量为 3579 亿 m^3。蓄水后库区泥沙输入量持续减少，2014 年泥沙入库量为 0.554 亿 t，与 2003～2013 年的平均值相比偏少 72%。根据水利部长江水利委员会的监测，三峡库区上游来沙主要集中在 6～9 月，在不考虑区间来沙的情况下，2014 年库区泥沙淤积 0.449 亿 t，水库排沙比为 19%，泥沙淤积也主要集中在 6～9 月。2003 年 6 月至 2014 年 12 月，三峡入库悬移质泥沙 20.832 亿 t，出库悬移质泥沙 5.074 亿 t，不考虑三峡库区区间来沙，水库淤积泥沙 15.759 亿 t，近似年均淤积泥沙 1.31 亿 t。

长江干流 5 年一遇天然洪水位在重庆市巴南区大塘坝为 180.4m，20 年一遇天然洪水位在重庆市巴南区大塘坝为 184.5m。三峡水库正常蓄水位为 175m(坝前)，5 年一遇设计回水位在重庆市巴南区大塘坝为 180.7m，20 年一遇设计回水位在重庆市巴南区大塘坝为 184.5m。

1.2.5 气象条件

三峡库区属中亚热带湿润季风气候，具有冬暖、春早、夏热、伏旱、秋雨、光照少、云雾多、生长期长、霜雪少的特点。库区年平均气温17～19℃，冬季短，60～70d，极端最低气温-4℃左右。库区夏季达140～150d，最热月7月平均气温28～30℃，极端最高气温42.6℃。海拔500m以下河谷地带的大于10℃积温达5200～6900℃，无霜期长达290～340d。库区地处长江河谷，云雾多，日照较少，年日照时间一般为1500h以下，日照百分率约为30%。库区降水丰沛，年降水量1000～1200mm，但季节分配不均，4～10月为雨季，春末夏初多雨，7、8月连晴高温，常发生伏旱。库区年平均相对湿度较大，达80%。

1.2.6　土壤和植被

三峡库区的土壤类型主要有黄壤、黄棕壤、紫色土、黄色石灰土、棕色石灰土、水稻土、冲积土、粗骨土和潮土等。在海拔较高的山中还有棕壤、暗棕壤和山地草甸土。耕地多分布在长江干支流两岸，大部分为坡耕地和梯田。库区土地垦殖率高，耕地以旱坡地为主。耕地质量较差，陡坡地与薄土地多。库区旱耕地资源中，坡度大于等于25°的陡坡耕地面积占坡耕地面积的34%，耕层小于30cm的占41%，不少地段坡耕地已见基岩裸露。由于库区78%的坡耕地土壤为紫色土，具有易风化、易被侵蚀、土壤熟化度低等特点，因而肥力低下，有机质及速效氮、磷、钾含量较低。

库区物种资源丰富，具有物种多样性和生态群落、生态系统多样性的优势。有维管束植物2787种，其中国家重点保护的珍稀植物达49种。主要植被类型有常绿阔叶林、落叶阔叶混交林、落叶阔叶与常绿针叶混交林、针叶林和灌草丛等。植被因气候垂直变化而复杂多样，从河谷丘陵到山地，生长亚热带—暖温带—温带的各类植物。由于开发历史悠久，以及不合理的开发利用，三峡库区森林植被生态系统遭到了较严重的破坏，林种结构较单一，阔叶林比重小，针叶林比重大(占90%以上，其中马尾松占70%以上)，中幼林比重大，多属20世纪六七十年代的人工林，灌木层种类少，群落种类组成、层次结构简单。2014年三峡库区森林面积为27500km^2，森林覆盖率为50.9%。

1.2.7　社会经济

据《长江三峡工程生态与环境监测公报(2015)》，2014年三峡库区常住人口1457.09万人，其中，重庆库区1309.16万人，湖北库区147.93万人；库区城镇常住人口774.44万人，城镇化率53.15%。2014年库区实现地区生产总值6320.59亿元，其中，重庆库区5610.90亿元，湖北库区709.69亿元。库区公路里程数达到89149km，其中高速公路里程1429km。库区中小学学校3210所，在校中小学生178.29万人。2014年三峡库区全体移民人均可支配收入15205元。

2014年三峡库区农用地面积为4114.26km^2，其中，水田面积1081.50km^2，旱地面积1705.55km^2，柑橘面积778.49km^2，茶园面积142.85km^2。从不同坡度农业用地结构来看，小于10°、10°～15°、15°～25°和大于25°的农业用地面积分别占20.3%、30.6%、32.8%和16.3%。从不同海拔农业用地结构来看，小于500m、500～800m、800～1200m和大于1200m的农业用地面积分别占53.8%、31.6%、11.7%和2.9%。2014年，三峡库区施用农药615.4t，其中有机磷农药302.0t；库区全年流失农药38.4t，其中有机磷农药23.8t。库区全年施用化肥 13.0 万 t，其中氮肥 8.5 万 t、磷肥 3.6 万 t、钾肥 0.9 万 t。

2014 年，库区船舶油污水产量为 43.9 万 t，处理量为 43.1 万 t，船舶生活垃圾产量约为 4.5 万 t。库区城镇生活污水排放量为 7.94 亿 t，其中重庆库区 7.54 亿 t、湖北库区 0.40 亿 t。库区生活垃圾 390.43 万 t，其中，处置量 344.84 万 t。2014 年，库区工业污染废水排放量约为 2.12 亿 t，其中重庆库区 1.70 亿 t、湖北库区 0.42 亿 t。

1.2.8 水库运行情况

三峡工程施工期为 17 年，分为四个阶段：①一期导流，1993～1997 年(20 年一遇洪水位坝前水位为 78.2m)；②二期导流，1998(大江截流)～2002 年(20 年一遇洪水位坝前水位为 82.2m)；③三期导流，2003(导流明渠截流)～2006 年(2003 年 6 月坝前水位为 135m，第一批机组发电)；④后期导流，2007～2009 年(2007 年汛后坝前水位为 156m)。正常蓄水后，2009 年汛后坝前具备蓄水位 175m 的条件。

1.施工期蓄水位 135m 时的运行情况

按照三峡工程施工进度，2003 年 6 月水库蓄水至 135m，坝前水位抬升 60 余米，非汛期影响到云阳县境内，汛期 5 年一遇回水到达长寿区，直到 2007 年 9 月均保持 135m 水位运行。若遇 100 年一遇洪水，坝前水位不超过 140m。此期间库水位变幅不大，是处理跨线(水位)影响崩滑体的关键时期。

2.施工期蓄水位 156m 时的运行情况

三峡工程施工期间，2007～2009 年(汛前)，水库按蓄水位 156m 方案运行，2007 年 10 月份开始，水库坝前水位从 135m 抬升至 156m，10 月至次年 6 月上旬坝前水位在 135m～156m～135m 波动。在汛期(6 月中旬至 9 月底)坝前水位降至防洪限制水位 135m，库水位变幅为 21m。

3.正常蓄水位 175m 时的运行情况

三峡水库建成后，汛期(6 月中旬至 9 月底)水库运行时的防洪限制水位为 145m，以便洪水来临时拦蓄洪水。若有 5 年、20 年、100 年和 1000 年一遇洪水坝前水位分别为 147.2m、157.0m、166.0m 和 175.0m。洪峰过后水库水位又迅速降低到防洪限制水位 145m 左右，以备可能再次发生洪水。三峡水库坝前水位在 145m～175m～145m 波动，库水位变幅为 30m。

第2章 长江上游水库群建设对三峡库区水沙环境的影响

长江上游的水沙过程密切关系到三峡水利枢纽的调度运行和效益发挥，近年来，在气候变化和人类活动的共同作用下，上游来水来沙的重要因素发生显著改变。实测资料表明，与三峡工程论证、设计结果相比，长江上游水库群的拦沙作用明显大于预期。本书选取长江上游主要干支流作为研究对象，全面梳理流域内20世纪50年代至21世纪前十年的水库建设情况，基于上游主要控制水文站水沙资料，系统分析近60年来不同阶段长江上游的来水来沙特征，并探讨长江上游水库群建设运行对三峡水库来水来沙的影响。

2.1 长江上游水电开发现状及趋势

2.1.1 长江水能资源及分布概况

长江流域水能资源理论蕴藏量为2.78亿kW(据2005年《全国水力资源复查成果》)，技术可开发量2.56亿kW，占全国水能资源技术可开发量的47.3%(刘丹雅，2010)。从长江水能资源的分布情况看，西部多东部少，宜昌以上的上游地区水能资源蕴藏量2.18亿kW，约占全流域的80%，可开发的水能资源占全流域的89.4%。按水系划分，水能资源分布情况是：理论蕴藏量干流占34.2%、支流占65.8%；可开发量干流占46%、支流占54%。上游各支流水能资源理论蕴藏量、可开发量占全流域量的比重分别为：雅砻江为12.6%、14.8%，岷江(含大渡河)为18.2%、16.3%，嘉陵江为5.7%、4%，乌江为3.9%、4%。

20世纪后期至21世纪初，为适应“西部大开发”战略，满足西电东送、建设资源节约型和环境友好型社会及发展“低碳”经济对清洁能源的要求，我国水电开发的重点转移到水能资源丰富的长江上游和西南诸河地区(程根伟等，2004)。金沙江、长江上游、雅砻江、大渡河、乌江流域被列入《中国十三大水电基地规划》(周建平和钱钢粮，2011)(图2.1)。

2.1.2 长江上游流域水电开发情况

1. 长江上游已建大型水库

截至2014年11月，长江上游已建(在建)大型水库共75座(图2.1)。其中，长江上游干流已建(在建)水库10座，分别为长江三峡、葛洲坝，金沙江梨园、阿海、金安桥、龙开口、鲁地拉、观音岩、溪洛渡、向家坝；支流大(一)型水库共17座，分别为雅砻江两

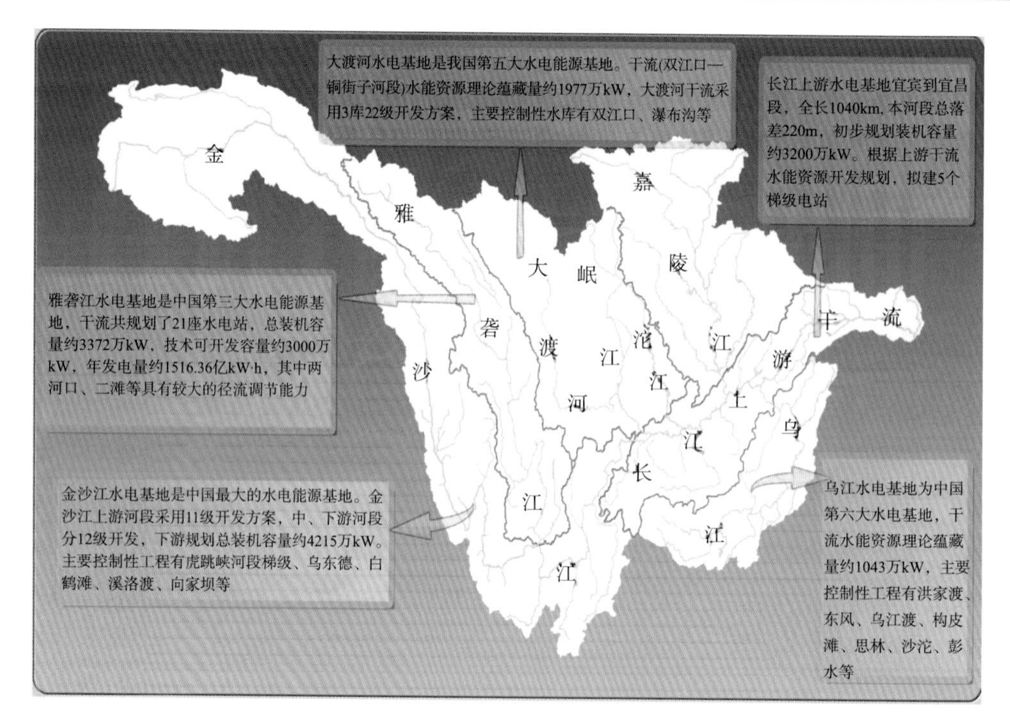

图 2.1　长江上游主要水电基地

河口、锦屏一级、二滩，岷江紫坪铺，大渡河长河坝、瀑布沟，白龙江宝珠寺、西河升钟，嘉陵江亭子口、草街，龙溪河狮子滩，乌江洪家渡、东风、乌江渡、构皮滩、思林、彭水；支流大(二)型水库共48座。其中纳入2014年联合调度的大型水库有21座(表2.1)。

表 2.1　纳入 2014 年联合调度的长江上游干支流水库基本情况表

水系名称	水库名称	所在河流	控制流域面积/万 km^2	正常蓄水位/m	汛期限制水位/m	死水位/m	总库容/亿 m^3	正常蓄水位以下库容/亿 m^3	调节库容/亿 m^3	规划防洪库容/亿 m^3	装机容量/MW	修建单位
长江	三峡	干流	100	175	145	145	450.7	393	165	221.5	22500	中国长江三峡集团有限公司
金沙江	梨园	金沙江	22.00	1618	1605	1605	8.05	7.27	1.73	1.73	2400	云南华电金沙江中游水电开发有限公司
	阿海		23.54	1504	1493.3	1492	8.85	8.06	2.38	2.15	2000	中国华电集团有限公司
	金安桥		23.74	1418	1410	1398	9.13	8.47	3.46	1.58	2400	汉能移动能源控股集团
	龙开口		24.00	1298	1289	1290	5.58	5.07	1.13	1.26	1800	中国华能集团有限公司
	鲁地拉		24.73	1223	1212	1216	17.18	15.48	3.76	5.64	2160	中国华电集团有限公司
	观音岩		25.65	1134	1122.3	1122.3	22.50	20.72	5.55	5.42	3000	云南华电金沙江中游水电开发有限公司
	溪洛渡		45.44	600	560	540	126.7	115.74	64.6	46.5	12600	中国长江三峡集团有限公司
	向家坝		45.88	380	370	370	51.63	49.77	9.03	9.03	6000	中国长江三峡集团有限公司

续表

水系名称	水库名称	所在河流	控制流域面积/万 km²	正常蓄水位/m	汛期限制水位/m	死水位/m	总库容/亿 m³	正常蓄水位以下库容/亿 m³	调节库容/亿 m³	规划防洪库容/亿 m³	装机容量/MW	修建单位
雅砻江	二滩	干流	11.64	1200	1190	1155	58	57.9	33.7	9	3300	雅砻江流域水电开发有限公司
	锦屏一级		10.3	1880	1859	1800	79.9	77.6	49.1	16	3600	雅砻江流域水电开发有限公司
岷江	紫坪铺	干流	2.27	877	850	817	11.12	9.98	7.74	1.67	760	四川紫坪铺开发有限公司
	瀑布沟	大渡河	6.85	850	836.2/841	790	53.32	50.11	38.94	11/7.27	3600	国电大渡河流域水电开发有限公司
乌江	构皮滩	干流	4.33	630	626.24/628.12	590	64.54	55.64	29.02	4/2	3000	贵州乌江水电开发有限责任公司
	思林		4.86	440	435	431	15.93	12.05	3.17	1.84	1050	贵州乌江水电开发有限责任公司
	沙沱		5.45	365	357	353.5	9.21	7.70	2.87	2.09	1120	贵州乌江水电开发有限责任公司
	彭水		6.90	293	287	278	14.65	12.12	5.18	2.32	1750	中国大唐集团公司
嘉陵江	碧口	白龙江	2.60	704	697/695	685	2.17	1.53	1.46	0.5/0.7	300	中国大唐集团公司
	宝珠寺	白龙江	2.84	588	583	558	25.5	21	13.4	2.8	700	中国华电集团有限公司
	亭子口	干流	6.1	458	447	438	40.67	34.68	17.32	14.4	1100	中国大唐集团公司
	草街	干流	15.61	203	200	202	22.18	7.54	0.65	1.99	500	重庆航运建设发展有限公司

2. 金沙江流域

金沙江是长江的上游河段，是我国乃至世界著名的水能资源极为丰富的地区，全长 3479 km，天然落差达 5100m，占长江干流总落差的 95%。金沙江干流水能资源理论蕴藏量约 1.124 亿 kW，技术可开发量约 0.767 亿 kW(彭亚，2004)；是我国规划的十三大水电基地中最大的水电基地，是“西电东送”主力(周建平和钱钢粮，2011)。

根据《金沙江干流综合规划》，金沙江干流拟定 23 个梯级，其中上段 11 个梯级，只作为远期开发对象，近期开发对象主要是中、下游河段。上游河段(巴塘河口—云南石鼓)初拟 11 个梯级开发，由中国华电集团有限公司负责开发；中游河段(石鼓—攀枝花)规划 1 库 8 级方案(图 2.2)，总装机容量约 2058 万 kW，由云南华电金沙江中游水电开发有限公司负责投资、经营；下游河段(攀枝花—向家坝)采用乌东德、白鹤滩、溪洛渡、向家坝 4 级开发方案，总装机容量约 4215 万 kW，水电站(水库)开发任务以发电为主，兼顾防洪、拦沙、改善下游航运条件、促进地方经济发展等综合利用效益，由中国长江三峡集团有限公司负责开发。

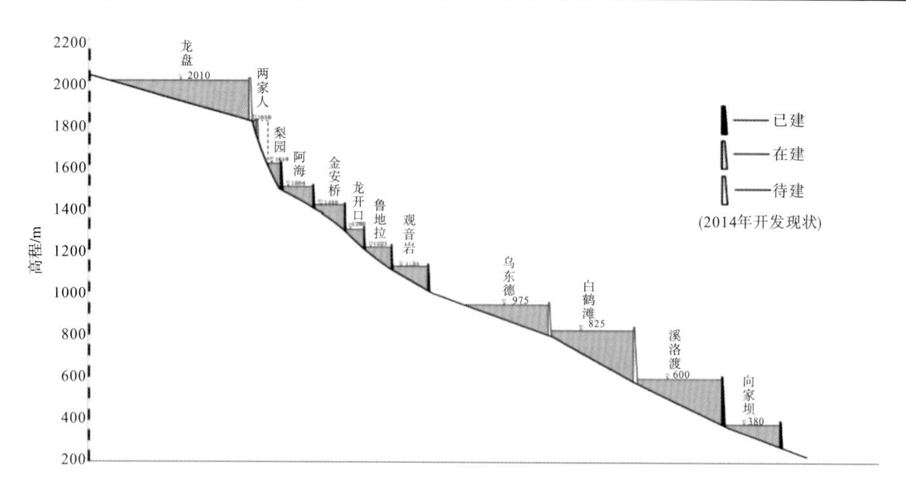

图 2.2 金沙江中下游梯级开发示意图

3. 雅砻江流域

雅砻江干流全长 1571km，流域面积约 13.6 万 km^2，天然落差 3830m，多年平均流量 $1890m^3/s$，年径流量 596 亿 m^3。雅砻江干流天然落差大，流量丰沛稳定，水能资源优势明显，具有水量丰沛、落差集中、水能资源丰富、调节性能优越、梯级补偿效益巨大、经济指标优越、淹没损失少等突出特点，在“西电东送”中具有重要而独特的作用。雅砻江水能蕴藏量约 3372 万 kW，技术可开发量约 3000 万 kW，干流共规划了 21 级水电站，总装机容量约 2856 万 kW，年发电量约 1516.36 亿 kW·h，约占全国的 5%(张超，2014)。在全国规划的十三大水电基地中，雅砻江排第三(周建平和钱钢粮，2011)。

雅砻江治理开发与保护的主要任务是水力发电、供水与灌溉、防洪、跨流域调水、水土保持和水资源保护(康宇，2017)。干流分三个河段进行规划(图 2.3)：上游河段(呷衣寺—两河口)，河段长 688km，规划 10 个梯级电站，装机容量约 325 万 kW，该段自然生态环境十分脆弱，梯级电站开发条件相对较差；中游河段(两河口—卡拉)，河段长 268km，根据《雅砻江中游河段水电梯级规划报告》拟定为 1 库 6 级开发，总装机容量约 1126 万 kW，

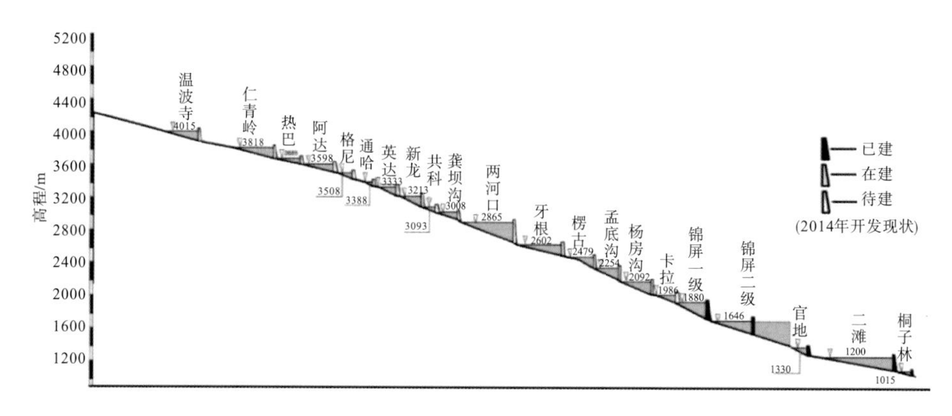

图 2.3 雅砻江干流梯级开发示意图

其中两河口为中游控制性“龙头”水库，该段地处甘孜、凉山，地理位置偏远，交通不便；下游河段(卡拉—江口)，河段长 412km，天然落差 930m，拟定有 5 级开发方案，装机总容量约 1470 万 kW，保证出力约 678 万 kW，年发电量约 696.9 亿 kW·h，开发目标单一，无其他综合利用要求，技术经济指标优越。雅砻江干流水电开发由雅砻江流域水电开发有限公司负责，其中雅砻江两河口、锦屏一级、二滩为控制性水库工程，总调节库容 148.4 亿 m^3，具有多年调节性能。

4. 岷江和沱江流域

岷江水系水量充沛，水力资源丰富，干支流理论蕴藏量达 1402.43 万 kW，其中干流约为 821.68 万 kW，占整个流域的 58.6%。干支流技术可开发量约 670.73 万 kW，经济可开发量约 438.2 万 kW。岷江干流水电开发不属于我国水电基地类型，而是以灌溉供水为主要目的的综合利用开发。岷江上游的水电站中除了沙坝、紫坪铺为高坝大库，其余梯级均为引水式电站，其中紫坪铺水库总库容 10 亿 m^3，可以进行季节调节。沱江全长 629km，流域面积 2.786 万 km^2，年径流量 351 亿 m^3，其中岷江补给约 33.4%，沱江流域水力资源相对贫乏，干支流水能理论蕴藏量约为 129.6 万 kW，其中干流约为 77.92 万 kW，占整个水系的 60.1%，上游流域开发的主要任务以水土保持、发展中小型水利工程及小水电为主，在有条件的支流上修建有调蓄能力的骨干水利工程，中下游流域的开发以工业生活供水、防洪、灌溉为重点(邓金燕，2015)。

大渡河是长江上游的二级支流，岷江的最大支流，干流河道全长 1062km，天然落差 4175m(周建平和钱钢粮，2011)。大渡河干流(双江口—铜街子河段)水力资源理论蕴藏量约 1977 万 kW，在全国规划的十三大水电基地中排第五位，主要由国电大渡河流域水电开发有限公司开发。根据《大渡河干流水电规划调整报告》，大渡河干流河段(下尔呷—铜街子)开发任务以发电为主，兼顾防洪、航运，推荐以下尔呷、双江口、猴子岩、长河坝、大岗山、瀑布沟等形成主要梯级格局的 3 库 22 级开发方案(图 2.4)，总装机容量约 2340 万 kW，年发电量约 1123.6 亿 kW·h。

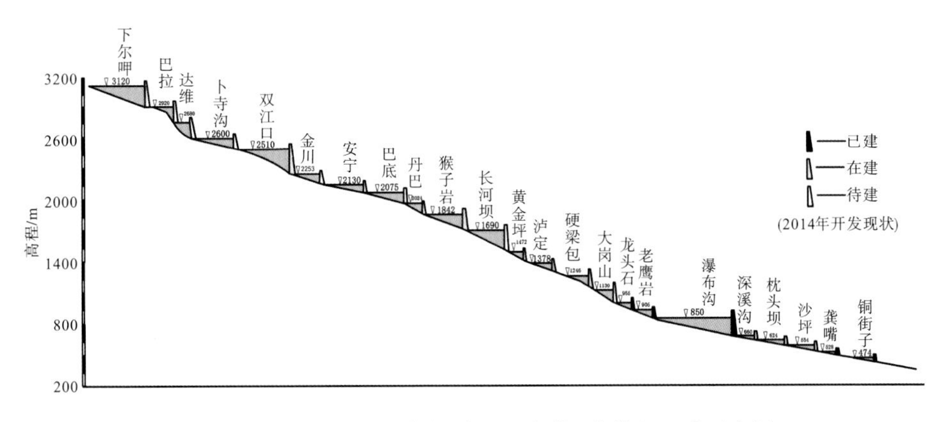

图 2.4　大渡河干流(下尔呷—铜街子)梯级开发示意图

5. 嘉陵江流域

嘉陵江是长江上游最大的一条支流(高鹏等，2010)，干流全长 1120 km，控制流域面积 16 万 km^2，主要支流渠江、涪江，理论水能蕴藏量约 1522 万 kW，可开发装机容量约 330 万 kW，经济可开发装机容量约 109.15 万 kW。嘉陵江不是我国规划的水电开发基地，其规划建设的主要目标是航运和灌溉用水。干流上游开发高坝有一定困难，支流白龙江水力资源丰富，河流开发以发电为主，已建有碧口、宝珠寺水库，兼有防洪调枯拦沙作用；中游具有兴建大型水利枢纽的条件，中下游主要进行以航运为主的梯级水库建设，目标是改善河道航线条件，同时利用落差发电(图 2.5)。亭子口水库(总库容 41.99 亿 m^3，装机容量 80 万 kW)以下规划有 12 级中低水头电站，梯级总装机容量约 196.66 万 kW，年发电量约 93.25 亿 kW·h。渠江为嘉陵江左岸支流，流域面积 3.92 万 km^2，干流全长 665km，总落差 1487m，年径流量 229 亿 m^3，其治理开发与保护的主要任务是防洪、供水与灌溉、航运、发电、水土保持等。涪江为嘉陵江右岸支流，干流长 697km，天然落差 3730m，流域面积 3.28 万 km^2，年径流量 149 亿 m^3，据《涪江上游干流水电规划报告》，拟定七级引水式开发，利用落差 1700m，装机容量共约 36.7 万 kW。

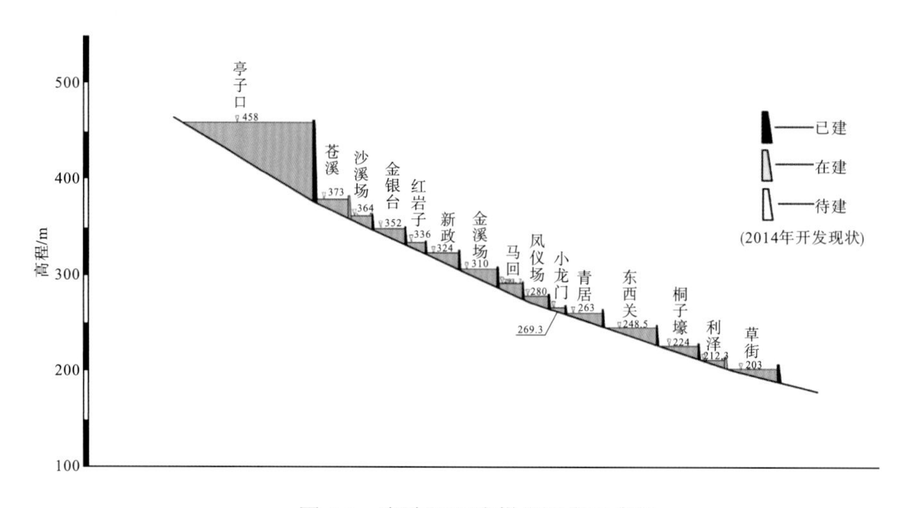

图 2.5　嘉陵江干流梯级开发示意图

6. 乌江流域

乌江是长江右岸最大的支流，南源三岔河至河口全长 1037 km，流域面积 8.792 万 km^2，总落差约 2124m，河口多年平均流量 1690m^3/s，年径流量 534 亿 m^3。水能理论蕴藏量约 1043 万 kW，多年平均发电量约 508 亿 kW·h(胡莲和陈晓彬，2001)。干流开发任务以发电为主，其次航运，兼顾防洪、灌溉等，《乌江干流规划报告》中拟定了 11 级开发方案(图 2.6)，总装机容量约 867.5 万 kW(后续规划为 1347.5 万 kW)，保证出力 323.74 万 kW，年发电量约 418.38 亿 kW·h。除彭水和银盘电站由中国大唐集团公司整体开发外，其余全部由贵州乌江水电开发有限责任公司，以乌江渡和东风水电站为母体进行滚动式的开发(朱江，2005)。国家实施“西电东送”工程，大大加快了乌江梯级开发的步伐，目前乌江水电基地除停建的白马水电站的 330 万 kW 之外，已全部建成，总装机容量为 1017.5 万 kW(梁俐等，2017)。

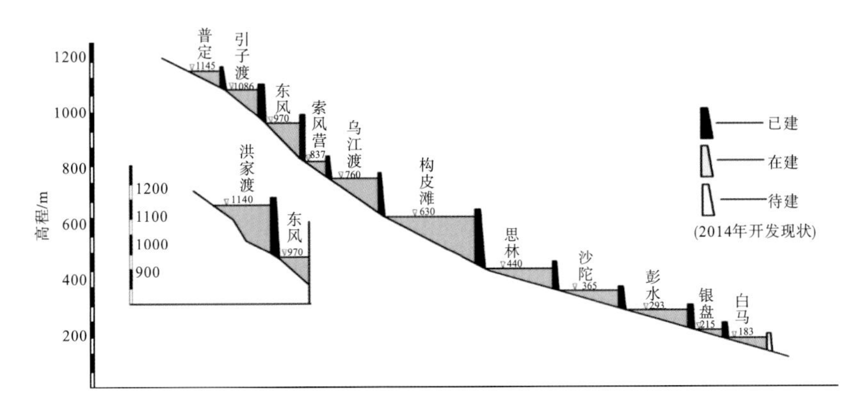

图 2.6　乌江干流梯级开发示意图

7. 长江上游干流段

长江上游宜宾至宜昌段，全长 1040km，总落差 220m，本河段治理开发与保护的主要任务是防洪、发电、供水与灌溉、航运、水资源保护、水生态环境保护、岸线利用和江砂控制利用。根据上游干流水能资源开发分区，规划建设石硼、朱杨溪、小南海、三峡、葛洲坝 5 级水电工程(周新春等，2017)(图 2.7)，规划装机容量约 3200 万 kW。石硼、朱杨溪、小南海建设地点位于长江上游珍稀特有鱼类资源保护区，建坝后的生态影响很难恢复，建坝方案还需进一步论证。

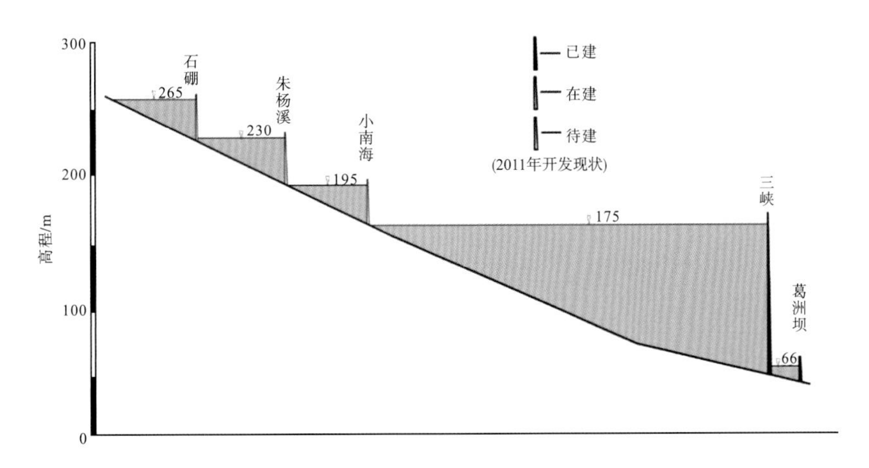

图 2.7　长江上游干流梯级开发示意图

2.1.3 长江上游流域开发建设趋势

1. 干支流库容、装机容量统计

根据长江上游干支流水利水电工程开发规划，对长江上游各干支流装机容量、正常蓄水位对应库容以及兴利库容随时间变化的统计结果表明(图 2.8)：在长江上游主要干支流中，乌江流域的装机容量、库容变化在 2012 年基本稳定，这主要是由于乌江流域水电开发较早，2012 年左右梯级水电开发已基本完成；金沙江流域、雅砻江流域、大渡河流域在 2010～2020 年，水电装机容量、水库库容都有较大幅度的提高，说明这段时期这些流域进入水电开发的快速发展阶段。

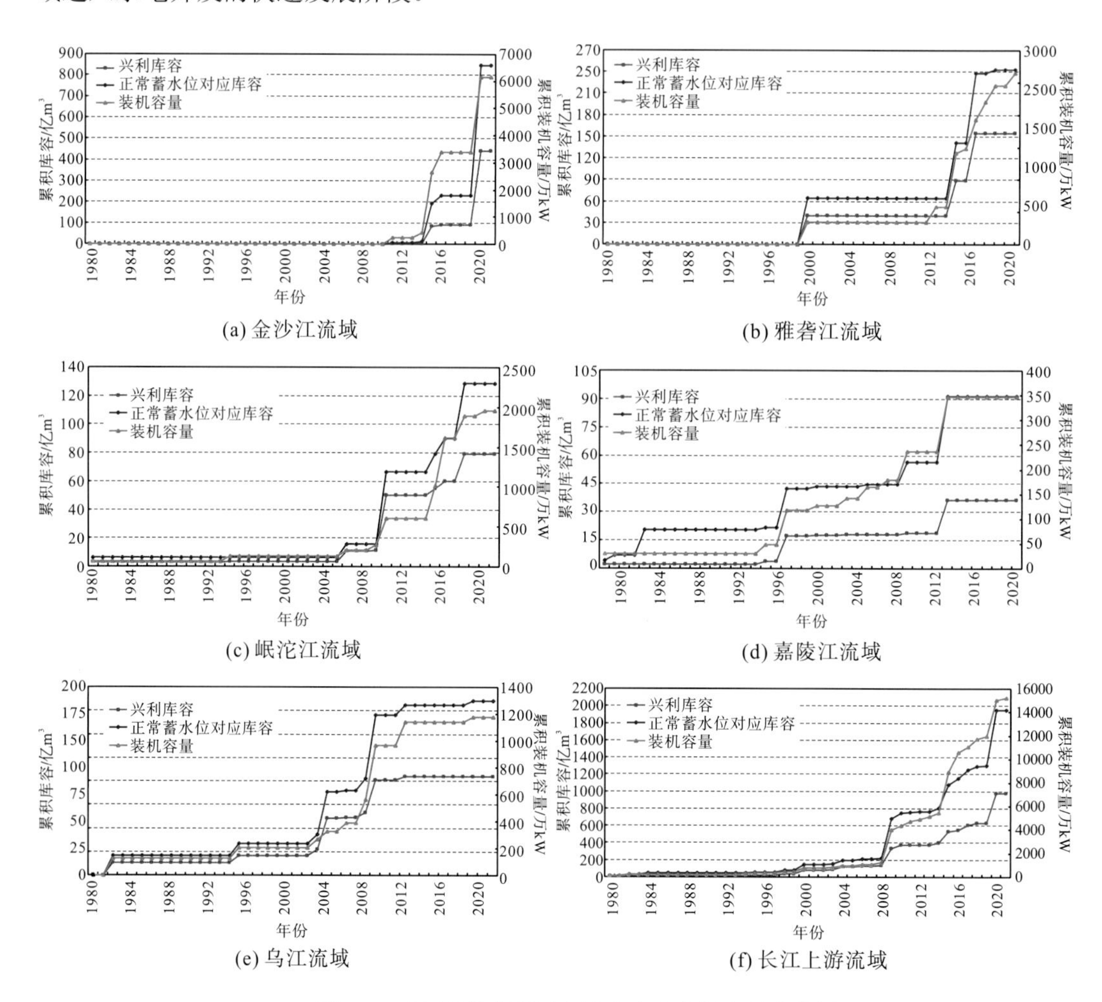

(a) 金沙江流域　(b) 雅砻江流域

(c) 岷沱江流域　(d) 嘉陵江流域

(e) 乌江流域　(f) 长江上游流域

图 2.8　长江上游主要干支流库容和装机容量变化图

2.流域开发趋势分析

截至 2009 年年底，在长江流域上游地区，已建成的大型水电站总装机容量 3800 万 kW，年均发电量超过 1700 亿 kW·h。根据《长江流域综合规划报告(2012—2030 年)》，结合目前长江上游已经建成、正在建设和开发规划的水电站情况，2020 年前完成的大型水电站总装机容量高达 8800 万 kW，主要集中在金沙江中下游、雅砻江和大渡河，相应年均发电总量将增加 3800 亿 kW·h。在 2009 年基础上，2020 年前长江上游集中开发建设的主要水利枢纽有：金沙江干流下游的溪洛渡、向家坝、乌东德、白鹤滩(总装机容量 4215 万 kW)，金沙江干流中上游的龙盘、两家人、金安桥、鲁地拉、观音岩等(总装机容量 500 万～1000 万 kW)，雅砻江干流下游的锦屏一级、锦屏二级、官地、桐子林等(总装机容量 2270 万 kW)，乌江水系的构皮滩、彭水、思林、洪家渡、三板溪等(装机容量 1375 万 kW)，大渡河水系的瀑布沟、龙头石等(装机容量 1581 万 kW)。此外岷沱江水系、嘉陵江水系、赤水河等中小水系还将分别完成装机容量 630 万 kW、1084 万 kW 和 363 万 kW。

2020 年上述水能资源完成开发后，出现大批具有调节库容的水利枢纽，主要包括：金沙江中上游干流及其支流形成调节库容 200 亿 m^3 以上，其中雅砻江下游的两河口、锦屏一级、二滩三大水库的总调节库容将达到 158 亿 m^3，占金沙江流域全部年径流量近 40%的雅砻江流域将实现全年调节。而虎跳峡、金安桥、观音岩等多级水电站竣工，将使金沙江中上游的总调节库容达到 500 亿 m^3；金沙江下游乌东德、白鹤滩、溪洛渡和向家坝四大电站形成调节库容 204 亿 m^3；长江上游支流的众多水系预计形成调节库容约 200 亿 m^3；长江中上游干流 5 个梯级水库形成调节库容 300 亿 m^3。以上合计总调节库容为 1204 亿 m^3。

根据目前的开发情况，预计 2021～2030 年，在金沙江上游、雅砻江和大渡河将有装机容量达 3000 万 kW 的大型水电站群建成。届时长江上游流域大型水电站总装机容量将达 15600 万 kW，年均发电总量将超过 7200 亿 kW·h，上游控制性水库总调节库容近 1000 亿 m^3，总防洪库容达 500 亿 m^3，上游梯级水电站水库群在发电和洪水调节上的作用也会逐步显现。

2.2　三峡水库入库水沙概况

2.2.1　入库水沙空间分布

三峡水库控制流域范围与长江上游流域重合，为长江江源至湖北宜昌区间，干流河段长 4504km，流域面积约 101 万 km^2，占全流域面积的 58.9%，涉及西藏、青海、甘肃、陕西、云南、贵州、四川、重庆、湖北 9 省(自治区、直辖市)，是长江流域主要侵蚀产沙区(李丹勋，2010)。长江上游流域内河流水系发育，除干流的江源段、通天河段、金沙江段和川江段外，两岸支流较多，但分布不均，北岸大支流较多，主要有岷江、沱江、嘉陵江；南岸除乌江外，无大支流(范继辉，2007)。

根据长江上游主要干支流控制站多年水沙资料统计分析，长江上游干流径流主要来自金沙江、岷江、沱江和乌江等，而干流悬移质泥沙主要来源于金沙江和嘉陵江(藺秋生等，2010；许炯心，2007)。长江上游干支流主要控制水文站径流、泥沙统计特征见表 2.2。由表 2.2 可以看出，宜昌以上干支流集水面积比与水量比基本相当，水量比较突出的支流是岷沱江和乌江，其集水面积分别占长江上游流域面积的15.79%、8.25%，而多年平均径流量达到961.8亿m^3、482.9亿m^3，分别占长江上游径流量的22.35%、11.22%，水量比近似为面积比的1.5倍。金沙江上游地区地势高、降水少，导致水量比小于面积比，但因流域面积占长江上游流域面积的45.63%，金沙江来水仍为长江上游径流最重要的组成部分，径流量占长江上游径流量的32.99%。

长江上游产沙区主要为金沙江和嘉陵江，其中金沙江(向家坝站)多年平均输沙量为2.230亿t，嘉陵江(北碚站)多年平均输沙量为0.967亿t，其集水面积分别占长江上游流域面积的45.63%、15.58%，而输沙量则分别占55.33%、24.00%，沙量比近似为面积比的1.2～1.5倍。

表2.2 长江上游干、支流主要控制水文站水沙特征

流域	控制站	控制面积/km^2	占长江上游面积比例/%	年均径流量/亿m^3	占长江上游径流比例/%	年均输沙量/亿t	占长江上游沙量比例/%	年均含沙量/(kg/m^3)	产沙模数/(t/km^2)
金沙江	向家坝	458800	45.63	1420.0	32.99	2.230	55.33	1.570	486
雅砻江	桐子林	128400	12.77	590.3	13.72	0.134	3.33	0.228	104
岷江	高场	135400	13.47	841.8	19.56	0.428	10.62	0.508	316
沱江	李家湾	23300	2.32	120.0	2.79	0.091	2.26	0.760	391
嘉陵江	北碚	156700	15.58	655.2	15.22	0.967	24.00	1.480	617
乌江	武隆	83000	8.25	482.9	11.22	0.225	5.58	0.466	271
长江上游干流	朱沱	694700	69.09	2648.0	61.52	2.690	66.75	1.020	387
长江上游干流	寸滩	866600	86.19	3434.0	79.79	3.740	92.80	1.090	432
长江上游干流	宜昌	1005500	100.00	4304.0	100.00	4.030	100.00	0.936	401

注：李家湾站统计到2002年，其他站点统计到2015年。

三峡入库水沙在区域组成上具有水沙异源的特征(李丹勋等，2010；许炯心，2007)。由表2.2可以看出，金沙江流域和嘉陵江流域表现出输沙量大、径流量相对较少的特点，是长江上游典型的少水多沙区，两江多年平均输沙量之和为3.197亿t，占长江上游多年平均输沙量的79.33%(个别年份，如1974年，两江输沙量则占长江上游的90.1%)，而两江多年平均年径流量之和为2075.2亿m^3，仅占长江上游多年平均年径流量的48.21%。其中，金沙江向家坝站多年平均径流量为1420.0亿m^3，约占长江上游总径流量的32.99%，而流域多年平均输沙量为2.230亿t，约占长江上游输沙量的55.33%；嘉陵江北碚站径流量和输沙量分别为655.2亿m^3和0.967亿t，分别占长江上游的15.22%和24.00%。岷江、沱江和乌江等河流主要表现为水多沙少，三个流域多年平均年径流量合计占长江上游的33.57%，而输沙量仅占长江上游的18.46%。

2.2.2 入库水沙时间分布

从年内分布上看，长江上游径流量、输沙量变化基本同步(图2.9)。输沙量随径流量

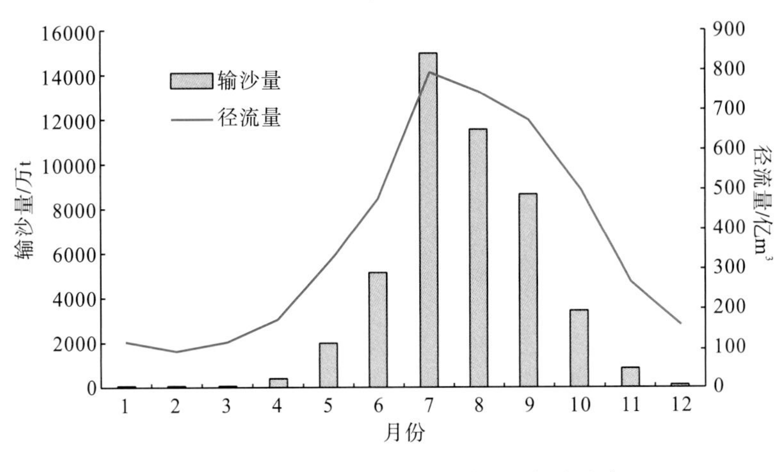

图 2.9　宜昌站径流量、输沙量年内分布

的增加而增加，两者呈较显著的二次函数关系(图 2.10)。长江上游径流量、输沙量主要集中于 5～11 月，上游控制站宜昌站水沙数据统计结果表明，5～11 月径流量约占全年的 85.0%，输沙量约占全年的 98.5%，而主汛期(7～9 月)径流量约占全年的 50.0%，输沙量占全年的 74.1%，其中 7 月份径流量与输沙量均为全年最大，分别占全年的 18.0%和 32.0%。

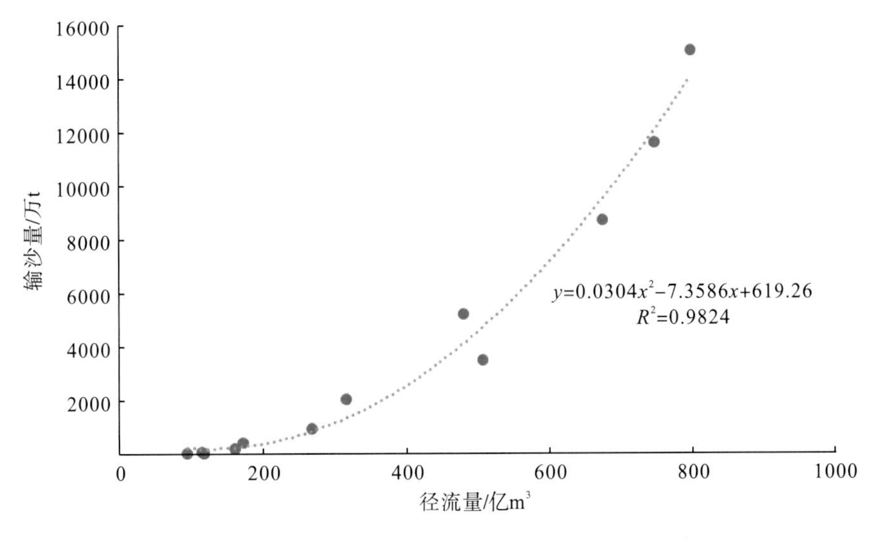

图 2.10　宜昌站径流量、输沙量关系

2.3　三峡水库入库水沙空间变化特征

长江上游水沙变化整体上表现为：空间上水、沙异源；时间上水、沙变化同步。不同区域因自然条件及人类活动的影响，来水、来沙呈现不同的变化。三峡入库水沙空间变化主要是指径流量、输沙量在地区组成上的变化。

2.3.1 入库径流地区组成变化

长江上游径流主要来自金沙江、岷江、沱江、嘉陵江和乌江等河流。各流域受气候变化影响而存在差异，同时流域开发程度(人类活动)不一致，入库径流的地区比重也发生了变化(蔺秋生等，2010)。对长江上游主要测站各年代径流量的统计结果见表 2.3，长江上游主要干支流径流量在三峡入库径流中所占比重的年代间变化情况如图 2.11 所示。

表 2.3 长江上游主要测站各年代径流量统计 (单位：亿 m^3)

河名	金沙江	岷江	长江	嘉陵江	乌江	三峡入库	长江
站名	向家坝	高场	寸滩	北碚	武隆	朱沱+北碚+武隆	宜昌
1956~1959 年	1518	913	3567	674	443	4428	4428
1960~1969 年	1501	900	3689	750	504	4535	4535
1970~1979 年	1333	822	3308	604	509	4145	4145
1980~1989 年	1406	877	3496	765	480	4448	4448
1990~2000 年	1471	845	3375	556	516	4311	4311
2000~2009 年	1509	780	3289	578	459	3795	4049
2010～2016 年	1282	788	3258	651	447	3592	4091
均值	1433	845	3427	653	484	4206	4296

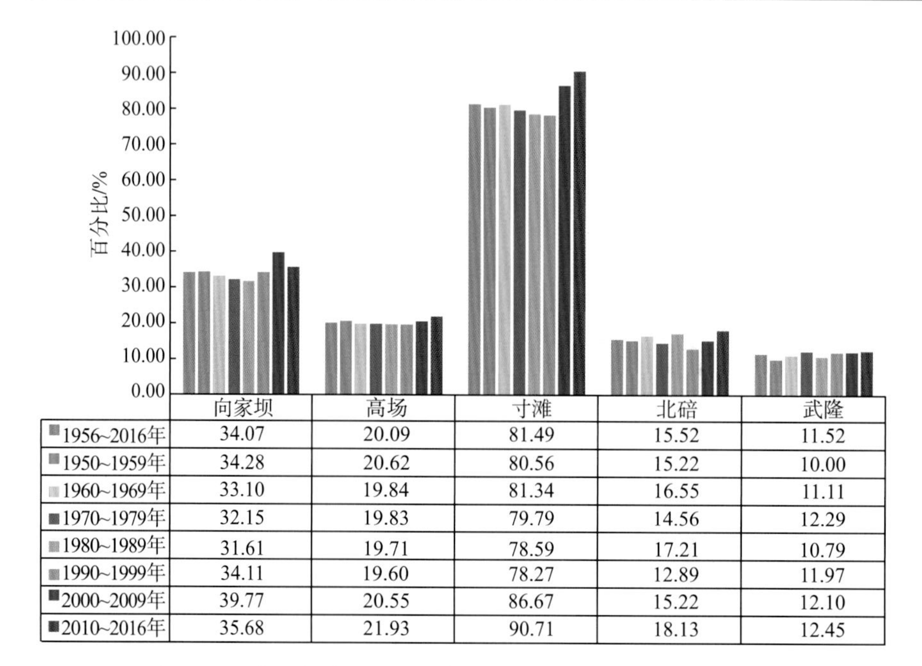

图 2.11 长江上游主要干支流径流量占三峡入库径流量比重变化

由图 2.11 可以看出，金沙江流域来水量占三峡入库的比重呈现下降—上升—下降的变化过程，相比于多年平均值，金沙江流域径流量占三峡入库径流量比重由 20 世纪 50

年代的 34.28%下降到 20 世纪 80 年代的 31.61%，从 1990～2009 年，持续上升到 39.77%，进入 2010 年后比重下降到 35.68%；岷江流域径流量占三峡入库径流量的比重变化不大，但进入 2000 年后，略有上升；嘉陵江流域径流量占三峡入库径流量比重在 20 世纪 90 年代达到最小(12.89%)，之后一直呈上升趋势，2010～2016 年占三峡入库径流量比重上升到 18.13%；1990 年以来乌江流域径流量占三峡入库径流量比重相对稳定，在 12%左右。

2.3.2　入库泥沙地区组成变化

对长江上游主要测站各年代输沙量的统计结果见表 2.4，年代间长江上游主要干支流输沙量在三峡入库沙量中所占比重的变化情况如图 2.12 所示。

表 2.4　长江上游主要测站各年代输沙量统计　（单位：万 t）

河名	金沙江	岷江	长江	嘉陵江	乌江	三峡入库	长江
站名	向家坝	高场	寸滩	北碚	武隆	朱沱+北碚+武隆	宜昌
1956~1959 年	26617	5518	52629	14755	2774	51880	51880
1960~1969 年	24380	6236	48130	15245	2808	54880	54880
1970~1979 年	22100	3392	37650	10733	3956	47470	47470
1980~1989 年	25650	5708	47620	14036	2467	54880	54880
1990~2000 年	29750	4145	37350	4620	2106	42380	42380
2000~2009 年	17773	3056	21466	2373	949	23947	13175
2010～2016 年	4971	1673	10854	2989	287	11511	1904
均值	22080	4289	36977	9199	2238	42313	39701

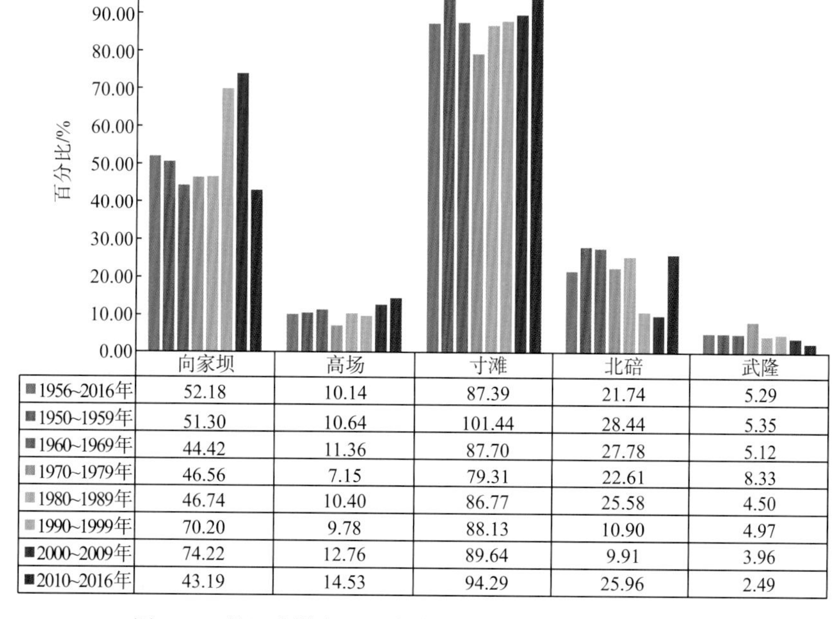

图 2.12　长江上游主要干支流输沙量占三峡入库沙量比重变化

由图 2.12 可以看出，金沙江流域输沙量在 20 世纪 90 年代和 21 世纪初期，占三峡入库沙量的比重高达 70%以上，是三峡水库的主要泥沙来源，但由于下游大型水电站的修建，2010～2016 年输沙量占三峡入库沙量的比重大幅下降，由 74.22%下降到 43.19%；岷江相对来说变化幅度较小，但近 30 年来呈略微上升的趋势；嘉陵江流域在 20 世纪 90 年代之前，流域输沙量占三峡入库沙量的25%左右，之后大幅减少，21 世纪初嘉陵江输沙量仅占三峡入库沙量的 9.91%，但 2010～2016 年嘉陵江输沙量占三峡入库沙量的比重又上升到 25.96%；乌江武隆站的结果表明，除 21 世纪 70 年代乌江输沙量占三峡入库沙量比重为 8.33%以外，整体较低，并呈降低的趋势。

2.4　长江上游主要干支流径流量变化特征

为了掌握长江上游干支流径流特性及变化规律，以长江上游流域 5 个主要控制站的年、月平均径流量资料为基础(表 2.5)，本书采用线性回归($Q_t=at+b$)、Spearman 秩次相关(徐金英和胡明庭，2019；王开军和黄添强，2010)、Mann-Kendall(M-K)秩次相关(Güçlü，2018；杨金艳等，2017；郭世兴等，2015)3 种方法结合的方式分析径流的变化趋势，应用小波分析理论(鲁凤等，2013)，对各站年径流序列的周期成分进行分析；通过 Hurst 系数的计算，对各站年径流的持续性进行分析；从不均匀性、集中度和变化幅度等方面对各站径流年内变化规律进行分析。

表 2.5　分析站点情况

流　域	控制站	集水面积/km^2	使用资料年限
金沙江	向家坝	458592	1954～2016 年
岷　江	高场	135378	1954～2016 年
嘉陵江	北碚	156142	1954～2016 年
乌　江	武隆	83035	1955～2016 年
长江上游干流	寸滩	866559	1954～2016 年

2.4.1　年际变化特征

1. 径流年际变化

从嘉陵江控制站北碚站历年径流量变化过程看(图 2.13)，1953～2016 年嘉陵江流域径流量呈现波动式下降的趋势。北碚站径流量的年代统计结果表明，相比 1980 年前平均径流量，20 世纪 80 年代嘉陵江流域径流量略有上升，由 1980 年前均值的 677 亿 m^3 增加到 763 亿 m^3；20 世纪 90 年代径流量则下降到 548 亿 m^3，相比 1980 年前均值下降幅度达 19%；进入 2000 年后，径流量相比 20 世纪 90 年代略有升高，但总体还是低于 1980 年前均值。

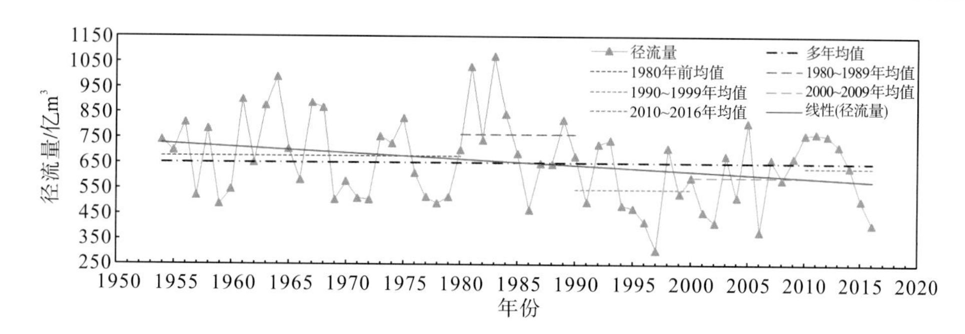

图 2.13　嘉陵江北碚站径流量年际变化

从金沙江控制站向家坝站历年径流量变化过程看(图 2.14)，1953～2016 年金沙江流域径流量略有下降。向家坝站径流量的年代统计结果表明，相比 1980 年前平均径流量，1980～2009 年金沙江流域径流量几乎没有变化，但 2010～2016 年，径流量有较大减少，由 1980 年前均值的 1443 亿 m^3 减少到 1274 亿 m^3，下降幅度达 12%。

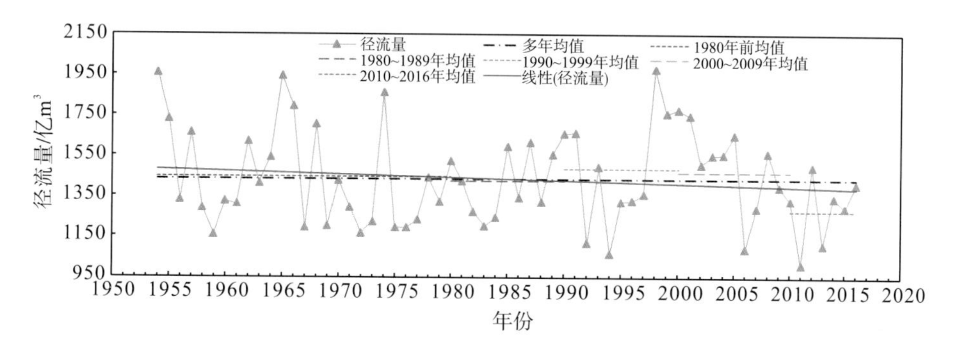

图 2.14　金沙江向家坝站径流量年际变化

从岷江控制站高场站历年径流量变化过程看(图 2.15)，1953～2016 年岷江流域径流量呈下降趋势。高场站径流量的年代统计结果表明，相比 1980 年前平均径流量，20 世纪 80 年代岷江流域径流量几乎未发生变化；20 世纪 90 年代径流量则下降到 824 亿 m^3，相比 1980 年前均值，下降幅度达 6%；进入 2000 年后，径流量进一步减少，2000～2009 年、2010～2016 年的径流量分别为 781 亿 m^3 和 786 亿 m^3，相比 1980 年前均值分别下降 11%和 10%。

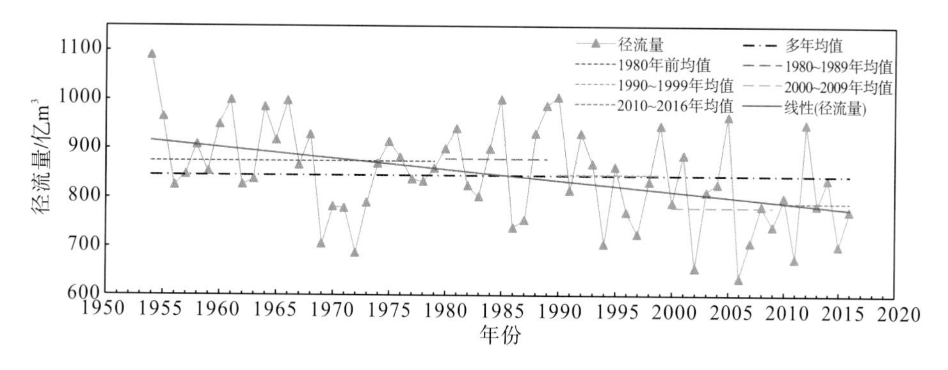

图 2.15　岷江高场站径流量年际变化

从乌江控制站武隆站历年径流量变化过程看(图 2.16)，武隆站径流量整体呈略有下降的趋势。武隆站径流量的年代统计结果表明，相比 1980 年前平均径流量，20 世纪 80 年代乌江流域径流量略有下降，由 1980 年前均值的 499 亿 m^3 减少到 455 亿 m^3；20 世纪 90 年代径流量则上升到 538 亿 m^3，相比 1980 年前均值，增加了 8%；进入 2000 年后，径流量持续下降，2000～2009 年和 2010～2016 年均径流量分别为 443 亿 m^3 和 452 亿 m^3，比 1980 年前均值分别下降 11%和 9%。

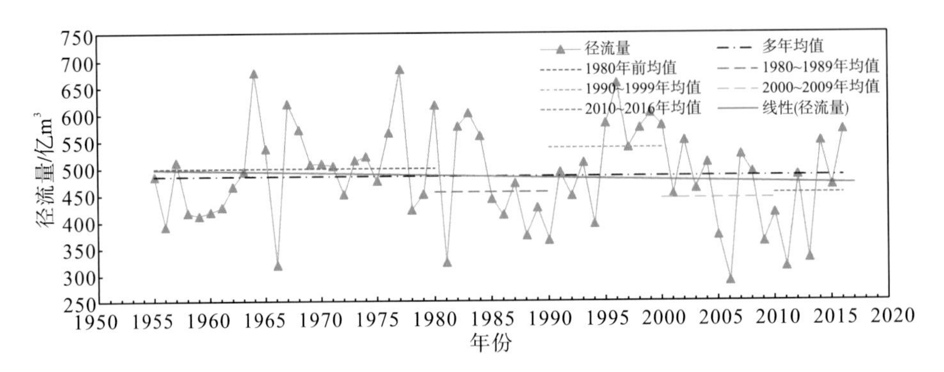

图 2.16 乌江武隆站径流量年际变化

从长江上游干流控制站寸滩站历年径流量变化过程看(图 2.17)，1954～2016 年寸滩站径流量呈略微下降趋势。寸滩站径流量的年代统计结果表明，相比 1980 年前平均径流量，20 世纪 80 年代寸滩站径流量几乎无变化，由 1980 年前均值的 3521 亿 m^3 变化到 3520 亿 m^3；20 世纪 90 年代径流量则下降到 3360 亿 m^3，相比 1980 年前均值下降幅度达 5%；进入 2000 年后，径流量持续下降，2000～2009 年和 2010～2016 年均径流量分别为 3266 亿 m^3 和 3235 亿 m^3，比 1980 年前均值分别下降 7%和 8%。

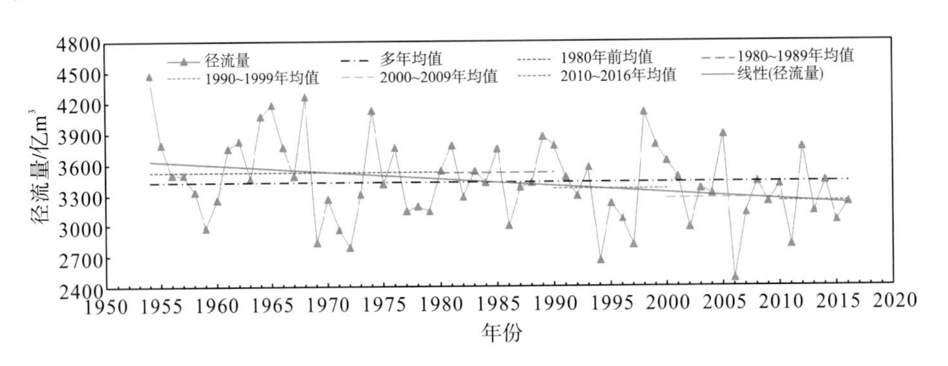

图 2.17 长江上游寸滩站径流量年际变化

2. 径流特征值

从长江上游干支流主要控制站的最大径流量和最少径流量的比值可以看出，各流域基本具有流域面积越大比值越小的规律，即控制站控制面积越大，径流量的年际变化越小(表 2.6)。

表 2.6　长江上游主要干支流径流特征值

流域	站点	使用资料年限	多年平均径流量/亿 m^3	年平均最大径流量/亿 m^3	年平均最少径流量/亿 m^3	C_v 值	最大径流量/最少径流量
金沙江	向家坝	1954～2016 年	4524	6250	3200	0.16	1.95
岷江	高场	1954～2016 年	2702	3530	2010	0.12	1.77
嘉陵江	北碚	1954～2016 年	2099	3400	977	0.24	3.48
乌江	武隆	1955～2016 年	1540	2320	912	0.20	2.54
长江上游干流	寸滩	1954～2016 年	10938	14700	7860	0.13	1.87

3. 趋势分析

趋势分析结果(表 2.7)表明，长江上游干支流除岷江流域年均径流量有较明显的减少趋势外，其他流域的年均径流量无明显的变化趋势。

表 2.7　长江上游主要干支流年际径流量变化趋势及周期分析表

流域	站点	线性回归			Spearman		M-K		变化趋势	主周期/a
		r^2	a	b	T	Vc	U	c		
金沙江	向家坝	0.002	1.92	715.1	0.540	2.230	0.730	1.960	不显著	10
岷江	高场	0.185	−7.70	17979	3.400	2.230	3.110	1.960	显 著	26
嘉陵江	北碚	0.026	−3.90	9818.7	1.140	2.230	1.220	1.960	不显著	23
乌江	武隆	0.036	−3.22	7927.8	1.120	2.230	1.040	1.960	不显著	19
长江上游干流	寸滩	0.040	−14.53	39664	2.010	2.230	1.790	1.960	不显著	12

利用历史数据计算长江上游主要站点不同年代的年均径流量，并与各站点的多年平均径流量进行比较(图 2.18)。结果表明：长江上游主要控制站 20 世纪 50 年代和 60 年代径流量均偏多；20 世纪 70 年代，乌江径流量稍偏多，其余各站径流量均偏少；20 世纪 80 年代，岷江、沱江、嘉陵江偏多，其余各站均偏少；20 世纪 90 年代，金沙江、乌江偏多，岷江、沱江、嘉陵江偏少；21 世纪初，除金沙江偏多外，岷江、沱江、嘉陵江、乌江均偏少。

4. 周期性分析

小波分析结果(表 2.7)表明，长江上游干支流都有较明显的周期性。其中，金沙江主周期为 10a，岷江主周期为 26a，乌江主周期为 19a，嘉陵江主周期为 23a，寸滩主周期为 12a。

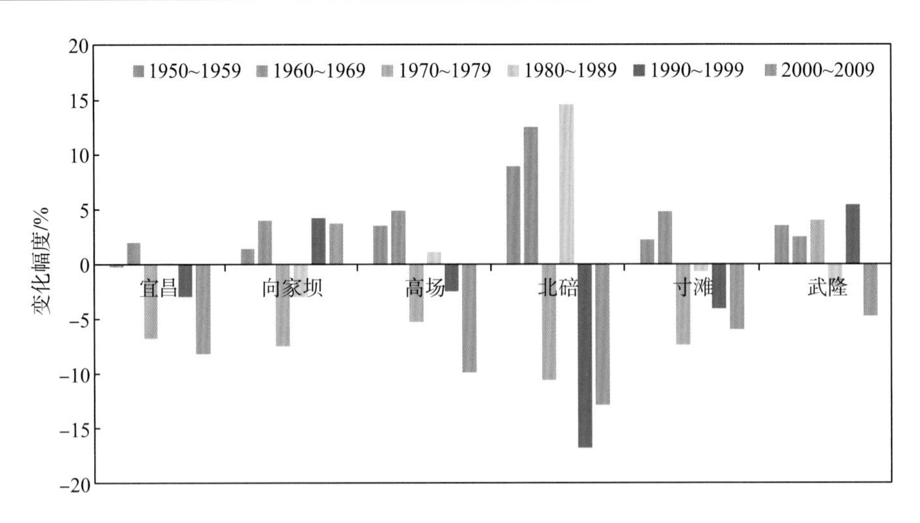

图 2.18　长江上游主要站和宜昌站各年代年均径流量与多年均值变化对比

5. 持续性分析

从持续性分析结果看(表 2.8)，长江上游干支流年径流 Hurst 系数都大于 0.6(最小为武隆站的 0.61)，有较强的持续性。

表 2.8　长江上游主要干支流控制站年径流序列 Hurst 系数

水文站	向家坝	高场	北碚	武隆	寸滩
Hurst 系数	0.67	0.7	0.67	0.61	0.75

2.4.2　年内分配及变化

根据对长江上游干支流控制站径流年内相对变化幅度的计算结果(表 2.9)可以看出，C_m基本都在 8.0 以上，说明径流年内分配十分不均，且支流的径流年内分配不均匀性要大于干流的年内分配不均匀性；长江上游干支流来水丰枯季明显，汛期(6～10 月)径流量占全年径流量的 70%。从长江上游干支流控制站径流年内分配比例可以看出(图2.19)，乌江流域进入汛期的时间最早，5 月即进入汛期；最迟的为金沙江流域，在 7 月才进入汛期；其他流域基本在 6 月进入汛期。

表 2.9　长江上游主要控制站点径流年内变化

站点	不均匀性		集中程度		变化幅度	
	C_v	C_r	C_d	D	C_m	ΔQ
向家坝	0.79	0.33	0.48	8.24	8.42	10029
高场	0.755	0.312	0.473	7.742	9.103	5811
北碚	0.956	0.368	0.53	7.797	17.787	6225
武隆	0.779	0.301	0.418	6.801	11.07	3783
寸滩	0.778	0.321	0.528	7.81	9.196	24309

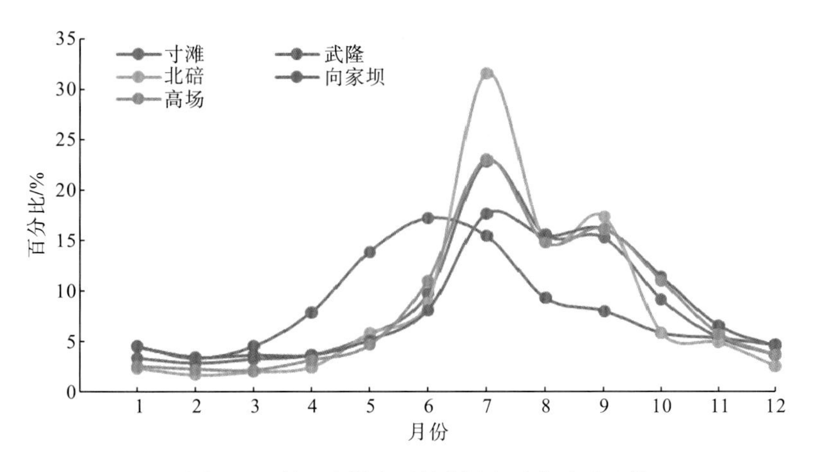

图 2.19　长江上游主要控制站径流年内分配情况

为直观了解长江上游主要控制站径流年内分配变化，将三峡工程初设后(1991～2013 年)、三峡水库蓄水运行以来(2003～2013 年)与三峡工程初设阶段(1951～1990 年)径流年内分配比例进行分阶段统计分析，如图 2.20 所示。

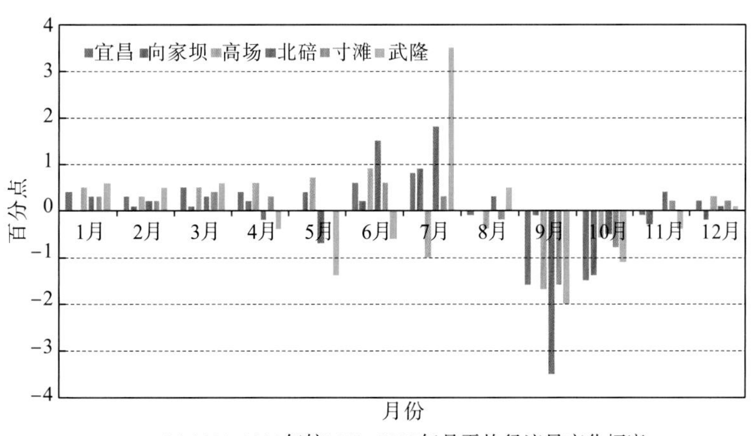

(a) 1991~2013年较1951~1990年月平均径流量变化幅度

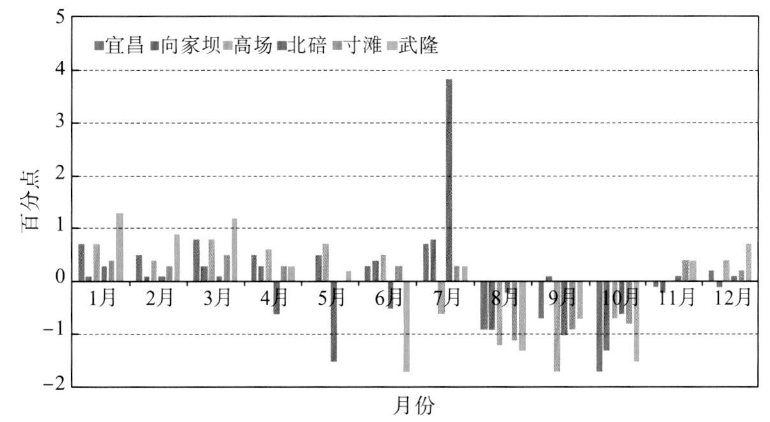

(b) 2003~2013年较1951~1990年月平均径流量变化幅度

图 2.20　长江上游主要站点径流年内分配变化图

从图 2.20(a)可以看出，与三峡初设阶段相比，三峡工程初设后长江上游主要控制站 9 月径流占年径流百分比均减小；10 月，各站点径流占年径流百分比均减小；11 月，各站径流占年径流百分比变化不大，变幅在 0.5 个百分点以内；1～3 月，各站点径流占年径流百分比均增加，增幅在 0.6 个百分点以内；9～11 月三峡蓄水期，各站点径流占年径流百分比均减小，为该时段内年径流量减少的主要月份。

从图 2.20(b)可以看出，与三峡初设阶段相比，三峡蓄水运行以来长江上游主要控制站 8 月径流占年径流百分比均减小；9 月，除向家坝站径流占年径流百分比略增 0.1 个百分点外，其余站点径流占年径流百分比均减小；10 月，各站点径流占年径流百分比均减小；11 月，高场站径流占年径流百分比不变，其余站径流占年径流百分比变幅较小；8～10 月三峡蓄水期，各站点径流占年径流百分比均减小，为该时段内年径流量减少的主要月份。

2.4.3 径流变化原因分析

通过综合分析研究，长江上游流域径流减少的主要原因有以下几个方面。

1.气象要素发生变化

受气候变化影响，20 世纪 90 年代以来长江上游地区气象要素发生变化，其中降水的变化直接影响流域径流量(徐成汉，2018；冯亚文等，2013)。对 1951～2013 年长江上游多年平均降水量变化过程分析[图 2.21(a)]，可知三峡大坝以上流域 1991～2013 年降水量呈减少趋势(与初设相比减少 3.5%)，三峡工程蓄水运行以来的十余年减少更为显著(与初设相比减少 4.8%)。图 2.21(b)显示了金沙江、岷沱江、嘉陵江、宜宾至宜昌、乌江 5 个分区 1951～2013 年分年代降水量均值变化情况，从图中可以看出，1991～2013 年，除金沙江区外，长江上游及其余各分区降水量均偏少，长江上游整体上处于枯水期。

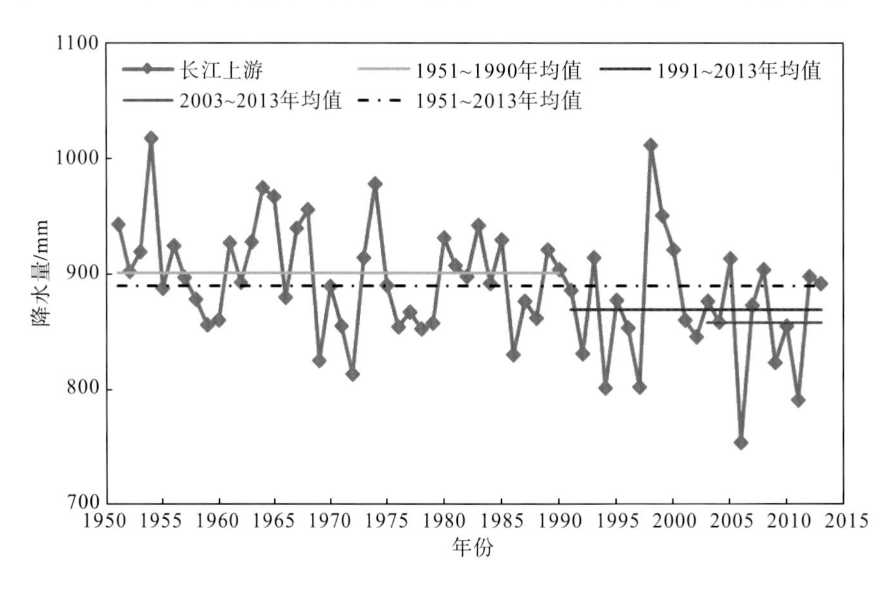

(a)1951～2013 年长江上游多年平均降水量

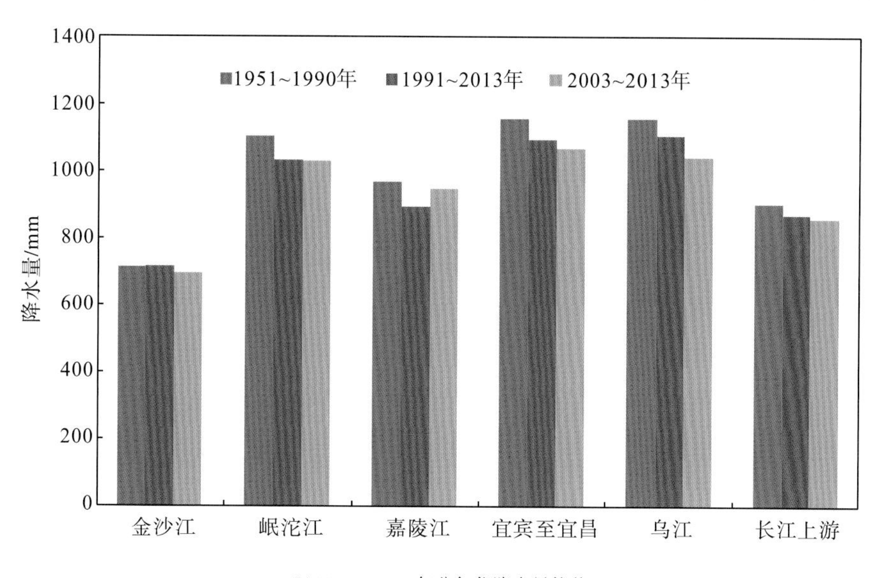

(b)1951～2013 年分年代降水量均值

图 2.21　长江上游及主要干支流降水量变化

图 2.22 显示了长江上游不同时段月平均降水量年内分配变化对比情况，从图中可以看出，长江上游降水量年内分配不均，基本呈正态分布，年降水主要集中在 5～10 月。20 世纪 90 年代以后，长江上游 9～11 月降水量呈减少趋势。较 1951～1990 年同期，长江上游 1991～2013 年 9 月、10 月、11 月和 9～11 月降水量分别减少 13.1%、3.5%、4.8%、9.2%，2003～2013 年 9 月、10 月、11 月和 9～11 月降水量分别减少 8.6%、3.9%、6.6%、7%。

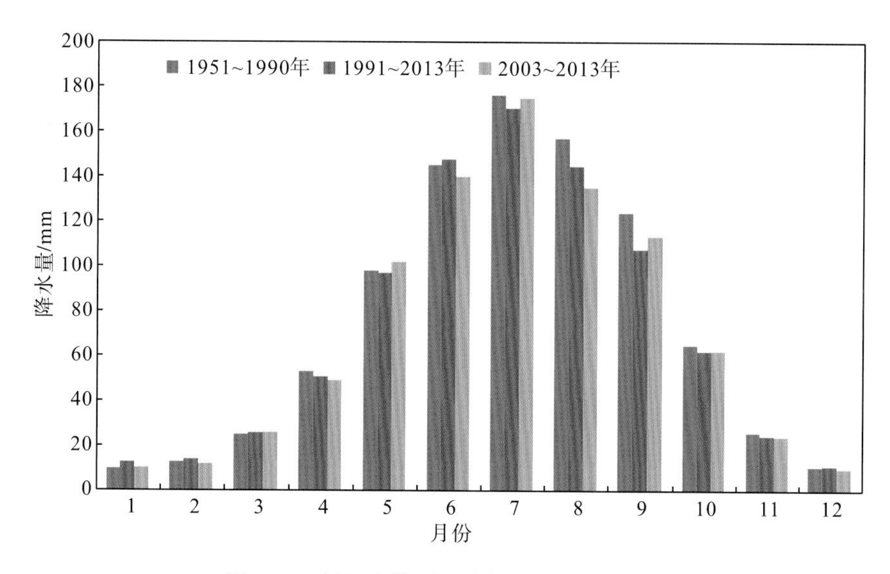

图 2.22　长江上游不同时段月平均降水量对比图

2.梯级水库充蓄死库容

近 20 年是长江上游地区水利水电工程大发展时期，据《长江流域及西南诸河水资源公报》统计，2013 年长江上游大型水库共有 80 座，中型水库共有 381 座。这些水利工程拦蓄水量主要位于水库死库容中(包括多年调节水库多年库容)，造成大量径流无法回到长江(鲍正风等，2016；王冬等，2014)，仅 2003～2013 年三峡以上流域大中型水库陆续建成蓄水，累积蓄水总量 86.6 亿 m^3(图 2.23)。水利工程的陆续投入是径流突变的原因之一(王延贵等，2016)，这一影响在未来一段时间内还会继续存在(翁文林等，2013)。

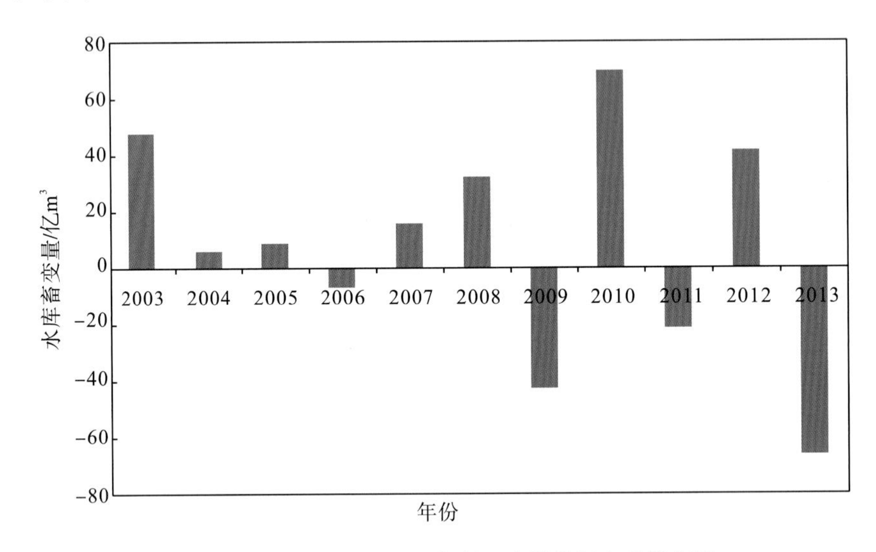

图 2.23　2003～2013 年长江上游梯级水库蓄变量

3. 梯级水库增加蒸发增损

据不完全统计，长江上游已建大型水库在正常蓄水位时库面总面积约为 3040km²。长江上游水库多是河道型水库，库面面积不大，水库正常蓄水位时，较无水库状态下，库表面面积的 1/2 由陆地面积改变为水面面积。因此，在水库正常蓄水位时，长江上游由陆地面积改变为水面面积的约为 1520km²，多年平均水库蒸发增损水量约为 6.5 亿 m^3。

4. 流域用耗水量增加

随着经济社会的快速发展和居民生活水平的提高，长江上游流域用水总量呈缓慢增长趋势，用水耗水率变化不明显，耗水量整体呈增加趋势(图 2.24)。

5. 水土保持工程减少径流量

近二十多年来，国家投入大量的人力物力，实施水土保持、退耕还林措施，极大地减轻了土壤的侵蚀，改善了土壤持水能力，增加了降水量成为地下径流的比重，使得相当一部分径流不再通过地表汇流的方式汇入长江。所以，流域水源涵养量增加，流域出口断面径流量减少。

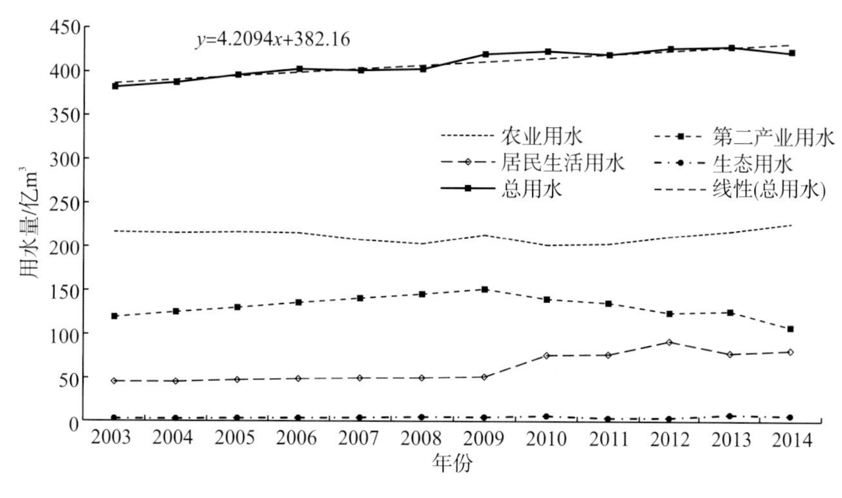

(a)上游流域用水情况

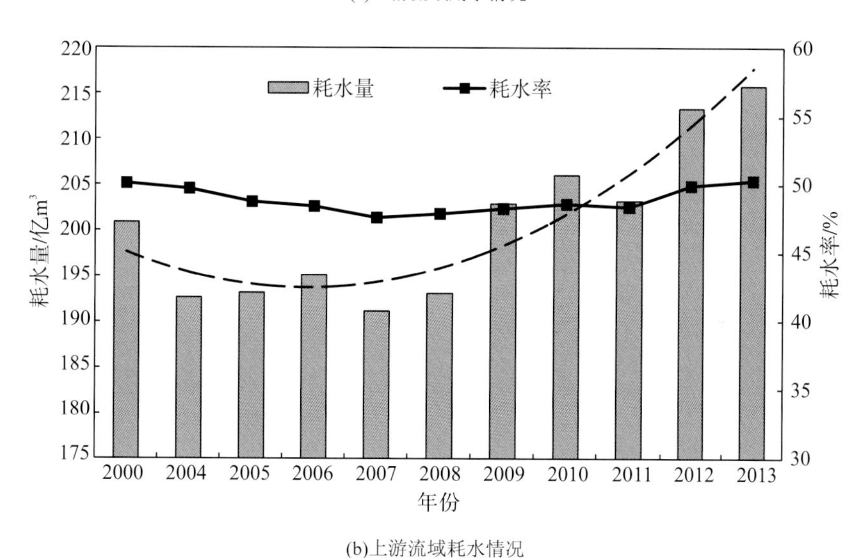

(b)上游流域耗水情况

图 2.24　长江上游流域用水耗水情况

2.5　长江上游主要干支流输沙量变化特征

2.5.1　年际变化特征

20 世纪 90 年代到 2002 年，长江上游输沙量减少趋势明显，1991～2002 年年均输沙量除向家坝站有所增大(增幅 14%)外，其他各站年均输沙量均有所减少，输沙量减幅最大的是嘉陵江，减幅为 72%。三峡水库蓄水后，三峡上游输沙量减少趋势仍然持续，与 1990 年前相比，输沙量减幅最大的是乌江，2003～2012 年武隆站年均输沙量 570 万 t，减少 81%；2013 年三峡上游输沙量继续减少，减幅最大的是金沙江和乌江，向家坝站输沙量仅 203 万 t，减少 99%，武隆站输沙量 94 万 t，减少 97%(图 2.25，表 2.10)。

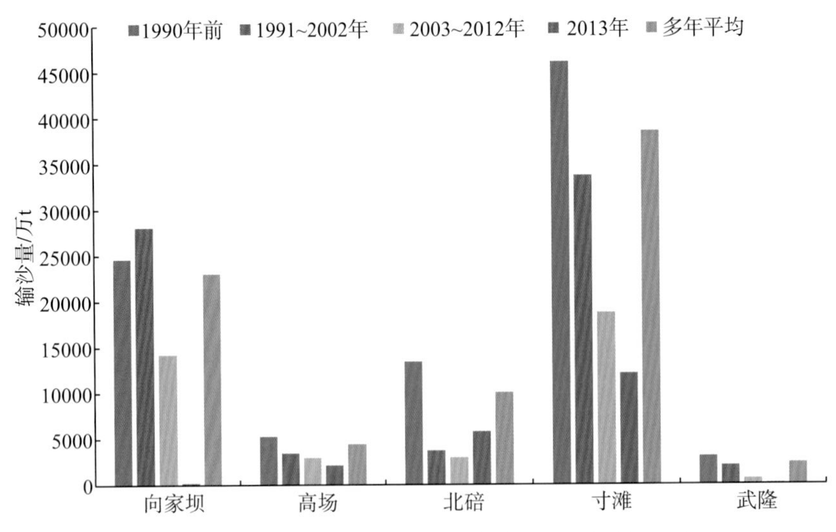

图 2.25　2013 年三峡上游主要水文站输沙量与多年均值比较

表 2.10　长江上游地区输沙量变化

河流名		金沙江	岷江	嘉陵江	长江	乌江
站名		向家坝	高场	北碚	寸滩	武隆
集水面积/km^2		485099	135378	156142	866559	83053
输沙量/万 t	1990 年前	24600	5260	13400	46100	3040
	1991～2002 年	28100	3450	3720	33700	2040
	变化率	14%	-34%	-72%	-27%	-33%
	2003～2012 年	14200	2930	2920	18700	570
	变化率	-42%	-44%	-78%	-59%	-81%
	2013 年	203	2110	5760	12100	94
	变化率	-99%	-60%	-57%	-74%	-97%
	多年平均	23000	4400	10000	38500	2310
含沙量/(kg/m^3)	1990 年前	1.71	0.596	1.9	1.31	0.614
	1991～2002 年	1.87	0.423	0.703	1.01	0.384
	变化率	9%	-29%	-63%	-23%	-37%
	2003～2012 年	1.02	0.371	0.443	0.57	0.135
	变化率	-40%	-38%	-77%	-56%	-78%
	2013 年	0.018	0.269	0.802	0.386	0.029
	变化率	-99%	-55%	-58%	-71%	-95%
	多年平均	1.62	0.522	1.52	1.12	0.479

从嘉陵江控制站北碚站历年输沙量变化过程看(图 2.26)，近年来嘉陵江输沙量明显减少，减少幅度明显大于径流量的减少幅度。相比 1980 年前平均输沙量，20 世纪 80 年代嘉陵江流域输沙量略有增加，由 13415 万 t 增加到 13520 万 t；进入 20 世纪 90 年代则快速下降，输沙量减少了 9306 万 t，下降 69%；进入 21 世纪后，嘉陵江流域输沙量继续下降，2000～2009 年和 2010～2016 年均值比 1980 年前均值分别下降 80%和 82%。

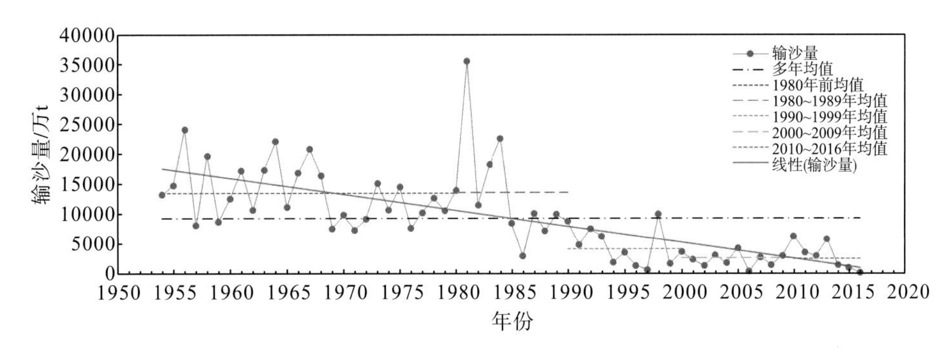

图 2.26　嘉陵江北碚站输沙量变化过程

金沙江控制站向家坝站历年输沙量变化过程表明(图 2.27)，近年来金沙江流域输沙量明显减少，与 1954～1990 年相比，向家坝站 1991～2016 年年均输沙量由 24627 万 t 减少至 18455 万 t，输沙量减少 6172 万 t，减幅 25.06%，尤其是 2015 年，输沙量仅为 60 万 t。从变化过程看，20 世纪八九十年代，金沙江流域输沙量呈增加趋势，与 1980 年前均值相比，1980～1989 年和 1990～1999 年向家坝站年均输沙量分别增加了 2293 万 t 和 5443 万 t，增加幅度分别为 10%和 23%；进入 21 世纪后，金沙江流域输沙量大幅下降，2000～2009 年和 2010～2016 年均值比 1980 年前均值分别下降 32%和 85%，年均输沙量分别为 16413 万 t 和 3533 万 t。

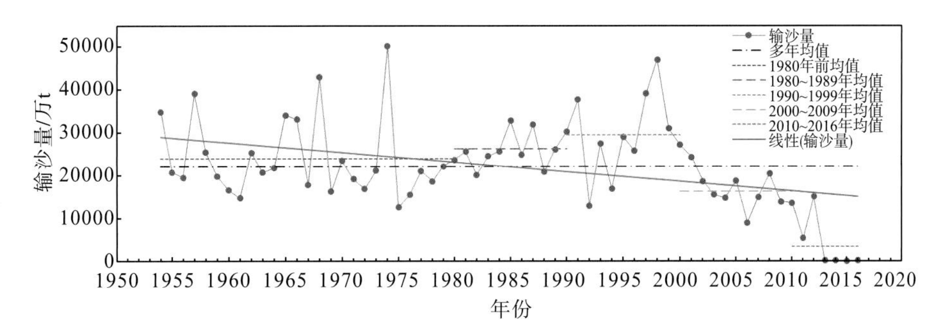

图 2.27　金沙江向家坝站输沙量变化过程

从岷江控制站高场站历年输沙量变化过程看(图 2.28)，近年来岷江输沙量总体呈现减少趋势，其中最大输沙量出现在 1966 年，达到 12200 万 t，最少输沙量仅 480 万 t(2015 年)。

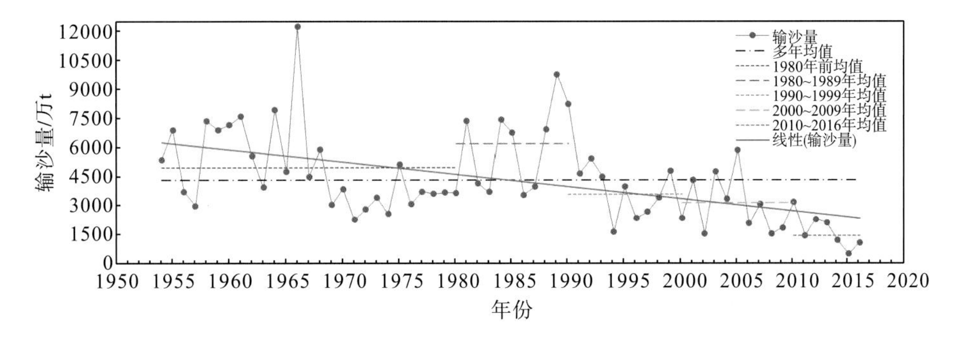

图 2.28　岷江高场站输沙量变化过程

1954～2016 年统计资料表明，相比 1980 年前平均输沙量，20 世纪 80 年代岷江流域输沙量略有增加，由 4927 万 t 升高到 6164 万 t；进入 20 世纪 90 年代则快速下降，输沙量减少到 3559 亿 t，下降 28%；进入 21 世纪后，输沙量继续减少，2000～2009 年和 2010～2016 年输沙量分别为 3137 亿 t 和 1427 亿 t，比 1980 年前均值分别下降 36%和 71%。

1955～2016 年武隆站输沙量呈显著减少趋势(图 2.29)，尤其是进入 2000 年后。相比 1980 年前平均输沙量，20 世纪八九十年代武隆站输沙量减少较为稳定，减少量分别为 1013 万 t 和 1052 万 t，下降幅度分别为 31%和 32%；进入 21 世纪后，输沙量大幅减少，2000～2009 年和 2010～2016 年输沙量比 1980 年前均值分别下降 76%和 93%，年均输沙量分别为 780 万 t 和 242 万 t。

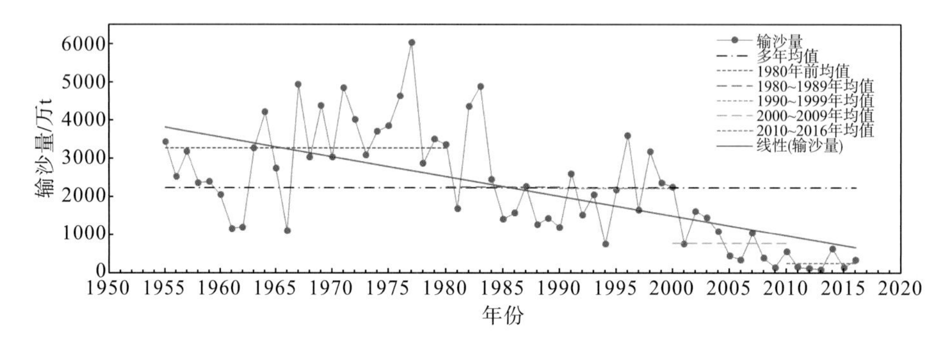

图 2.29　乌江武隆站输沙量变化过程

2.5.2　年内变化特征

从长江上游主要控制站多年逐月平均输沙率(表 2.11)以及输沙年内分配情况(图 2.30)看出：长江上游干流主要控制站寸滩和向家坝站，汛期 5～10 月输沙量占全年的 95.8%以上，主汛期 7～9 月输沙量占全年的 73%以上。主要支流控制站：嘉陵江北碚站、岷江高场站、乌江武隆站，汛期 5～10 月输沙量占全年的 95%以上，主汛期 7～9 月输沙量占全年的 46%以上。

表 2.11　长江上游地区多年逐月平均输沙率统计表　　(单位：kg/s)

站名	1 月	2 月	3 月	4 月	5 月	6 月	7 月	8 月	9 月	10 月	11 月	12 月
向家坝	183	129	106	254	1410	11300	27500	25900	20000	7350	1410	404
高场	5.12	5.13	10.3	78.8	325	2240	6840	5710	2470	395	66	12
北碚	5.35	3.84	21.3	316	1910	3820	15400	10100	10300	2220	204	14.5
寸滩	167	119	156	760	4280	17500	51200	42900	32000	10300	1970	450
武隆	5.34	8.86	33.8	353	1560	3220	2870	1170	741	327	107	11.3
宜昌	207	120	298	1710	7800	20100	57600	46600	33800	12900	3740	738

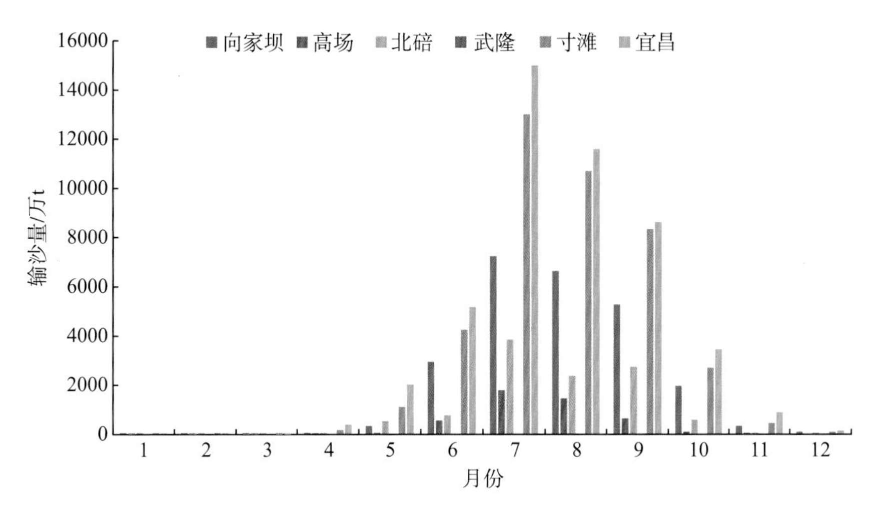

图 2.30　长江上游主要控制站多年逐月平均输沙量

2.5.3　长江上游主要控制站输沙量变化分析

双累积曲线方法是一种研究降水(或径流)变化以外的因素对河流输沙量变化影响的方法。该方法可以将降水量变化对输沙过程的影响予以消除，从而更好地揭示人类活动对河流输沙量的影响。点绘累积输沙量与累积径流量的关系，若输沙量的变化只与径流量的变化有关，则二者的关系为一直线；若该直线在某一时间发生偏转，则表明降水以外的因素(通常是人类活动)对年输沙量产生了影响。一般流域水沙关系发生明显变化，其主要控制站年径流量和年输沙量双累积曲线斜率将发生明显变化。

从嘉陵江北碚站 1954～2016 年径流量-输沙量双累积曲线(图 2.31)可以看出，相比 1975 年前，北碚站 1975～1984 年曲线斜率有所增大，表明其输沙量有所增加；1983 年后曲线斜率一直呈减小趋势，特别是在 1994 年后斜率减小尤其明显，说明 1994 年后输沙量明显减少，但近 3 年，嘉陵江输沙量又呈增加趋势。

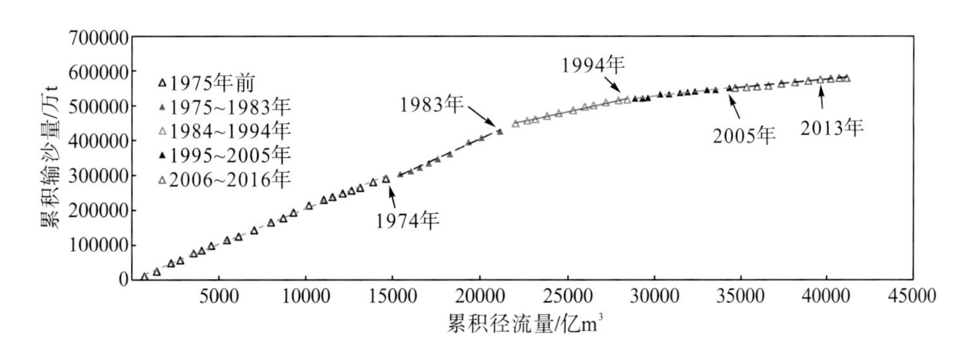

图 2.31　嘉陵江北碚站 1954～2016 年径流量-输沙量双累积曲线

金沙江向家坝站 1954～2016 年径流量-输沙量双累积曲线(图 2.32)显示，向家坝站的输沙量自 20 世纪 80 年代以后出现增加趋势，自 20 世纪 90 年代末期以后明显减少。输沙量-径流量双累积曲线存在 3 个转折点，将水沙过程分为 4 个阶段。第一个转折点发生

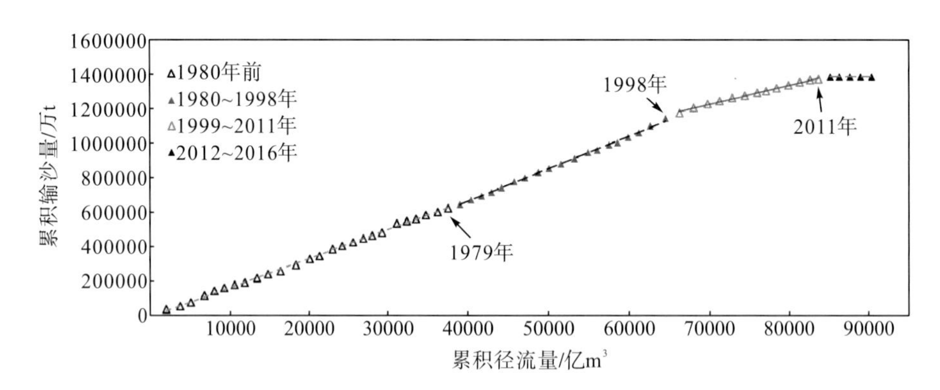

图 2.32 金沙江向家坝站 1954～2016 年径流量-输沙量双累积曲线

于 1979 年，相比 1980 年前，向家坝站 1980 年拟合直线向输沙量偏转，表明其输沙量有所增加；第二个转折点发生在 1998 年，拟合直线向径流量偏转，输沙量有所减少；第三个转折点发生于 2011 年，金沙江中下游梯级水库逐步开始蓄水拦沙，尤其是溪洛渡、向家坝两个大型水库的拦沙作用，大幅降低了金沙江流域输沙量。

从高场站 1954～2016 年径流量-输沙量双累积曲线(图 2.33)可以看出，高场站输沙量-径流量双累积曲线存在 5 个转折点，将水沙过程分为 6 个阶段。第一个转折点发生于 1967 年，相比 1968 年前，高场站 1968 年拟合直线向径流量偏转，表明其输沙量有所减少；第二个转折点发生在 1979 年，拟合直线向输沙量偏转，输沙量有所增加；第三个转折点发生于 1992 年，输沙量减少；第四个转折点发生于 2001 年，曲线略向上偏转，表明输沙量有小幅增加；第五个转折点发生于 2008 年，由于岷江流域内梯级水库基本投入运行，尤其是紫坪铺、瀑布沟等大型水库的拦沙作用，使得流域内输沙量大幅降低。

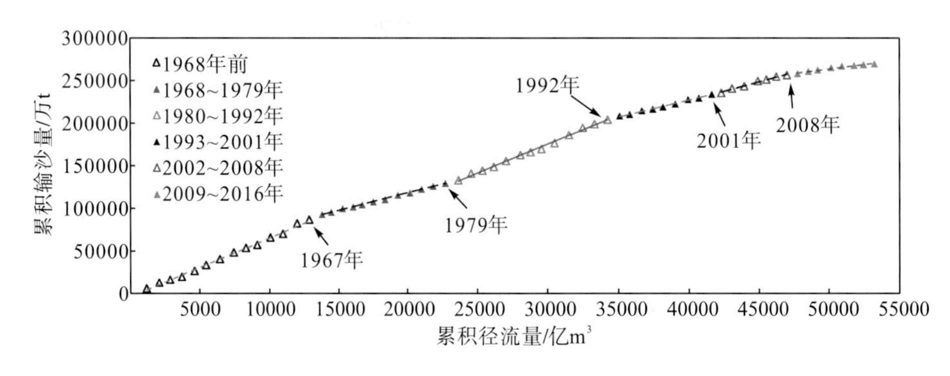

图 2.33 岷江高场站 1954～2016 年径流量-输沙量双累积曲线

乌江武隆站 1955～2016 年径流量-输沙量双累积曲线(图 2.34)显示，相比 1969 年前，武隆站 1969 年拟合直线向输沙量偏转，表明其输沙量有所增加；1983 年由于乌江渡水库蓄水拦沙，流域输沙量显著减少；进入 21 世纪，输沙量持续减少，曲线向径流量方向偏转；2006 年后曲线进一步向径流量偏转，表明输沙量进一步减少。

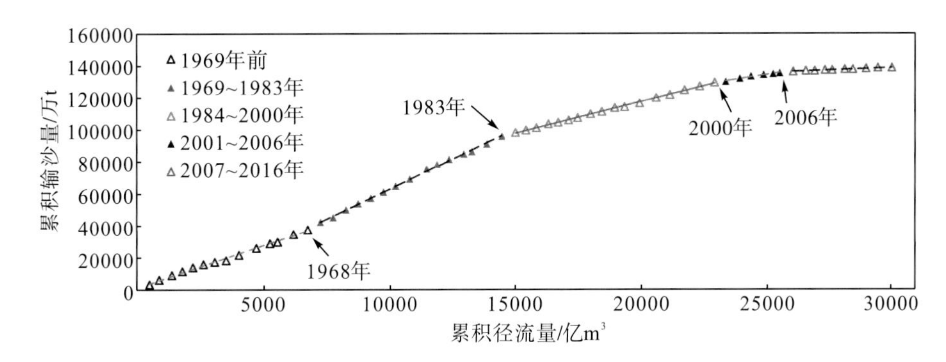

图 2.34　乌江武隆站 1955～2016 年径流量-输沙量双累积曲线

三峡水库入库 1950～2016 年水沙双累积曲线（图 2.35）显示，1991 年前入库水沙量双累积曲线基本呈一直线，表明其水沙关系无明显变化，但自 1991 年起，曲线向径流量偏转，表明进入三峡水库的沙量开始逐渐减少，尤其是 2011 年后，曲线基本成一水平线，表明入库沙量大幅减少。

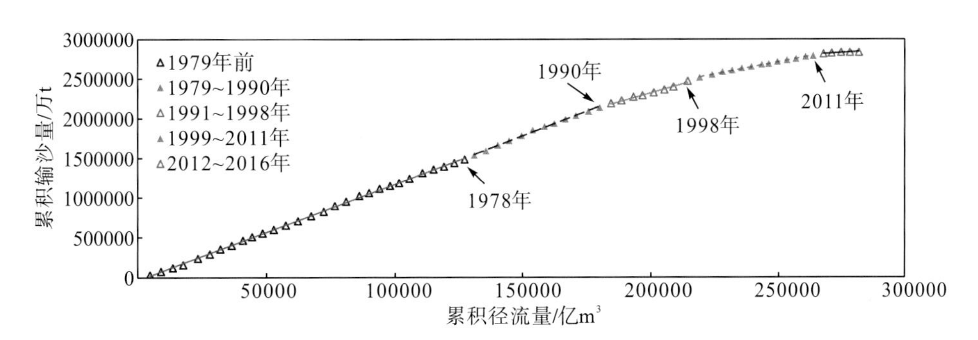

图 2.35　三峡水库入库 1950～2016 年径流量-输沙量双累积曲线

在 2003 年前，宜昌站水沙变化与三峡入库水沙变化一致（图 2.36），但由于 2003 年三峡水库开始蓄水拦沙，其输沙量过程与三峡入库明显不同，双累积曲线在 2003 年显著向径流量方向偏转，且基本与径流量呈水平状，说明三峡水库的拦沙效益显著，对宜昌站输沙过程有明显影响。

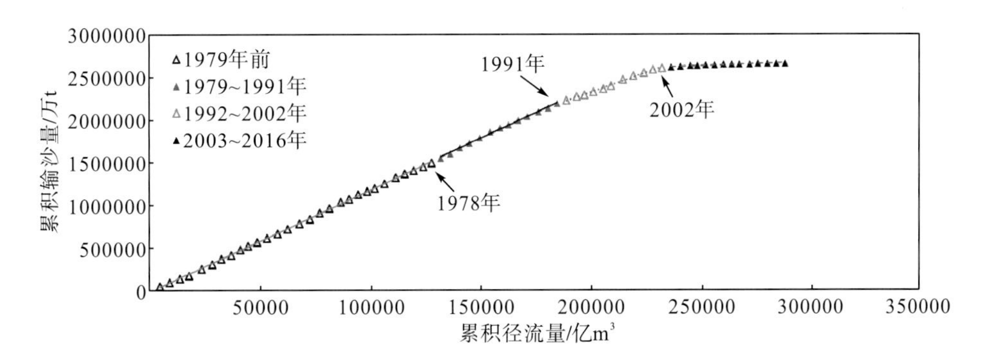

图 2.36　宜昌站 1955～2016 年径流量-输沙量双累积曲线

2.5.4 输沙量变化原因分析

影响流域侵蚀产沙和泥沙输移的因素可分为自然因素和人为因素两个方面(杨维鸽等，2019；王延贵等，2016；翁文林等，2013；蔺秋生等，2010；许炯心，2007)。其中自然因素中的地质地貌、土壤植被等条件相对稳定，对侵蚀产沙变化影响较小，而气候变化和水土保持工程、水利工程、河道采砂等是影响流域侵蚀产沙和输沙量变化的重要因素。

1. 气象条件变化

降水是造成水土流失的直接动力和主要气候因子，长江上游 67 个气象站的降水资料显示，整个长江上游地区年降水量近 50 年呈现下降趋势，尤其是向家坝站以下流域秋季降水量显著减少，这都将导致流域土壤侵蚀量减少，从而减少流域产沙量(刘同宦等，2011)。嘉陵江流域研究结果表明，在地表下垫面保持不变的情况下，单纯由气象条件导致的嘉陵江流域径流总量减少约 3.59%，输沙总量减少约 5.14%，气象条件变化对嘉陵江流域径流量减少的贡献率为 23.81%，对输沙量减少的贡献率仅为 8.2%(高鹏等，2010)。

2. 水利工程拦沙

长江上游干支流已建的大型水库通过拦减粗沙，减少了河道输沙量(段炎冲等，2015；李海彬等，2011；张信宝等，2011；许炯心，2007)。据不完全统计，长江上游干支流在 1990 年以前修建的水库库容约 120 亿 m^3，大型水库数量不足 50%；在 1991～2005 年，又新建以大型水库为主的同等规模的水库，共拦沙超过 10 亿 m^3。长江水利委员会水务局根据 2004 年金沙江流域 6 座大型水库、58 座中型水库和 2050 座小型水库，总库容约 110 亿 m^3 的调查情况，通过加权平均算出水库拦沙率，并分 3 个时段计算了不同区域水库的拦沙量。结果表明，2001～2004 年，金沙江流域水利工程年均拦沙约 6900 万 t，其中大型水库拦沙量约占 70%(主要是二滩水库拦沙)(冯秀富等，2008)。大型水利工程蓄水是近期金沙江流域泥沙减少的主要原因，2013 年向家坝站输沙量仅为 203 万 t，同期径流量为 1106 亿 m^3，相比 2003～2012 年径流量和输沙量均值分别减少了 20%和 99%，这主要是受溪洛渡水电站蓄水的影响。2013 年 5 月溪洛渡水电站开始初期蓄水，向家坝水电站也于 2012 年 10 月初开始蓄水，2013 年汛末进行二期蓄水，水库初期蓄水，将上游泥沙拦截并蓄积在水库中，使得向家坝站输沙量大幅减少。据统计，截至 20 世纪 80 年代末，乌江流域内已建成各类水库 1630 座，总库容 44.06 亿 m^3，水库年均拦沙约 3260 万 t，其中乌江渡在 1980～1985 年年均淤沙约 2310 万 t，1986～1993 年年均淤沙 1500 万 t，1994 年东风电站开始蓄水后，乌江渡入库沙量大幅减少，年均拦沙仅 13 万 t。1991～2004 年乌江干流修建的东风电站、普定电站、引子渡电站、洪家渡电站等，总库容达 69.19 亿 m^3，年均拦沙量约 2170 万 t，其中东风电站年均拦沙量 1320 万 t，洪家渡电站年均拦沙量 600 万 t(吴晓玲等，2018；陈松生等，2008a；熊亚兰等，2008)。

3. 水土保持减沙

20 世纪 80 年代，长江上游地区严重的水土流失状况引起了社会的广泛关注，先后启动的“长江上游水土保持重点防治区”治理工程、“天然林资源保护工程”和“退耕还林工程”，对减少流域产沙量效果显著(李丹勋，2010)。随着三大工程的长期实施和“长江上游生态屏障建设”工程的进一步推进，长江上游地区土壤侵蚀和水土流失状况将得到持续改善，长江上游流域产沙量将进一步降低。金沙江下游早在 1989 年就被列入长江上游水土保持重点治理区，十多年的治理取得了成效。据初步估计，金沙江下游“长江上游水土保持重点防治区”工程年均减沙量 220.30 万 t，1996 水平年减沙量 438.69 万 t，对减少长江泥沙做出了贡献(王延贵等，2016；陈松生等，2008b)。从 1989 年起，嘉陵江中下游和陇南、陕南地区被列为“长江上游水土保持重点防治区”之一，流域内先后有 50 个区(县/市)开展了水土保持重点治理，实施了坡改梯、水保林、经果林、种草、封禁治理、保土耕作和小型水利水保工程等各种水保措施，累计治理水土流失面积 2.14 万 km^2，治理程度达 25.8%。根据全国 1999～2000 年第二次遥感调查(采用 1995～1996 年 TM 卫片)资料，嘉陵江流域水土流失面积为 79445km^2，占嘉陵江流域土地总面积的 49.65%，相比 1988 年遥感普查结果，水土流失面积减少 4.09%，流域年侵蚀量减少 6300 万 t，如果按流域泥沙输移比 0.25 计算，则可使北碚站年均减沙 1600 万 t。因此 1991～2000 年水土保持对北碚站的年均减沙量为 1575 万～1860 万 t，占北碚站总减沙量的 15.0%～17.7%(王延贵等，2016；郑艳霞和陈步青，2015；刘孝盈，2008；许全喜等，2008；张明波等，2003)。

4. 河道采砂及其他

因我国经济发展及西部大开发建设需要，三峡库尾河段采砂近年来发展迅猛，采量逐年增加，目前地方政府批准采量已接近 1000 万 t，采点近百个。目前三峡库尾河段开采的泥沙主要来自长江、嘉陵江及乌江上游泥沙的补给和河床历史存积，近期受三峡水库壅水，有利于上游来沙在本河段的沉积。据水利部长江水利委员会水文局 1993 年的调查，嘉陵江朝天门—盐井河段平均每千米采砂 3.27 万 t、砾卵石 1.40 万 t。另据 2002 年调查资料，嘉陵江朝天门—合川段 104km 范围内年采砂量 356.7 万 t，其中砾卵石占 18.7%、沙占 81.3%(王延贵等，2016；许全喜等，2008)。

2.6　长江上游水库群建设运行对三峡入库径流的影响

近年来，长江上游兴建了一大批库容大、调节能力好的综合利用水利枢纽，由于填充死库容和调节性水库的调节，三峡入库径流量及其年内分配过程已经发生了很大变化。为了更好地分析长江上游水库调蓄对三峡入库径流的影响，本书通过对上游水库蓄水库容、上游水库蓄水过程安排、上游水库与三峡水库同步蓄水库容等分析，研究上游水库群建设运行对三峡入库径流的影响。

2.6.1　上游水库群蓄水库容分析

长江上游水库群对三峡水库来水过程产生影响，优化调度研究阶段考虑上游梯级水库的总调节库容为 145.78 亿 m^3，其中防洪库容 28.47 亿 m^3(主要包括雅砻江的二滩，大渡河的瀑布沟，岷江的紫坪铺，嘉陵江支流的宝珠寺，乌江的洪家渡、乌江渡等水库）。截至 2015 年向家坝、溪洛渡等水库的投入运行，使得长江上游控制性水库总调节库容达 340.38 亿 m^3，其中总防洪库容 133.22 亿 m^3(图 2.37)，上游水库群对三峡洪水、径流的调节作用在逐步加大。

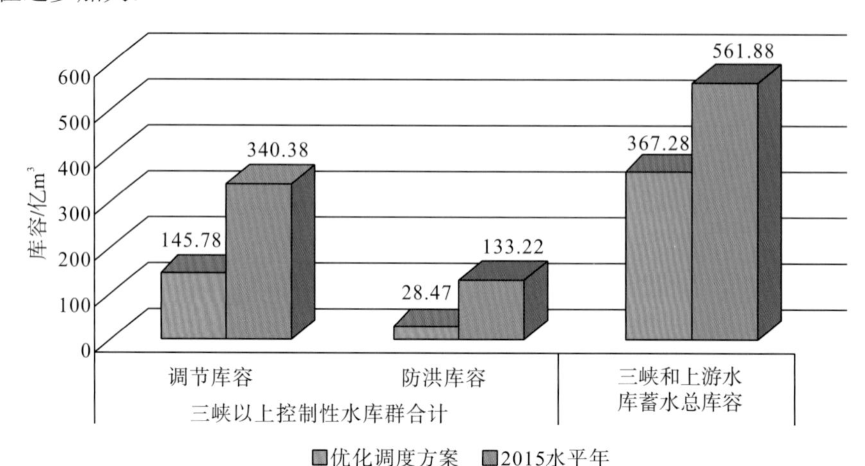

图 2.37 长江上游水库群蓄水库容对比

2.6.2 上游水库群蓄水过程

为协调长江上游水库群蓄水与下游用水的矛盾，兼顾三峡水库汛末蓄水，《长江防洪规划》和《以三峡水库为核心的长江干支流控制性水库群综合调度研究》提出了长江上游水库需结合本河流和所分担的长江中下游防洪任务，有序地逐步蓄水，保证三峡水库在 10 月前基本完成蓄水任务的联合蓄水调度原则。同时结合各水库的综合任务，对已建成水库的蓄水次序进行了总体安排(表 2.12)。根据梯级联合蓄水调度安排，仅配合三峡分担长江中下游防洪的上游水库，一般可在 8 月开始蓄水；对承担双重任务(既承担本河流防洪又配合长江中下游防洪)的水库，按防洪任务分时段控制蓄水位，水库蓄水起始时间一般为 8～9 月。

表 2.12 三峡及上游水库蓄水过程总体安排表

项目		时间						
		5～6 月合计	7 月	8 月	9 月	10 月	8～10 月合计	5～10 月合计
三峡以上水库蓄水库容/亿 m^3		207.16	0	41.27	84.22	7.73	133.22	340.38
三峡	9 月底蓄至 158m 蓄水库容/亿 m^3				76.90	144.60	221.50	221.50
	9 月底蓄至 162m 蓄水库容/亿 m^3				105.78	115.72	221.50	221.50
蓄水总体安排	9 月底蓄至 158m 蓄水库容/亿 m^3	207.16		41.27	161.12	152.33	354.72	561.88
	占总蓄水库容比例/%	36.9		7.3	28.7	27.1	63.1	100
	9 月底蓄至 162m 蓄水库容/亿 m^3	207.16		41.27	190.00	123.45	354.72	561.88
	占总蓄水库容比例/%	36.9		7.3	33.8	22.0	63.1	100

2.6.3　上游水库群与三峡同步蓄水库容分析

上游水库承担本流域防洪任务，或承担梯级和下游防洪任务，以及满足汛末走沙、防止弃水等需要，这都会使上游水库群有部分库容与三峡水库同步蓄水。据统计，上游水库汛末(9～10 月)与三峡水库同步蓄水的库容为 91.95 亿 m^3(表 2.13)。随着上游水库的投入运行，对三峡蓄水期间来水的影响也在增加，较三峡优化调度阶段，2015 年前上游水库汛末(9～10 月)同步蓄水库容增加了 74.38 亿 m^3，使得三峡水库蓄水任务艰巨。

表 2.13　长江上游水库群与三峡水库同步蓄水库容统计表　(单位：亿 m^3)

	水库	9 月	10 月	合计
优化调度阶段考虑的库容	二滩	5.80	0	5.80
	瀑布沟	4.04	3.26	7.30
	紫坪铺	0	1.67	1.67
	宝珠寺	0	2.80	2.80
小计(优化调度阶段考虑的库容)		9.84	7.73	17.57
2015 年前新增投入库容	亭子口	10.60	0	10.60
	构皮滩	2.00	0	2.00
	乌江其他梯级	6.25	0	6.25
	溪洛渡	46.50	0	46.50
	向家坝	9.03	0	9.03
小计(2015 年前新增投入库容)		74.38	0	74.38
三峡以上水库库容合计		84.22	7.73	91.95

2.6.4　上游水库群蓄水对三峡入库径流的影响

利用长江上游水库群联合调度模型，开展长江上游水库群不同配置条件下三峡入库径流变化的研究。

1. 情景设置

本书中长江上游水库群组合方案如下。

(1) 方案 1：长江上游梯级水库群全部关闭，即上游没有水库运行情况下的天然径流过程，以此方案作为对比方案。

(2) 方案 2：长江上游规划水库全部参与调度运行。

(3) 方案 3：长江上游现在实际已经建成的大型水库参与调度运行，规划与在建水库不参与调度运行。该方案中参加运行的水库有：①雅砻江流域的二滩、大桥；②大渡河流域的龚嘴、铜街子；③岷沱江流域的紫坪铺、黑龙潭、三岔；④嘉陵江流域的鲁班、宝珠寺、金银台、新政、金溪、青居、东西关、升中、江口；⑤乌江流域的乌江渡、大河口、江口。

(4) 方案 4：长江上游现在实际已建与在建的大型水库参与调度运行，其他规划水库不参与调度运行。该方案中参加运行的水库与方案 3 相比，主要增加了以下水库：①金沙江流域的向家坝、溪洛渡；②雅砻江流域的锦屏 1 级；③大渡河流域的瀑布沟；④乌江流域的构皮滩、思林、彭水。

2. 上游干支流径流变化

1) 总径流情况

表 2.14 是在上述 4 种水库群组合方案下长江上游各干支流出口控制站总径流量情况。

表 2.14　长江上游不同水库组合下各干支流的总径流量　（单位：亿 m^3）

方案	渡口	小得石	福禄镇	高场	北碚	武隆	向家坝	朱沱	寸滩
方案 1	5393.2	4946.9	5203.9	9089.9	7870.4	5635.0	13018.0	28023.1	37002.3
方案 2	5378.0	4946.9	5190.2	9075.5	7865.8	5626.1	12892.3	27880.5	36854.0
方案 3	5393.2	4946.9	5202.7	9088.7	7865.9	5631.5	13018.0	28022.1	36996.8
方案 4	5393.2	4946.9	5202.7	9088.8	7865.9	5627.9	12983.7	27986.6	36960.8

由表 2.14 可知，寸滩站在不同方案下多年径流量不同，方案 1 中多年径流量最大，而方案 2 中多年径流量最少。综合考虑 4 种方案下寸滩站总径流量，可以发现由于上游水库的蓄水作用，在上游库群设置中，参加调度的水库越多，下游寸滩站的总径流量越少，因此方案 1 中由于上游没有水库参与调度，其多年径流量最大，而方案 2 中由于上游水库群最多，其多年径流量最少。其他各支流出口水文站不同水库群组合下的总径流量情况也反映了这一点。

2) 径流年内分配

水库的调节改变了流域径流年内分配，图 2.38 显示了上述 4 种方案下雅砻江流域出口水文站小得石站的年内径流变化情况。

由图 2.38 可知，方案 1 中，由于没有水库参与调度，其年内径流过程同天然径流过程基本重合。方案 2 中，参与调度的水库最多，由于水库的调节作用，把一年中各季的径流量进行重新分配，在洪水季节拦蓄洪水，而在枯水期下泄放水，改变了天然径流量在时间上分布不均的现象，维持年内径流平衡，因此其年内径流过程与天然径流相比，在洪水季节，其径流量过程明显降低，而在枯水季节其径流量过程又有明显的提高。值得注意的是，在各个水库的汛后蓄水期，由于上游各水库都开始蓄水，此时流域出口站的径流会出现一个明显降低的过程。方案 3 与方案 4 由于只有部分水库参与调度运行，所以其对径流也有一定的调节作用，但由于参与调度的水库都没有方案 2 多，其调节能力也就较小，因此调节作用没有方案 2 明显。

参与调度的长江上游各干支流的水库群多少不一，调节能力不同，因此各支流出口站径流年内分配所受影响也不一致。但总体来说，参与调节的水库越多，其调节能力越大，年内径流调节作用明显，可以更为充分利用水资源，在洪水季节减轻或消除洪涝灾害，在枯季又能通过放水来保证生产生活需要。

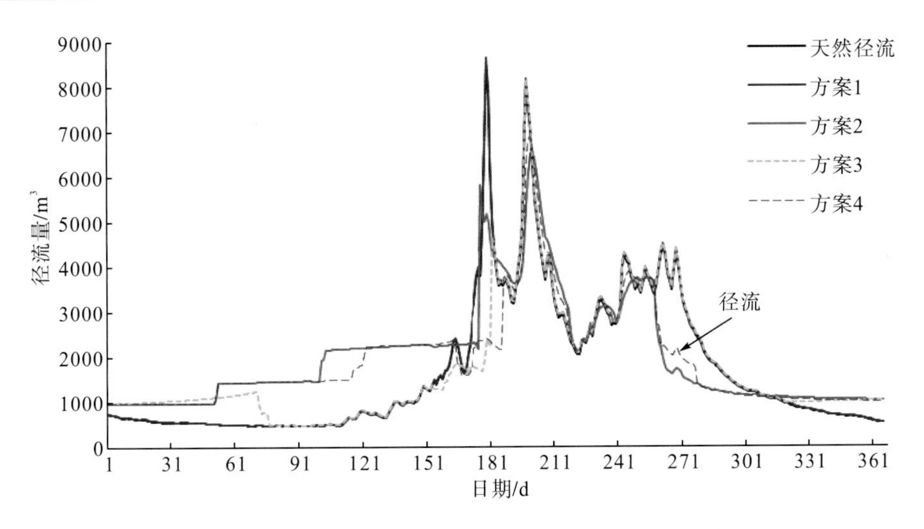

图 2.38　雅砻江不同水库组合下小得石站年径流变化

3) 枯季径流

表 2.15 为不同调度方案相比天然条件下枯季(1～2 月)月平均径流量的增加情况，由表 2.15 可知，各支流不同的水库组合情况对该流域枯季的径流有着较大影响，通过水库调节，各支流出口站径流量在枯季比天然径流量有明显的增加。在方案 2 中，枯季寸滩站的径流量为 4530.5m^3/s，同天然径流相比增加了 1194.0m^3/s，增加幅度达到 35.79%。而在一些水库调节能力较强的支流，如雅砻江和金沙江上游，由于水库调节，小得石站和渡口站的径流量分别增加了 598.4m^3/s 和 708.2m^3/s，增加幅度分别达到 124.28%和 116.94%。

表 2.15　长江上游不同水库组合下各干支流的枯季(1～2 月)月平均径流量增加情况

方案	增加情况	渡口	小得石	福禄镇	高场	北碚	武隆	向家坝	朱沱	寸滩
方案 1	增加量/(m^3/s)	0.0	0.0	0.0	0.0	0.0	0.0	0.0	0.0	0.0
	幅度/%	0.00	0.00	0.00	0.00	0.00	0.00	0.00	0.00	0.00
方案 2	增加量/(m^3/s)	708.2	598.4	192.9	316.7	125.5	289.4	770.3	1074.3	1194.0
	幅度/%	116.94	124.28	40.39	40.01	26.04	57.23	54.11	39.15	35.79
方案 3	增加量/(m^3/s)	0.0	478.2	6.9	122.2	61.4	79.6	478.3	601.8	664.2
	幅度/%	0.00	99.31	1.44	15.44	12.74	15.74	33.60	21.93	19.91
方案 4	增加量/(m^3/s)	0.0	569.6	194.9	318.7	61.4	248.5	710.0	1010.2	1063.4
	幅度/%	0.00	118.30	40.81	40.26	12.74	49.14	49.88	36.81	31.87

3. 三峡入库径流变化

1) 总径流情况

长江上游水库群的 4 种组合方案下，三峡水库总径流量变化情况如图 2.39 所示。由图 2.39 可以看出，由于不同方案中参与调度的水库不同，其调节能力不同，因此 4 种方案下三峡水库的总径流量呈交替上升状态。但一般来讲，由于上游水库的蓄水作用，参与调度的水库越多，三峡水库的总径流量就越少。

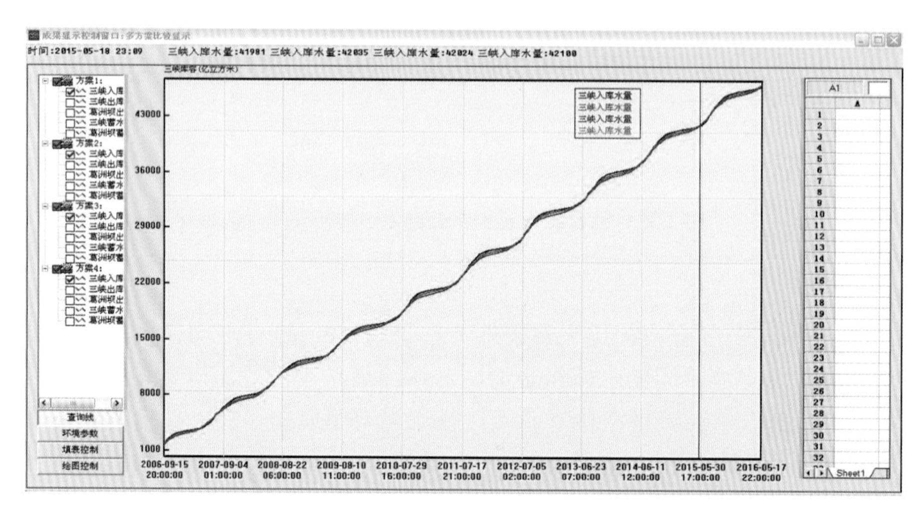

图 2.39　不同方案下三峡水库总径流量变化情况

2) 年内分配变化

受上游水库群调节作用影响，三峡来水过程有所不同，图 2.40 显示了上游不同水库群组合下三峡入库径流的年内变化情况。

由图 2.40 可以看出，不同方案下，三峡水库入库径流在枯季比天然径流情况有明显的提高，而在洪水季节，由于上游水库拦蓄洪水，入库径流要比天然径流小。同时由于上游汛后蓄水，该段时期，方案 2 与方案 1 相比入库径流有明显的下降。

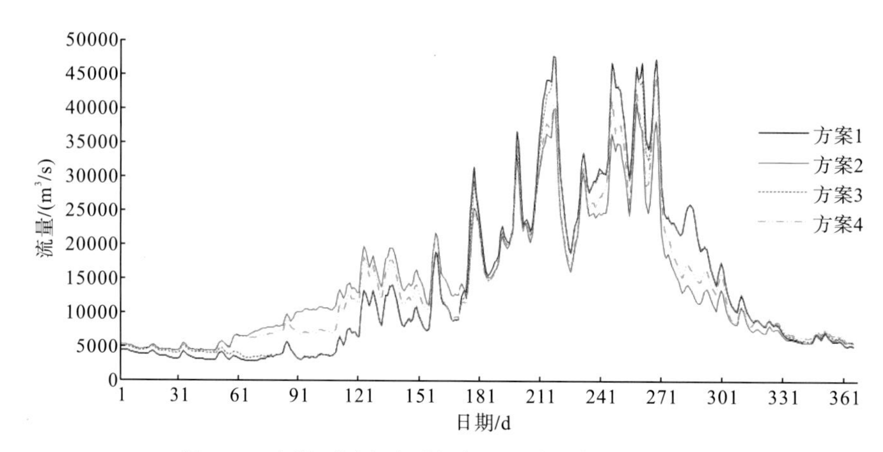

图 2.40　上游不同水库群组合下三峡水库年入库径流过程

2.7　本 章 小 结

长江上游水能资源极为丰富，全国十三大水电基地中有 5 个(金沙江、长江上游、雅砻江、大渡河、乌江)分布在上游地区。截至 2014 年年底，上游已建、在建库总库容 1 亿 m^3 以上大型水库近 80 座，总兴利库容 600 余亿 m^3，防洪库容约 380 亿 m^3，以三峡为骨干的长江上游干支流水库群梯级开发局面已经形成。从装机容量来看，2020 年前大型水电站总装机容量达 8800 万 kW，主要集中在金沙江中下游、雅砻江和大渡河；预计 2021～2030 年，随着金沙江上游、雅砻江和大渡河的大型水电站群建成，长江上游流域大型水电站总装机容量将达 15600 万 kW，控制性水库总调节库容近 1000 亿 m^3，上游梯级水电站水库群在发电和洪水调节上的作用也会逐步显现。

三峡入库水沙整体上表现为空间上水、沙异源，时间上水、沙变化同步。在区域组成上具有水沙异源的特征，金沙江流域和嘉陵江流域表现出输沙量大、径流量相对较小的特点，是长江上游典型的少水多沙区；水沙年内变化基本同步，主要集中在 5~11 月，而主汛期径流量约占全年的 50.0%，输沙量占全年的 74.1%。20 世纪 90 年代前，三峡水库入库泥沙主要来自金沙江和嘉陵江，近年来受水土保持工程治理面积和水电开发进度不同的影响，三峡入库沙量组成发生较大变化：金沙江流域入库沙量减少显著，岷江、沱江流域入库沙量比重略有升高，嘉陵江流域入库沙量比重呈先下降后上升的趋势，乌江流域呈降低趋势。

长江上游各干支流径流年际变化都具有明显的周期性和较强的持续性，但各流域径流变化具有差异，流域面积越大径流的年际变化越小，除岷江流域径流量有较明显的下降趋势外，其他流域径流量的下降趋势不明显；长江上游各干支流径流年内分配十分不均，且支流的径流年内分配不均匀性要大于干流的年内分配不均匀性。气候要素变化、梯级水库充蓄死库容、水库蒸发增损水量增加、流域耗水增加等是长江上游径流变化的主要原因。

长江上游输沙量减少趋势明显。1991～2002 年年均输沙量除向家坝站有所增大外，其他各站年均输沙量均有所减少，减幅最大的是嘉陵江；2003～2012 年长江上游来沙量减少趋势仍然持续，减幅最大的是乌江；2013 年后长江上游来沙量继续减少，减幅最大的是金沙江和乌江。气候变化和水土保持工程、水利工程、河道采砂等是影响流域侵蚀产沙和输沙量变化的重要因素。

长江上游水库群建设运行对三峡入库水沙过程有显著影响。由于上游水库群蓄水，使得三峡水库入库年径流量略微减少，但年内分配发生了较大改变，显著降低了三峡水库汛后入库径流量，增加了枯季径流量。

第 3 章　三峡水库泥沙淤积特征

泥沙问题作为关系三峡水库运行安全的核心问题之一，在水库运行安全与水生态系统保护中受到越来越多的关注。三峡工程于 2003 年 6 月首次蓄水，坝前水位达 135m，2006 年 10 月蓄水至 156m 水位，2010 年 10 月正常蓄水位首次达到 175m，使得秭归经万州至重庆主城全长约 660km 的河段形成水库。水库蓄水显著改变了河道泥沙的冲淤状态，三峡库区河道冲淤由蓄水前的平均每年冲刷 0.5 亿 t 转变为蓄水后平均每年淤积 1.32 亿 t，由此产生了泥沙问题中的两大核心问题：“从哪儿来”和“淤在哪儿”。另外，泥沙沉积过程也是消落带生态系统中至关重要的环节之一，它不仅通过提供基础物质直接决定河岸区域的地貌特征及演变过程，同时为水陆界面的元素迁移过程提供重要载体，还能通过改变水生生境影响消落带生物种群特征。因此，准确描述泥沙淤积数量的时空变化和判断沉积物的来源成为认识三峡水库泥沙及其相关环境问题的基础。

3.1　三峡水库水沙平衡特征

三峡库区干流水文站有朱沱、寸滩、清溪场、万州，坝下游水文站有黄陵庙和宜昌，支流水文站有嘉陵江北碚、乌江武隆，其中寸滩是三峡水库 2008 年以前的入库控制水文站，朱沱和北碚是三峡水库 2008 年以后的入库控制水文站，宜昌为出库控制水文站。根据各水文站监测得到的水沙通量，可得到三峡水库水沙通量随时间的变化特征。

3.1.1　年际变化

三峡库区主要水文控制站平均年径流量和平均年输沙量分别见表 3.1 和表 3.2。三峡水库在 2003 年 6 月蓄水以前和以后，入库水量与多年平均值相比并无显著变化，但在 1990 年前后，进入三峡库区泥沙量开始逐渐减少，其中以嘉陵江的减沙效果最明显。造成这一现象的原因在于不同流域侵蚀产沙方式存在差异。嘉陵江流域泥沙来源于坡面侵蚀，因此，开展植被恢复、水土流失治理和建设水利工程可以有效减弱坡面侵蚀，减少河道输沙量。金沙江流域上游水清沙少，泥沙主要来源于流域下游的沟谷侵蚀，因而水土流失治理措施的效果十分有限，且该流域能够拦沙的水利工程较少，开发建设项目增沙活动反而较多。就三峡库区整体水沙特征来讲，各水文站的径流量存在一定的年际起伏，但这种变化并不显著，属于正常波动，就近几年而言，武隆站径流量略大，北碚站径流量略少。

在三峡水库蓄水以后，上游来水量无显著变化，但上游来沙量在库区内的分配发生了显著变化，沙量的变化主要体现在：①入库沙量显著减少；②入库水沙对河道的作用由冲刷变为淤积。产生如此变化的原因主要在于：①除朱沱站外，其余入库水文站在三峡水库蓄水以后均出现水流速度减慢、泥沙输移水动力减弱的现象，因而导致更多悬移质泥沙发生淤积；②长江和嘉陵江上游的水库群建设拦截了相当数量的泥沙，随着金沙江溪洛渡、向家坝和嘉陵江亭子口水电站陆续运行，就算不考虑水流变缓的影响，通过水文站的泥沙在近几年仍会持续减少。

表 3.1 三峡库区主要水文控制站平均年径流量

时间	入库水文控制站平均年径流量/(亿 m^3/a)			出库水文控制站平均年径流量/(亿 m^3/a)
	朱沱(长江)	北碚(嘉陵江)	武隆(乌江)	宜昌
1954～1959 年	2810	674	443	4370
1960～1969 年	2820	750	504	4530
1970～1979 年	2520	604	509	4150
1980～1989 年	2660	764	480	4450
1990～2002 年*	2700	541	519	4300
2003～2014 年	2514	663	425	4010
多年平均	2653	658	483	4301

* 表示三峡水库 2003 年开始蓄水，故将蓄水时间调整为年代分界点，下同。

表 3.2 三峡库区主要水文控制站平均年输沙量

时间	入库水文控制站平均年输沙量/(亿 t/a)			出库水文控制站平均年输沙量/(亿 t/a)
	朱沱(长江)	北碚(嘉陵江)	武隆(乌江)	宜昌
1954～1959 年	3.04	1.48	0.28	5.85
1960～1969 年	3.45	1.82	0.28	5.49
1970～1979 年	2.78	1.07	0.40	4.75
1980～1989 年	3.29	1.40	0.25	5.63
1990～2002 年*	2.96	0.41	0.20	3.97
2003～2014 年	1.48	0.30	0.05	0.43
多年平均	2.75	0.98	0.23	4.09

3.1.2 年内变化

长江三峡库区上游来水、来沙的年内变化基本同步，输沙量随径流量的增加而增加，二者呈显著的二次函数关系。朱沱、北碚和武隆水文站数据均显示，库区上游来水来沙主要集中于汛期 5～11 月，这几个月的径流量占全年总径流量的 85%，输沙量占全年总输沙量的 98.5%，其中，主汛期 7～9 月的径流量约占全年总径流量的 50%，输沙量占全年总输沙量的 74.1%，且各水文站的水沙输入量均以 7 月最高。

三峡库区蓄水前后，出库沙量的年内分配存在一定变化。在汛期 5～11 月，宜昌站输沙量占年内总输沙量的比例并无显著波动，仍保持在 95%以上，但主汛期 7～9 月输沙量占全年总量的比例由蓄水前的 74%上升至 87%，这说明三峡工程的拦沙作用在主汛期发挥最小。

3.1.3　三峡水库蓄水后水沙通量变化特征

三峡水库于 2003 年开始蓄水，蓄水位于 2006 年 10 月 6 日首次超过 145m，并在同年 10 月 26 日首次达到 156m。2008 年和 2009 年两次冲击设计高水位 175m 均未成功，所达到的最高水位分别为 172m 和 171m。2010 年 10 月 26 日，三峡水库首次达到设计高水位 175m，从此开始按 145～175m 蓄水位方案实施运行调度。三峡库区蓄水后主要水文控制站年径流量和年输沙量如图 3.1 所示。

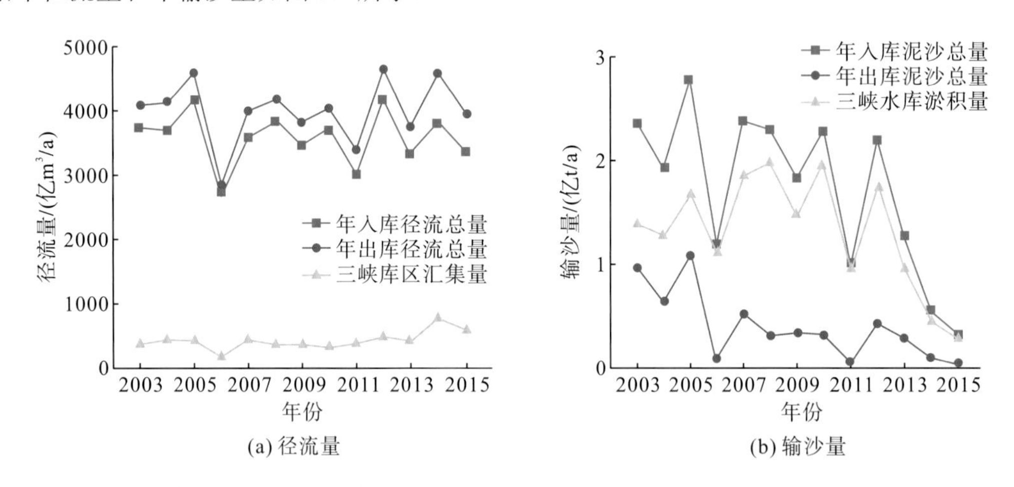

图 3.1　三峡库区蓄水后出入库水文控制站水沙通量(《中国河流泥沙公报》(2003～2015 年))

三峡水库水沙通量在 2006～2012 年基本呈现同步变化的特征，径流量大的年份输沙量也大，二者呈现出比较明显的正相关关系。而受向家坝和溪洛渡水电站相继下闸蓄水的影响，2013～2014 年的水沙通量出现了明显分化，入库径流量仍然保持在多年平均值水平，但入库沙量显著降低，2014 年入库泥沙总量甚至不足蓄水后均值的 1/3，降幅明显。

受蓄水运行调度的影响，消落带形成后的三峡水库水沙通量表现出一定的年内变化特征：①三峡水库每年 9～10 月均表现出出库站径流量少于入库站径流总量的特征。基于黑箱原理进行计算，消落带形成后三峡水库对长江的年均径流汇集量约为 415.65 亿 m^3/a，但 9 月和 10 月的多年平均径流汇集量却分别为 10.70 亿 m^3 和 50.47 亿 m^3，表明上游来水在 9～10 月被大量蓄积在三峡水库。②三峡水库泥沙淤积主要发生在汛期 6～9 月。基于沙量平衡法的计算结果表明，消落带形成后三峡水库平均每年淤积泥沙 1.39 亿 t/a，其中，6～9 月淤积量占全年总淤积量的 89.82%，达到 1.25 亿 t/a。③受水库防汛调度影响，消落带在每年 7～8 月时完全露出，长江干流水沙过程对其影响较小，因此，消落带泥沙淤积过程主要发生在每年 9 月至次年 6 月。

3.2　三峡水库泥沙淤积数量特征

3.2.1　试验方案

根据三峡水库河道死库容(H≤145m)和消落带(145m<H<175m)的各自特点，分别采用不同的泥沙数量观测方法对两个区域的泥沙淤积量展开研究。对于常年被河水淹没的河道死库容区域，采用河道关键断面地形法计算沉积物数量变化；对于因水位周期性涨落而形成的消落带区域，则在水位落至最低时，选择典型断面，采集沉积物剖面，利用沉积物粒径与 ^{137}Cs 相结合的年代学方法，判断不同时期泥沙沉积数量。

1. 断面地形法计算河道沉积物数量

断面地形法主要是通过布设河道横断面，测量断面形态，将相邻断面间的几何图形近似为台体或截锥体，确定河段各级计算水位，通过比较同一水位下相邻断面间容积的差异，得出两测次间相邻断面河道泥沙冲淤的体积，累积各断面间河道泥沙冲淤体积来反映不同高程河床冲淤情况。断面地形法计算泥沙沉积量的具体步骤为：①根据沿程水位站实测水位确定计算水位，为了反映河道冲淤量沿河床不同高程分布，可确定不同特征水位，如主槽、平滩、高水河槽等，利用基面差将计算水位换算成断面地形基面。②整理断面数据，计算确定的计算水位下各断面面积 A。断面面积计算一般采用计算水位下各实测点间面积累加法，测点间面积采用三角形和梯形法计算。③确定相邻断面间距离ΔL_i。可根据实测地形图或断面布置图，采用几何中心线或河道深泓线方法量算。对于顺直河段，两种方法量算结果相近，对于弯曲河段、分汊河段和蜿蜒型河道二者差异较大。④采用梯形法或锥体法计算相邻断面间槽蓄量，得到不同河段的泥沙冲淤量，随后将所有河段的冲淤量累积，即得整个河道的冲淤量，计算式为

梯形法：
$$V=\sum_{i=1}^{n}\frac{A_i+A_{i+1}}{2}\cdot\Delta L_i \tag{3.1}$$

锥体法：
$$V=\sum_{i=1}^{n}\frac{A_i+A_{i+1}+\sqrt{A_i\cdot A_{i+1}}}{3}\cdot\Delta L_i \tag{3.2}$$

式中，V 为监测河道冲淤量；A_i 为第 i 个横断面面积；ΔL_i 为第 i 个和第 i+1 个横断面之间的距离。

2. 消落带沉积物样品采集与分析

根据长江三峡水库河道的形态与流向特征，以及三峡水库水位运行调度的特点，选择具有不同高程、坡度、植被等下垫面特征的采样断面 15 个，其中 6 个位于变动回水区，另外 9 个位于常年库区(图 3.2)，每个断面布设 1～5 个采样点，总计 52 个。每一采样断面都要求在其邻近河段中具有较好的代表性，特别是水面宽度，以确保水流流速在其所在河段内不发生较大变化。然后对各沉积物剖面实施分层、连续采样。

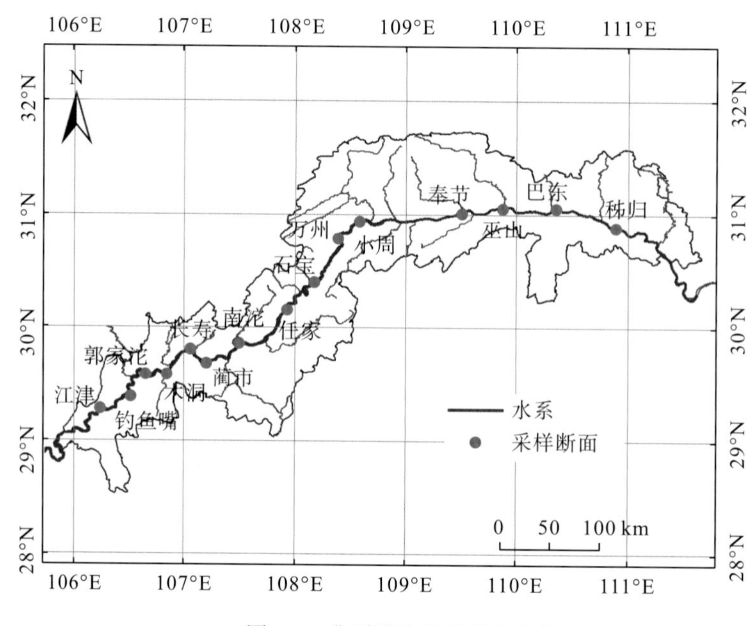

图 3.2　典型消落带采样点分布

采样完成后将采集的样品带回实验室烘干，研磨，去除其中的植物根系与粒径大于 2mm 的砾石，称取沉积泥沙质量。随后，对各个样品进行颗粒分析和 ^{137}Cs 活度测试，泥沙粒径分级依据我国《河流泥沙颗粒分析规程》(SL 42—2010)的规定，划分为小于 4μm(黏粒)、4～62μm(粉粒)和 62～2000μm(砂粒)三个范围。通过对比沉积泥沙序列 ^{137}Cs 活度和粒径特征的深度分布，能较好判别旱季、雨季交替泥沙沉积序列，并为确定沉积物逐年沉积量提供依据(表 3.3)。

表 3.3　三峡水库消落带沉积物时间序列反演依据

沉积季节	侵蚀特征	沉积物粒径特征	沉积物 ^{137}Cs 活度特征
雨季	降雨充沛，表土侵蚀强，水流速度快	颗粒粗，中值粒径较大	活度高，但次暴雨可能引起砂粒富集，形成低活度层
旱季	降雨稀少，表土侵蚀弱，水流速度慢	颗粒细，中值粒径较小	活度低

基于以上推断，结合消落带形成以来三峡水库水沙通量的变化特征，以各泥沙剖面的 ^{137}Cs 活度与泥沙粒径特征的垂直变化情况为依据，判断不同时期的消落带泥沙沉积量。考虑到向家坝和溪洛渡水电站相继下闸蓄水后入库泥沙通量显著下降的特点，为使计算结果更具现实意义，本书着重对 2012 年 10 月以后的消落带沉积量进行估算。

3.2.2　干流河道沉积物数量特征

2003 年 3 月至 2015 年 10 月三峡库区干流累计淤积泥沙 15.06 亿 m^3，其中变动回水区(江津至涪陵段)累计冲刷泥沙 0.54 亿 m^3；常年库区淤积量为 14.52 亿 m^3。以 3 年为时间间隔，三峡水库干流河道泥沙冲淤的时空变化特征如图 3.3 和图 3.4 所示。

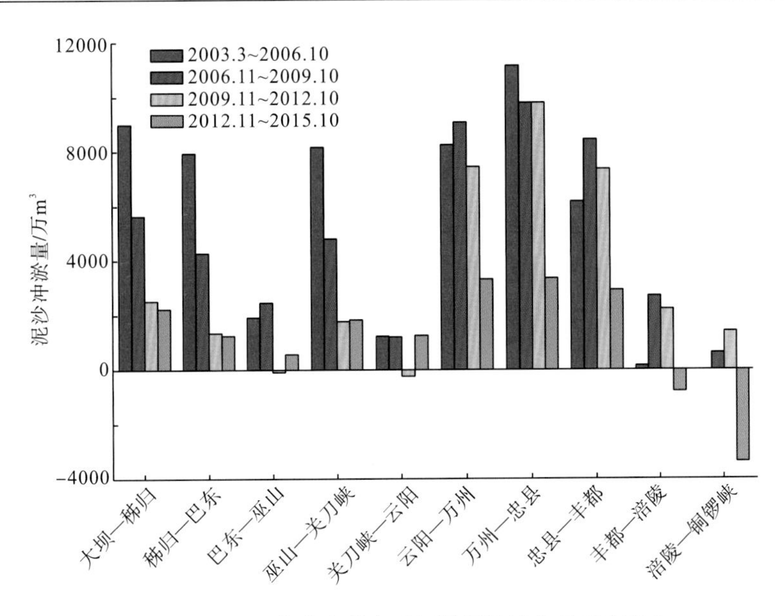

图 3.3　三峡水库蓄水后河道泥沙冲淤量时空变化

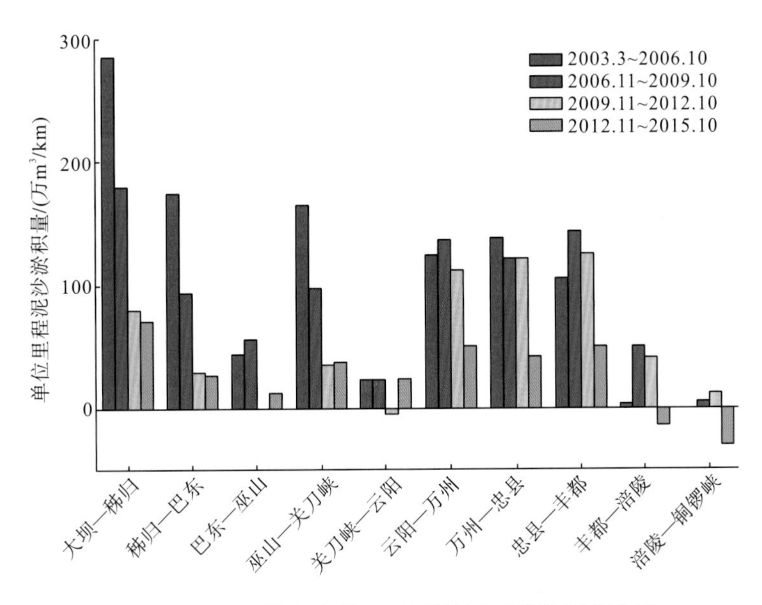

图 3.4　三峡水库蓄水后河道单位里程泥沙淤积量

在空间变化方面，三峡大坝至秭归河段是水库单位里程泥沙淤积最多的河段，平均每年淤积泥沙 48.49 万 m^3/km，其中有近半数淤积发生在蓄水后的头 3 年。该河段河床横断面形态变化呈倒锥形，属于典型的深泓淤积。库区中部云阳至丰都河段是典型的连续淤积河段，平均每年淤积泥沙 33.30 万 m^3/km，不同时期单位里程泥沙蓄积量均处于三峡水库中上水平。与坝前淤积不同，该河段在 2012 年以前，各时期泥沙蓄积量比较均等，没有出现较大增减。其河床横断面形态呈倒梯形，属于典型的宽谷淤积，泥沙在河床上的淤积量也相对均匀。三峡水库末端丰都至铜锣峡河段在 2012 年以前处于轻度淤积状态，但在 2012 年以后转变为冲刷状态，特别是变动回水区涪陵至铜锣峡河段，其 2012～2015 年的冲刷量甚至高于之前 9 年淤积量总和。

在时间变化方面，三峡水库 2003～2006 年和 2006～2009 年的泥沙蓄积量分别为 5.39 亿 m^3 和 4.90 亿 m^3，两个时期合计占观测期内三峡水库泥沙淤积总量的 70%。受 2011 年长江流域极端干旱气候影响，三峡水库当时遭遇了蓄水以来的最低年入库沙量，这直接导致同期泥沙淤积量降至蓄水后最低值。在此情况下，2009～2012 年三峡水库泥沙淤积总量较蓄水后的前 6 年有所下降，约为 3.37 亿 m^3。但在降水量无明显减少的情况下，2012～2015 年泥沙淤积总量降至 1.25 亿 m^3，仅占观测期内泥沙淤积总量的 8.4%。水文控制站的观测资料也佐证了这一变化。基于沙量平衡法的观测结果表明，2013～2015 年三峡水库泥沙淤积量分别为 0.97 亿 t、0.46 亿 t 和 0.28 亿 t，三年年均淤积泥沙 0.57 亿 t，为 2003～2012 年平均值的 37%，降幅十分明显。

总体而言，三峡水库蓄水初期(2003～2006 年)是水库泥沙淤积量最多的时期，这一时期的主要沉积河段包括大坝至巴东、巫山至关刀峡和云阳至丰都，三者的泥沙淤积量分别占这一时期水库总淤积量的 31%、15%和 47%，三者的淤积形式分别为倒锥形深泓淤积、倒梯形深槽淤积和宽谷淤积。值得注意的是，2006 年长江流域遭遇极端干旱气候，上游入库径流量至今仍是蓄水后最低值，其旱情不言而喻，导致该年汛期上游入库沙量显著减少，从物源上降低了这一时期的沉积物数量。2006～2009 年是三峡水库蓄水至 145m 后的第一个观测期，这一时期水库泥沙淤积总量较上一时期无明显下降，大坝至秭归段仍然是单位里程泥沙淤积量最高的河段，秭归至巴东段和巫山至关刀峡段的淤积量显著降低，库区中部云阳至丰都河段的泥沙淤积量不降反升，淤积总量和单位里程淤积量均超过上一时期。可见，这一时期水库泥沙淤积以大坝至秭归河段的深泓淤积以及云阳至丰都河段的宽谷淤积为主，两河段泥沙淤积量占该时期水库淤积总量的 76%。2009～2012 年是三峡水库蓄水后首次达到 175m 设计高水位的观测期，这一时期水库泥沙淤积总量较上一时期下降了 31%，主要原因是 2011 年再次遭遇极端干旱气候，上游入库径流量为蓄水后仅次于 2006 年的低值，而上游入库沙量甚至低于 2006 年，为蓄水后最低值。这一时期以库区中部云阳至丰都河段的泥沙淤积量最高，占水库淤积总量的 73%，且该河段淤积总量和单位里程淤积量均为同期水库最高值，可见，库区中部河段宽谷淤积是三峡水库这一时期的主要淤积形式。

对于三峡水库泥沙淤积而言，2012 年是一个重要的时间分界点。在 2012 年年末和 2013 年年初，水库上游向家坝和溪洛渡水电站相继下闸蓄水，发挥了巨大的拦沙作用。三峡水库入库沙量随之大幅减少，2015 年已降至 0.32 亿 t，仅为 2003～2012 年平均值的 16%。受此影响，2012～2015 年水库泥沙淤积量呈现出一些新的特征：①水库泥沙淤积总量大幅降低，这一时期水库泥沙淤积总量为前三个时期平均值的 27%；②上游入库沙量减少，导致水库尾端河流不饱和挟沙，增加了该河段的水流挟沙能力，使丰都至铜锣峡河段由淤积转变为冲刷；③云阳至丰都河段的泥沙淤积量显著下降，2012～2015 年单位里程淤积量为 46.26 万 m^3，为前三个观测期均值的 37%。在这一观测期，大坝至秭归河段是单位里程泥沙淤积量最高的河段，但其淤积形式已由早期的倒锥形深泓淤积发展为倒梯形深槽淤积。该河段与库区中部云阳至丰都河段是本时期水库泥沙重点沉积河段，两河段的泥沙淤积量占水库淤积总量的 94%。

3.2.3　消落带沉积物量特征

根据沉积物粒径与 ^{137}Cs 活度在剖面内的变化特征可以对多数沉积物层次的年代进行解译，但是三峡库区高程大于 160m 的大部分消落带区域，沉积物剖面深度普遍低于 20cm，在已有 7 年淹水历史的情况下，难以将其划分为 1～2cm 的薄层进行研究。因此，对于这些沉积物剖面，本书仅计算其 7 年平均沉积速率。此外，江津、郭家沱、长寿、南沱和万州采样点由于半径 15m 范围内存在农耕地、港口运行等人类活动，其泥沙沉积与输移过程存在人为活动干扰，为确保结果的代表性，不对这些采样点进行计算。消落带沉积物剖面内的颗粒粒径分布与 ^{137}Cs 活度变化特征如图 3.5 所示。

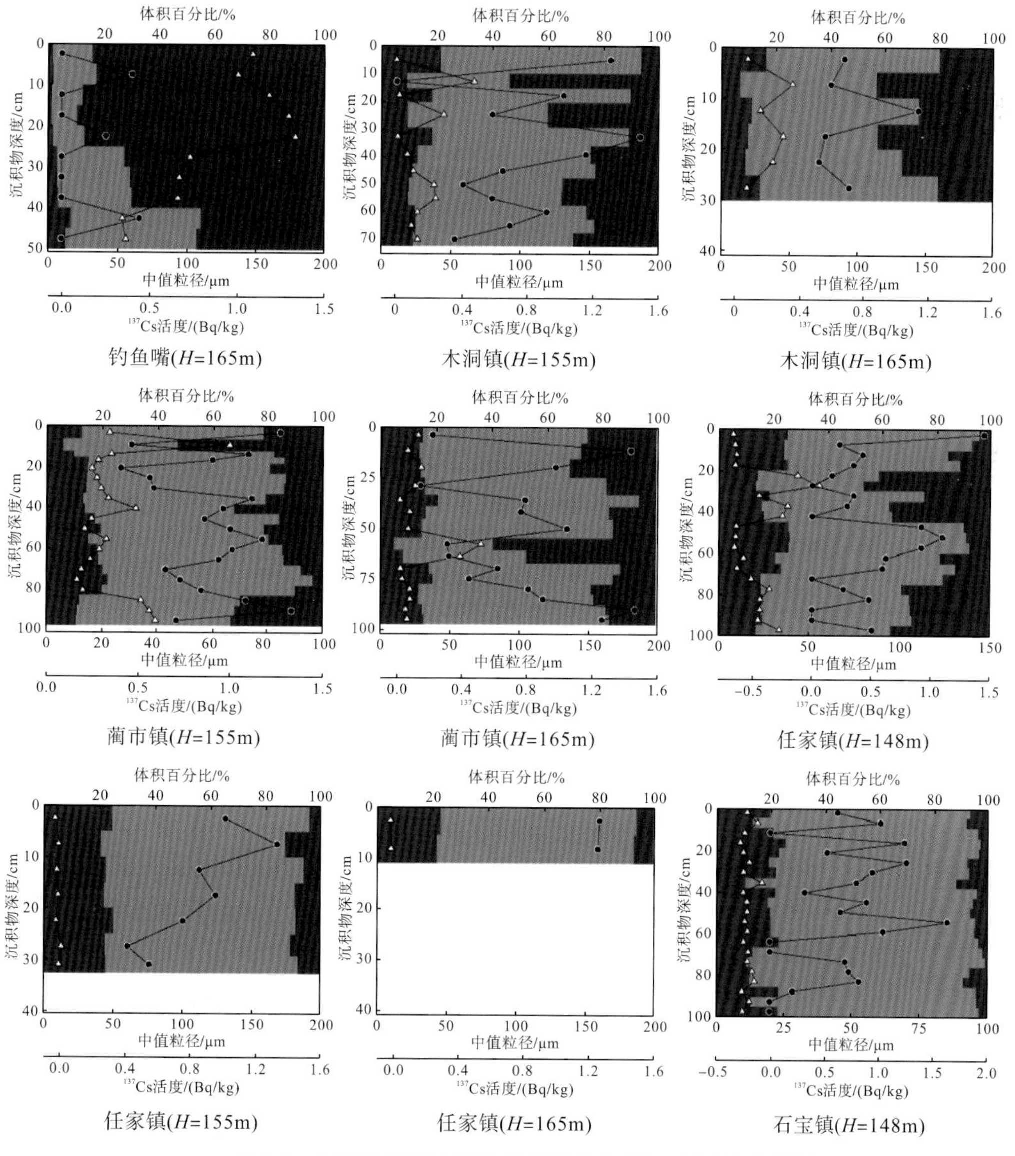

图 3.5　沉积物剖面内颗粒粒径分布与 ^{137}Cs 活度变化特征

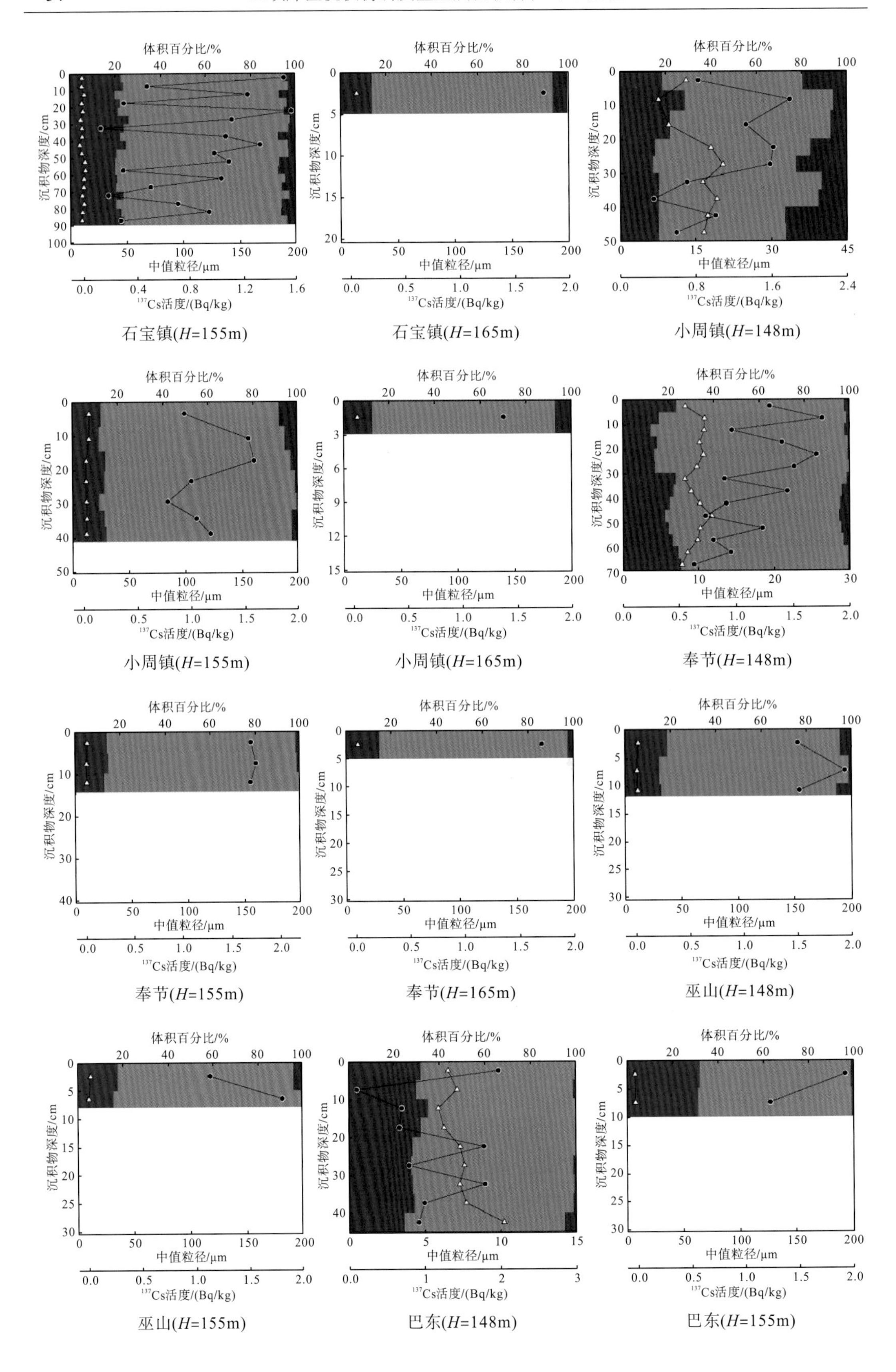
体积百分比/%
沉积物深度/cm
中值粒径/μm
137Cs活度/(Bq/kg)
石宝镇(H=155m)
石宝镇(H=165m)
小周镇(H=148m)
小周镇(H=155m)
小周镇(H=165m)
奉节(H=148m)
奉节(H=155m)
奉节(H=165m)
巫山(H=148m)
巫山(H=155m)
巴东(H=148m)
巴东(H=155m)

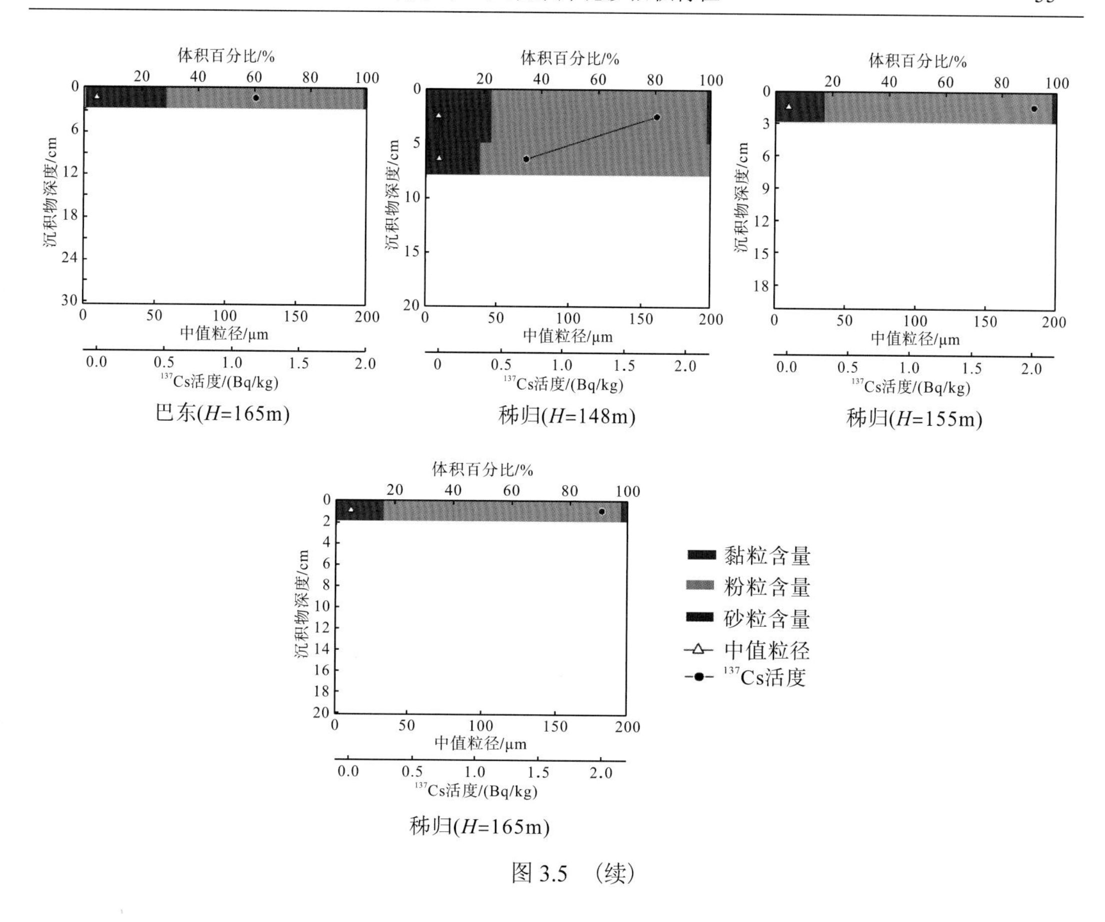

图 3.5 (续)

1. 消落带沉积物量的时空变化

根据图 3.5 中颗粒粒径分布与 ^{137}Cs 活度在剖面内的变化特征判断沉积物不同层次的沉积年代，并结合沉积量，其余断面不同高程采样点 2012～2015 水文年沉积物数量解析结果见表 3.4。为了更加整齐地体现高程变化，本书将采样剖面各自不同的高程归纳为 148m、155m 和 165m 三个区间，选择高程最接近标记高程的剖面进行研究，沉积物剖面实际高程与标记高程的差值不超过 2m。

表 3.4　2012～2015 水文年沉积物数量时空变化特征

采样点	高程区间(±2)/m	不同季节泥沙沉积量/(kg/m^2)					
		2015 RS	2014 DS	2014 RS	2013 DS	2013 RS	2012 DS
钓鱼嘴	165	72.03	67.28	138.58	73.65	225.98	71.00
木洞镇	165	多年平均值 53.78					
	155	54.03	62.03	79.53	46.62	132.35	167.99
蔺市镇	165	93.80	79.25	213.55	64.95	71.85	106.83
	155	137.88	147.00	270.03	130.33	190.55	185.20
任家镇	165	多年平均值 17.60					
	155	多年平均值 55.54					
	148	110.90	113.13	306.33	309.15	402.63	

续表

采样点	高程区间(±2)/m	不同季节泥沙沉积量/(kg/m²)					
		2015 RS	2014 DS	2014 RS	2013 DS	2013 RS	2012 DS
石宝镇	165	多年平均值 6.99					
	155	63.10	64.43	196.58	71.03	140.80	131.98
	148	109.38	217.23	226.00	167.05	261.59	196.89
小周镇	165	多年平均值 4.95					
	155	8.97	53.83	29.25	64.35	22.19	33.29
	148	26.05	39.08	21.47	71.58	11.95	89.63
奉节	165	多年平均值 9.91					
	155	多年平均值 24.43					
	148	127.53	132.65	134.95	140.80	271.18	127.68
巫山	165	无沉积					
	155	多年平均值 15.09					
	148	多年平均值 20.49					
巴东	165	多年平均值 6.51					
	155	多年平均值 17.40					
	148	56.95	62.03	62.90	58.08	57.60	59.48
秭归	165	多年平均值 3.95					
	155	多年平均值 6.58					
	148	多年平均值 15.66					

注：RS 表示雨季；DS 表示旱季。

在高程变化方面，消落带 148m、155m 和 165m 三个高程区间的泥沙平均沉积速率分别为 206.13kg/(m²·a)、105.24kg/(m²·a) 和 52.99kg/(m²·a)，148m 区间泥沙淤积量远大于其他高程。另外，变动回水区本身地势较高，高程 148m 区间长期处于水淹状态，无法取得沉积物样品。因此，如果不考虑变动回水区而仅计算常年库区，148m、155m 和 165m 三个高程区间在 2012～2015 水文年的年均泥沙沉积量则分别为 206.13kg/m²、58.96kg/m² 和 7.13kg/m²。由此可见，消落带 148m 高程区间的泥沙淤积量尤其大，是目前绝大多数泥沙的淤积场所。

考虑到变动回水区消落带的地势较高，为更加直观地对比不同消落带断面泥沙沉积量的差异，本书仅选择各断面的临江第一个沉积物剖面，分析水库消落带沉积物量的水平差异。在所有采样剖面中，泥沙沉积量最大的剖面位于三峡水库中部河段的忠县任家镇，其泥沙年沉积量为 496.85kg/m²。在 2012～2015 水文年，三峡水库上游（江津至涪陵）、中游（涪陵至云阳）和下游（云阳至大坝）的消落带年均泥沙沉积量分别为 250.22kg/m²、325.38kg/m² 和 116.69kg/m²。其中，涪陵至云阳河段消落带泥沙沉积量最高。

在时间变化方面，2012～2015 水文年内三峡水库消落带雨季泥沙平均沉积量为每季节 131.16kg/m²，旱季泥沙平均沉积量为每季节 106.74kg/m²，雨季稍高于旱季。2012～2013 水文年、2013～2014 水文年和 2014～2015 水文年的泥沙沉积量分别为 279.60kg/m²、

261.52kg/m^{2}和172.59kg/m^2，呈逐年降低趋势。

2. 消落带泥沙淤积趋势分析

与河道(死库容)沉积物数量时空变化相比，消落带沉积物数量时空变化在一定程度上与库区泥沙淤积总量的时空变化并不同步。三峡库区2014年泥沙沉积量约为0.46亿t，不足2013年(0.97亿t)的半数，约为2012年(1.76亿t)的1/4，呈快速下降趋势。自2010年蓄水位首次达到175m以来，三峡库区雨季和旱季的泥沙淤积量分别为每季节1.24亿t和0.07亿t，二者数量差异悬殊。然而，无论是年际变化还是季节变化，这些特征都没有在消落带沉积物中体现出来，究其原因，主要在于消落带的泥沙沉积过程自成体系，与河道沉积存在较大差异。三峡库区水文站统计资料表明，每年7～8月的入库沙量约占全年总量的80%，发生沉积的沙量约占全年总量的60%，可见，7～8月是三峡水库最重要的泥沙沉积时期。但为达到水库防汛的目标，蓄水位在这两个月的多数时候都停留在145m，造成消落带完全露出水面，不会被含沙水流淹没，也就无法获得充足的泥沙物源；与此同时，7～8月频繁的高强度降水还会冲刷消落带的不稳定沉积物。因此，消落带泥沙沉积量与库区总体泥沙淤积量之间在数量上的不同步变化，主要缘于水库蓄水位反季节运行调度。在这种情况下，消落带沉积物数量会继续随上游来沙减少而逐渐降低，但其每年的减幅或许并不会与河流输沙量保持一致。

3. 消落带沉积物数量对河岸地貌演化的启示

消落带泥沙淤积势必引起河岸地貌发生巨大变化。张信宝(2009)提出，在泥沙淤积作用下，三峡水库消落带的地貌演变将会经历三个阶段：强烈侵蚀期、基本稳定期和淤积填平期。强烈侵蚀期是在水库蓄水后的前十余年，消落带松散的表层土壤在库水位大幅度周期性变化的条件下，遭受强烈的水力侵蚀和波浪淘蚀的时期。当松散物质流失殆尽后，消落带岸坡在接下来的数十年里，进入基本稳定期，主要表现为石质岸坡侵蚀轻微、十分稳定，平坦台地开始淤积泥沙，消落带坡地地貌不发生剧烈变化。随着泥沙不断淤积，消落带上将出现越来越多的台地和缓坡，这反过来又将进一步促进这一区域的泥沙淤积，并在百年之后最终将消落带淤积填平。

考虑到变动回水区存在剧烈的人类活动干扰泥沙自然淤积过程，本书对消落带泥沙淤积引起地貌演化的探讨将主要集中在常年库区，暂不考虑非自然因素引起的复杂的变动回水区消落带地貌演化。在本书中，许多高程位于148m的沉积物剖面，其地表坡度不足3°，包括任家至小周河段的所有剖面，以及下游奉节和巴东。可见，在这些区域，消落带的地貌演化过程已经完成了强烈侵蚀期，进入了基本稳定期，并已经实现了将148m高程带淤积形成河岸边滩地貌。但在水库下游的巫山和秭归消落带，沉积物仅存在于一些小的台面上，这些小台面在消落带上呈散点状分布，并未形成大规模泥沙淤积。不仅如此，在这两个消落带高程155m以上的区域内，仍可见侵蚀细沟，表明这些区域的消落带地貌演化过程仍处于强烈侵蚀期。综上所述，目前三峡水库消落带的地貌演化过程处于第一阶段强烈侵蚀期和第二阶段基本稳定期之间的交替转化时期。

3.3　三峡水库消落带沉积物来源特征

3.3.1　试验方案

金沙江的泥沙主要以沟谷河岸侵蚀的形式进入水体，从来源上讲主要是底土；嘉陵江、乌江和三峡库区的侵蚀产沙均以坡面侵蚀的方式为主，其贡献的泥沙从来源上讲主要是表土。^{137}Cs 作为一种大气沉降核素，在表土中含量较高，底土中含量较低，因此，坡面侵蚀形成的泥沙 ^{137}Cs 活度较高，沟谷侵蚀则相反。因此，源于金沙江的泥沙通常具有较低的 ^{137}Cs 活度，而源于嘉陵江、乌江和库区内的泥沙则具有较高的 ^{137}Cs 活度。

不同来源的泥沙进入水库之后，受水动力学条件变化的影响，粗颗粒大多在上游发生沉积，细颗粒大多在水库中部和下游沉积，体现出河流对泥沙的分选作用。由于细颗粒泥沙通常对 ^{137}Cs 具有较强的吸附能力，而粗颗粒泥沙的吸附能力较弱，因此，河流对泥沙的分选作用还会导致沉积物的 ^{137}Cs 活度沿河流流向发生变化。当某一特定来源对沉积物的贡献程度较高时，沉积物的粒径与 ^{137}Cs 活度也更加接近相应物源的特征值，因此，根据粒径和 ^{137}Cs 活度的变化，可以对三峡水库沉积物的来源进行判断。消落带沉积物的采样和实验测试方法与 3.2.1 节中一致。

3.3.2　沉积物粒径与 ^{137}Cs 活度水平变化特征及其示踪意义

1. 粒径特征

水库坝体对水流存在阻滞作用，导致近坝段水流流速较缓，而水库尾端远离坝体，水流受到的阻滞作用通常较弱，在空间上容易表现出从上游至下游泥沙粒径沿程降低的情况。三峡水库消落带沉积泥沙中值粒径从上游至下游的水平沿程变化特征如图 3.6 所示。

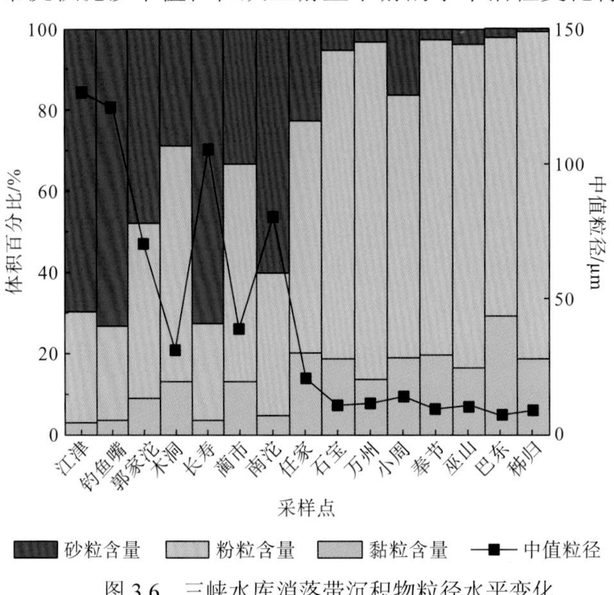

图 3.6　三峡水库消落带沉积物粒径水平变化

三峡水库干流消落带沉积泥沙中值粒径（D_{50}）的变化范围为 7.85～126.54μm，最高值出现在江津，最低值出现在巴东，沿河流流向表现出在库尾剧烈变化、在忠县及其下游基本稳定的特征。这一变化特征与泥沙三种粒级的变化特征保持一致，即当砂粒含量较高时，D_{50} 也较高，当黏粒含量较高时，D_{50} 则较低；同时，这也与河道底泥粒径的水平变化特征基本吻合。其中，砂粒含量为 0.49%～73.24%，最高值出现在钓鱼嘴，沿河流流向在变动回水区出现比较强烈的波动，随后在忠县石宝镇降至 10%以下，并基本保持稳定，最后在秭归县屈原镇达到最低值；粉粒含量为 23.24%～83.39%，最高值出现在万州，最低值出现在钓鱼嘴，整体来看，常年库区的粉粒含量平均值为 69.50%，显著高于变动回水区的均值 39.20%；黏粒含量为 2.95%～28.15%，最高值出现在巴东，最低值出现在江津，沿河流流向表现出与砂粒相反的特征，即在变动回水区发生波动后，在任家镇首次达到并稳定在 15.00%以上。

就消落带泥沙沉积而言，泥沙粒径的水平变化特征可以在一定程度上反映其来源。第一，金沙江、嘉陵江进入水库的粗颗粒泥沙（粒径 $d \geqslant 62\mu m$）主要沉积在水库的变动回水区，以致在常年库区中部的忠县石宝镇水流中砂粒含量不足 8%，难以提供丰富的粗颗粒物源，但区间内侵蚀产生的入库泥沙中 $d \geqslant 100\mu m$ 的泥沙占 18.62%，因此，常年库区消落带沉积的粗颗粒泥沙可能以区间内产沙为主。第二，细颗粒泥沙（$d < 62\mu m$）在变动回水区的沉积过程受水流流速影响表现出强烈的空间变化，在河道窄、流速快的河段，细泥沙颗粒沉积量不足消落带沉积总量的 25%，而在河面宽阔、流速较缓的河段或分汊河道的消落带，细泥沙颗粒沉积量可达消落带沉积总量的 70%以上。在常年库区，消落带沉积物以黏粒和粉粒为主，砂粒含量极低，不过，三峡库区坡面侵蚀产生的入库泥沙中，约有 55.98%的泥沙粒径为 2～50μm，与常年库区干流悬移质泥沙相似，这可能使得常年库区消落带沉积泥沙的来源更加复杂和多样。

2. ^{137}Cs 活度特征

三峡水库消落带沉积泥沙 ^{137}Cs 活度从上游至下游的水平沿程变化特征如图 3.7 所示。各沉积泥沙剖面内 ^{137}Cs 活度在样品间的均值为 0.09～1.76Bq/kg，大体上沿河流流向逐渐升高。不同位置沉积物剖面间的 ^{137}Cs 活度平均值为 0.78Bq/kg，最高值出现在秭归，最低值出现在江津，变异系数为 68.41%，属于中等变异，表示三峡水库干流消落带沉积物的 ^{137}Cs 活度在水平方向上存在较强烈的空间变化。变动回水区和常年库区的 ^{137}Cs 活度存在显著差异（$P=0.007$），^{137}Cs 活度在两个区域的平均值分别为 0.35Bq/kg 和 1.06Bq/kg。

三峡水库从上游至下游，^{137}Cs 活度在水平方向上提升幅度最大的两个区间是郭家沱—木洞镇河段和奉节—巫山河段，单位距离 ^{137}Cs 活度增幅分别为 31.17×10^{-3}Bq/(kg·km) 和 14.89×10^{-3}Bq/(kg·km)。两个河段在物源上存在的共同特征在于，在郭家沱和奉节之前分别有嘉陵江和澎溪河汇入，两条支流汇入以后，^{137}Cs 活度并没有在汇入口下游第一个采样点显著升高，却都在第一个采样点至第二个采样点的河段快速上升。考虑到两条支流都是典型的以坡面表土为主要侵蚀对象的流域，其流域产沙通常具有较高的 ^{137}Cs 活度，因此，^{137}Cs 活度的水平变化一方面反映出嘉陵江与澎溪河对消落带沉积物的贡献，另一方面反映出支流入库泥沙通常不会立即在干流消落带上发生沉积，而是随水流运移一段

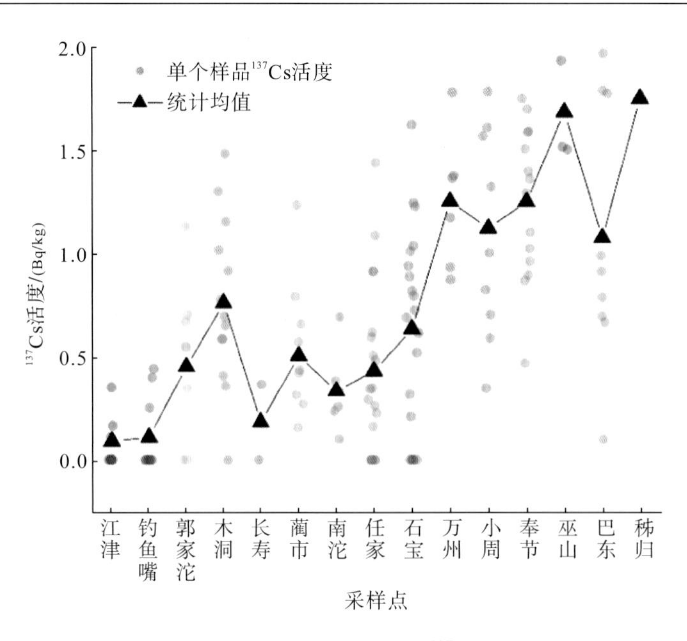

图 3.7　三峡水库消落带沉积物 ^{137}Cs 活度水平变化

距离后再沉积。三峡水库另一重要支流——乌江汇入后，^{137}Cs 活度并没有出现显著上升或下降，汇入点下游连续 3 个区间河段的 ^{137}Cs 活度变幅均不超过$\pm 5.0\times10^{-3}$Bq/(kg·km)。通过进一步分析沉积物的沉积季节发现，南沱镇与任家镇的雨季沉积物中，砂粒含量明显高于上游的蔺市镇，这说明乌江为长江干流提供了丰富的粗颗粒泥沙，并在涪陵至忠县河段的消落带发生沉积。众所周知，粗颗粒泥沙对于 ^{137}Cs 活度的吸附能力显著弱于细颗粒泥沙，因此，尽管乌江是三峡水库的重要支流和泥沙来源，但其提供的泥沙颗粒较粗，^{137}Cs 活度不高，导致其汇入后没有显著改变干流悬移质泥沙的 ^{137}Cs 活度，并体现为消落带沉积物无明显变化。

^{137}Cs 活度的水平变化特征还表现出与泥沙粒径变化有极强的关联性。在三峡水库变动回水区，^{137}Cs 活度沿水流方向急速升高，反映出对 ^{137}Cs 吸附能力较弱的粗颗粒物进入水库后在变动回水区大量沉积，这既导致变动回水区消落带沉积物的 ^{137}Cs 活度偏低，也使得随水流进入常年库区的悬移质泥沙呈现出细颗粒富集的特征。在任家镇及其下游河段，消落带沉积物的 ^{137}Cs 活度均大于 1.0Bq/kg，且沿河道的增长速率并不突出，表明该河段消落带沉积物以对 ^{137}Cs 吸附能力较强的细颗粒泥沙为主，并且沉积物的颗粒组成沿水流方向呈逐渐缓慢变细的趋势。这一变化特征表明：金沙江和嘉陵江进入三峡水库的粗颗粒泥沙主要沉积在变动回水区，而乌江进入水库的粗颗粒泥沙则主要沉积在常年库区末端的涪陵至丰都段；沿水流方向，沉积物颗粒逐渐变细，并且在任家及其下游河段基本保持稳定。

3.3.3　沉积物粒径与 ^{137}Cs 活度高程变化特征及其示踪意义

本书选择三个典型消落带断面，对其不同高程沉积物的粒径与 ^{137}Cs 活度进行分析。三个典型断面分别是：涪陵蔺市镇消落带、忠县任家镇消落带和巴东消落带。涪陵蔺市镇消落带位于三峡水库变动回水区前端，坡度在 15° 以下的缓坡占绝大多数，当水库在防洪低水位运行时，消落带上有草本植物生长，受铁路线的阻隔及铁路沿线水土保持工程的作用，消落带上方泥沙输入强度不大，但在 H=175m 附近区域存在较明显的波浪侵蚀引起岸坡崩塌的痕迹。任家镇和巴东分别位于常年库区的尾端和前端，具有邻江区域坡度较缓、近岸区坡度较陡的特征，均属于植被生长较少的干流消落带。任家镇消落带 H≥168m 时无沉积，其上方为郁闭度超过 95%的天然林地，无农村居民点；巴东消落带 H≥166m 时无沉积，其上方为用于柑橘种植的果园，有农村居民点。

三个典型消落带断面分别位于库尾、库中、库首，土壤侵蚀特征分别为波浪侵蚀、轻度侵蚀和耕作侵蚀，能够涵盖三峡水库大多数消落带区域，具有较好的代表性。

1. 涪陵蔺市镇消落带

在蔺市镇消落带，H=151m 的邻江区域沉积物粒径最大、^{137}Cs 活度最低，但二者在其他高程上的变化情况存在差异。中值粒径 D_{50} 在 H=156m 达到最小值，随后又随高程的增加而变大；^{137}Cs 活度在 H=156m 达到最高，之后随着高程的增加呈现出“先降低后升高”的趋势。具体而言，黏粒含量为 13.02%～15.66%，粉粒含量为 54.36%～64.06%，砂粒含量为 20.95%～32.63%，^{137}Cs 活度为 0.51～0.88Bq/kg，四者的变异系数分别为 7.73%、6.93%、20.83%和 20.41%，前两者属弱变异，后两者属中等变异[图 3.8(a)、(b)]。

以往的研究认为，由于坡面侵蚀和波浪侵蚀的双重作用，消落带土壤侵蚀往往会带来大量土粒进入水体形成泥沙，而在上覆水的作用下，粗颗粒会优先在消落带较高的位置沉

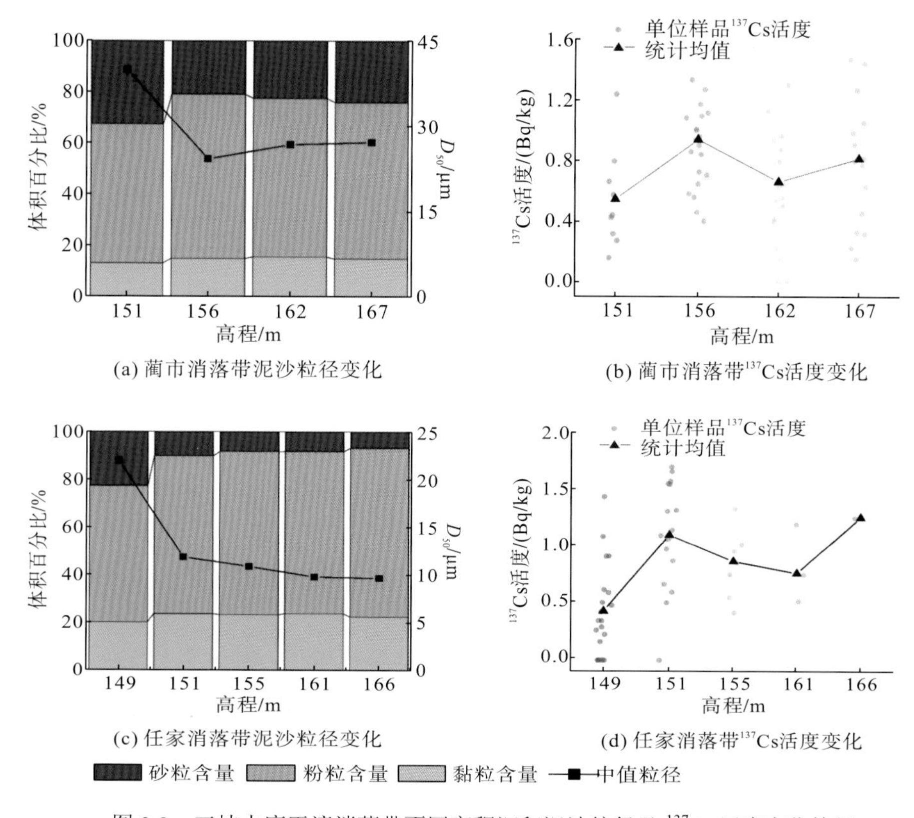

图 3.8　三峡水库干流消落带不同高程沉积泥沙粒径及 ^{137}Cs 活度变化特征

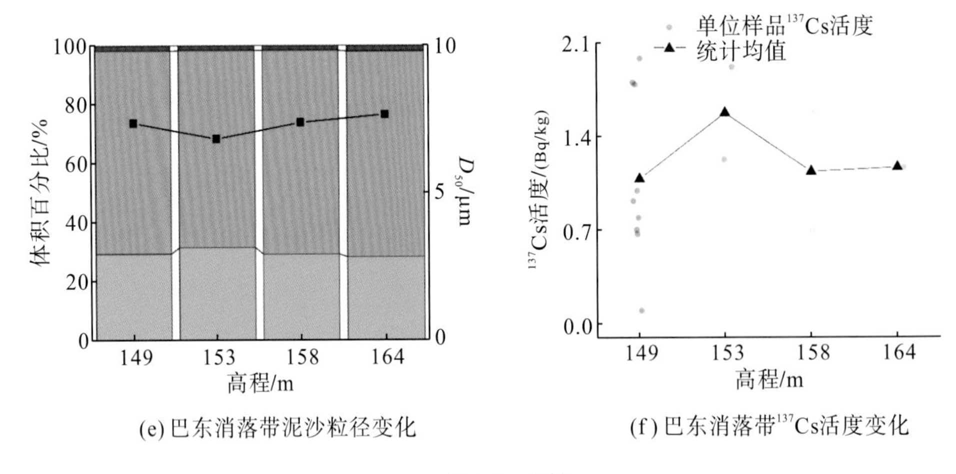

(e) 巴东消落带泥沙粒径变化

(f) 巴东消落带^{137}Cs活度变化

图 3.8 (续)

积，细颗粒逐渐向下运移，沉积在高程较低的位置。如此一来所形成的特征则是高程越高，沉积物粒径越大、^{137}Cs 活度越低。但是，这一结果是在坡面侵蚀和波浪侵蚀作为主控因素条件下进行的分析，对于河流挟沙对消落带沉积物的影响则考虑相对较少。事实上，在蔺市河段，河流中含有的大量粗颗粒物质为消落带邻江区域提供了丰富的物源，使得 H=151m 沉积物的颗粒变粗，^{137}Cs 活度降低。在排除 H=151m 采样点影响的情况下，其余采样点黏粒、粉粒、砂粒含量与中值粒径的变异系数均小于 10%，属于弱变异，表明其余三个高程沉积物的粒径并无太大差异。

另外，在冬季蓄水期，三峡水库水位长时间维持在 175m 蓄水位运行，这为河流泥沙在 H=167m 沉积创造了有利条件。由于冬季河流泥沙的粒径较小，对 ^{137}Cs 吸附能力较强，因此这一时期在 H=167m 发生沉积的物质具有更高的 ^{137}Cs 活度，但值得一提的是，这一时期在 H=167m 沉积的河流泥沙并不一定完全来源于库区外，也可能是水位长时间停留在 175m，使得波浪不断淘蚀河岸土壤所形成的物源。因此可以判断，在变动回水区，干流消落带下部的沉积物主要来源于上游河流入库泥沙，而随着消落带高程上升，岸坡土壤侵蚀对沉积物的贡献度逐渐升高，但河流泥沙仍然是干流消落带沉积泥沙的主要来源。

2. 忠县任家镇消落带

在任家消落带，H=149m 的邻江区域沉积泥沙粒径最大，^{137}Cs 活度最低，之后随着高程的增加，泥沙粒径逐渐变细，^{137}Cs 活度先降后升。具体而言，黏粒含量为 20.05%～23.71%，粉粒含量为 57.22%～70.82%，砂粒含量为 6.76%～22.73%，^{137}Cs 活度为 0.43～1.26Bq/kg，四者的变异系数分别为 6.65%、7.96%、58.20%和 32.22%，前两者属弱变异，后两者属中等变异[图 3.8(c)、(d)]。

此前的研究结果表明，消落带上部的沉积泥沙颗粒最粗，随着高程的下降逐渐变细。深入对比发现，这种差异是消落带上方土壤侵蚀过程造成的。受三峡工程运行调度影响，当枯水期水位上涨至 175m 时，水流流速缓慢，砂粒在变动回水区大量沉积而较少在常年库区沉积；而当丰水期到来时，水位逐渐下降，水流流速逐渐加快，这既带来了较粗的泥沙颗粒，也使得海拔较高的消落带失去了接收粗颗粒泥沙的时机，只能依靠消落带上方土壤侵蚀获得粗颗粒泥沙。鲍玉海和贺秀斌(2011)和 Bao 等(2015b)的研究表明，消落带上方为土壤侵蚀较活跃的坡耕地，能够为消落带提供充足的沉积物来源，受水流分选作用的影响，表现为坡顶沉积泥沙最粗，随着高程的下降，沉积物颗粒逐渐变细。而在本书中，消落带上方为高度郁闭的天然林，其土壤侵蚀强度很弱，无法提供充足的物源，导致河流掌控了消落带泥沙的沉积与再分配过程，表现为邻江区域颗粒最粗，而近岸区域颗粒最细。与蔺市消落带的变化特征一致，任家消落带的 ^{137}Cs 活度同样为邻江区域最低，消落带中下部 H=151m 处最高，随后随着高程的增加而先降后升。这说明 H=167m 沉积物的这种特征并不会因为消落带上方土地利用类型的变化而发生改变，而是由消落带与水库运行调度等自身因素产生的，进一步印证了水位在 175m 停留时，波浪不断淘蚀岸坡土壤，引起部分土壤颗粒在消落带上部发生沉积。由此可见，消落带上方土地利用类型对消落带沉积泥沙粒径存在显著影响，而这种影响或许不会仅仅局限于粒径特征，甚至可能包括其他理化性质；消落带 H=167m 高程带沉积物可能大部分来源于冬季的波浪侵蚀。

3. 巴东消落带

在巴东消落带，H=149m 邻江区域沉积的泥沙最粗，^{137}Cs 活度最低，D_{50} 和 ^{137}Cs 活度在 H=153m 分别达到最低值和最高值，随后随高程的增加又分别表现为升高和降低的趋势，这一变化趋势与蔺市消落带基本一致，不过本消落带 D_{50} 的变异系数仅为 5.99%，属于弱变异，不同高程之间沉积泥沙粒径的差异很小。具体而言，黏粒含量为 28.15%～31.37%，粉粒含量为 66.93%～69.87%，砂粒含量为 1.70%～2.75%，^{137}Cs 活度为 1.08～1.57Bq/kg，四者的变异系数分别为 5.21%、1.85%、24.08%和 15.70%，前两者属弱变异，后两者属中等变异[图 3.8(e)、(f)]。

自 2003 年三峡水库蓄水之后，万州水文站监测得到的悬移质泥沙中值粒径约为 6μm，而同期朱沱水文站的这一特征值为 11μm，表明上游入库的悬移质泥沙经过河流的分选作用后，在三峡水库前端呈现出细颗粒高度富集的特征。尽管砂粒含量在不同高程间存在较强烈的变化，但由于其占比太低，并没有对沉积泥沙颗粒组成的高程变化造成明显影响。与蔺市和任家消落带的变化特征一致，巴东消落带的 ^{137}Cs 活度同样为邻江区域最低，消落带中下部 H=153m 处最高，随后随着高程的增加而先降后升。库首地区两岸山地陡峭、植被旺盛，当地居民的农业生产以经果林为主，同时存在少量耕地和公路建设，土壤侵蚀主要由生产建设活动和耕作活动产生，但土壤侵蚀量比较有限，水流挟沙仍然是本消落带沉积泥沙的主要来源，而坡面土壤侵蚀也有一定贡献。

3.3.4　沉积物粒径与 ^{137}Cs 活度剖面内变化特征及其示踪意义

受上游来水来沙季节变化的影响，不同时期沉积在消落带上的泥沙通常具有不同的剖面粒径与 ^{137}Cs 活度特征。因此，通过分析沉积物剖面粒径与 ^{137}Cs 活度的变化，可以反映沉积物来源随时间的变化情况。不同沉积物剖面层次的粒径与 ^{137}Cs 活度变化如图 3.5 所示。

变动回水区沉积物剖面大多存在比较明显的旋回分层特征，粗颗粒与细颗粒交替沉积，划分出明显的雨季和旱季的界限。各沉积物层次的 ^{137}Cs 活度均不高，仅个别层次的

^{137}Cs 活度可达 1.0Bq/kg 以上；同时，各层次 ^{137}Cs 活度又表现出与粒径特征较好的关联性，泥沙颗粒较粗的层次一般具有较低的 ^{137}Cs 活度，颗粒大小能够对 ^{137}Cs 活度的变化特征进行解释。其中，钓鱼嘴消落带位于嘉陵江汇入段之前，因此其沉积物以金沙江来沙为主，沉积物特征因而可以作为金沙江来沙特征的参考。嘉陵江汇入段之后，木洞镇和蔺市镇消落带的砂粒含量降低，黏粒含量增多，^{137}Cs 活度升高，因此可判断，变动回水区消落带沉积物主要来源于金沙江和嘉陵江。

在常年库区，除了任家镇消落带以外，其余各消落带沉积物的中值粒径在剖面上无显著变化，旋回分层特征不明显；^{137}Cs 活度明显高于变动回水区，许多沉积物层次的 ^{137}Cs 活度可达到 1.0Bq/kg 以上，但各层次 ^{137}Cs 活度与粒径特征的关联性较差，许多粒径特征相差不大的沉积物层次具有差异显著的 ^{137}Cs 活度，泥沙颗粒粒径对 ^{137}Cs 活度变化特征的解释能力不足。具体而言，粗颗粒与细颗粒沉积物之间存在比较明显的物源差异。

对于粗颗粒沉积物而言，不同时期的独立研究表明，近几年忠县石宝镇干流悬移质泥沙中，砂粒含量不足全年总量的 8%，但在本书中，其下游小周消落带砂粒含量平均值却达到 16.23%，说明在这一河段，沉积物中的砂粒主要来源于区间内产沙，考虑到粗颗粒物通常不易被水流长距离搬运，因此可以判断，区间内产沙是库区中下游砂粒的主要来源，且其贡献随着水流流向逐渐增大。值得注意的是，在蔺市镇消落带丰水期的沉积物中，砂粒含量约为 30%，但位于其下游的任家镇消落带，丰水期沉积物的砂粒含量却长期维持在 40%以上。3.3.3 节的分析已经表明，任家镇消落带受人类活动影响较小，其附近河段的消落带上方为郁闭度较高的林地，土壤侵蚀轻微，不会对消落带沉积物贡献泥沙，因此，与蔺市镇相比，任家镇消落带一定存在一个新的砂粒来源。从泥沙物源组成看，蔺市镇的潜在泥沙来源途径包括金沙江入库泥沙、嘉陵江入库泥沙和库岸侵蚀，任家镇消落带的潜在泥沙来源包括金沙江入库泥沙、嘉陵江入库泥沙和乌江入库泥沙。由此可见，乌江为任家镇消落带提供了粗颗粒沉积物来源。另外，由于石宝消落带沉积物剖面中不再具有与任家镇消落带相似的粗颗粒特征，因此判断，乌江入库的粗颗粒泥沙主要沉积在涪陵至忠县任家镇河段，以涪陵和丰都河段为主。

对于细颗粒沉积物而言，由于细颗粒可以经历较长距离的水流搬运，无论是金沙江、嘉陵江、乌江，还是消落带上方坡面侵蚀以及库区各支流汇入的泥沙，均能够为常年库区消落带提供细颗粒沉积泥沙物源，因此，不同来源的细颗粒沉积物需要依靠各自不同的 ^{137}Cs 活度特征加以区分。在几乎所有的常年库区消落带沉积物剖面上，^{137}Cs 均出现了个别层次活度极低的现象，表明在这些消落带区域，沉积物的来源会随季节发生变化，冬季枯水期时，金沙江仍然是沉积物的主要来源，这种主导作用甚至有能力延伸至库区中下游河段；而在夏季丰水期，表土侵蚀加剧，金沙江、嘉陵江、乌江和库区内水土流失均对消落带沉积物存在显著贡献。

3.4 三峡水库消落带泥沙淤积的影响因素

3.4.1 试验方案

消落带泥沙沉积过程受许多因素影响，消落带微地形、河流水文泥沙条件、消落带土壤侵蚀和消落带植被状况都会加剧或阻碍消落带泥沙沉积。其中，三峡水库干流消落带土壤侵蚀对泥沙沉积过程的影响已验证，即消落带土壤侵蚀以涌浪侵蚀为主，涌浪造成的侵蚀量占消落带侵蚀总量的 70%以上。受此影响，水位停留时间越长，涌浪侵蚀越剧烈，所造成的沉积泥沙再次启动也就越多，沉积泥沙的剥离量也就越大。因此，本书不再对该因素进行分析，而着重研究消落带微地形、河流水文泥沙条件和消落带植被状况对三峡水库干流消落带的影响。此外，人类活动可能同样对消落带泥沙沉积过程存在影响，但该因素难以量化，因此只对该因素作合理分析，不进行数值统计。

本书采用 GPS 获取采样点坐标与高程，坡度仪获取采样点坡度；根据研究区地图学信息获取采样点的坡向、岸向和距三峡大坝里程(沿江)信息；根据中国长江三峡集团有限公司提供的水情信息，计算自 2006 年 10 月首次到达 145m 水位至 2015 年 7 月期间各高程的水流淹没时间。三峡水库消落带沉积物的样品采集和沉积量计算与 3.2.1 节中的消落带沉积物采样与分析方法相同。统计方法采用 SPSS 22.0 软件中的回归分析模块，对数据进行线性回归分析，必要时进行控制变量条件下的偏相关分析或方差分析，判断不同影响因素与泥沙沉积量的相关关系及其相关程度，确定三峡水库干流消落带泥沙沉积的主要影响因素。

根据原位观测的结果，三峡水库干流消落带沉积泥沙量与环境特征见表 3.5。

表 3.5　三峡水库干流消落带采样信息

序号	区县	距坝址里程/km	高程/m	坡度/(°)	坡向	水流淹没时间/d	植被盖度/%	泥沙沉积量/(kg/m^2)
1	巴南	646.5	170	1	右岸	700	90	377.20
2	巴南	646.5	170	20	右岸	700	95	650.00
3	巴南	639.9	167	10	左岸	963	10	718.95
4	巴南	567.6	164	11	右岸	1186	35	838.32
5	巴南	567.6	164	19	右岸	1186	55	803.52
6	巴南	567.6	166	28	右岸	1049	85	376.45
7	巴南	567.6	162	27	右岸	1370	45	938.96
8	长寿	532.7	153	8	右岸	2164	15	217.38
9	涪陵	509.0	151	10.8	右岸	2337	0	1515.01
10	涪陵	509.0	156	8.4	右岸	1695	70	409.13
11	涪陵	509.0	162	8.2	右岸	1370	70	218.18
12	涪陵	509.0	167	5.8	右岸	963	60	218.35
13	涪陵	509.0	172	21	右岸	501	80	0
14	涪陵	461.8	152	4	右岸	2262	0	423.38
15	忠县	392.3	166	26	左岸	1049	35	126.55
16	忠县	392.3	161	21	左岸	1439	30	145.85
17	忠县	392.3	155	11	左岸	1695	20	388.75
18	忠县	392.3	151	2	左岸	2337	5	906.90
19	忠县	392.3	149	5	左岸	2481	0	1242.13

续表

序号	区县	距坝址里程/km	高程/m	坡度/(°)	坡向	水流淹没时间/d	植被盖度/%	泥沙沉积量/(kg/m^2)
20	忠县	392.3	171	31	左岸	574	40	0
21	忠县	392.3	162	48	左岸	1370	30	0
22	忠县	338.9	168	5	左岸	884	55	69.15
23	忠县	338.9	160	11	左岸	1512	98	597.63
24	忠县	338.9	154	11	左岸	2059	20	1192.40
25	忠县	338.9	148	4	左岸	2566	0	1239.98
26	忠县	335.3	148	12	左岸	2566	5	438.31
27	万州	278.6	147	6.4	左岸	2642	5	325.77
28	万州	261.9	149	3	左岸	2481	25	687.45
29	万州	261.9	153	11	左岸	2164	100	460.93
30	万州	261.9	158	11	左岸	1606	80	77.15
31	万州	261.9	164	21	左岸	1186	80	34.65
32	万州	261.9	168	19	左岸	884	75	0
33	巫山	126.9	147	10	右岸	2642	30	143.40
34	巫山	126.9	151	12	右岸	2337	30	131.65
35	巫山	126.9	156	11	右岸	1695	30	105.63
36	巫山	126.9	160	1	右岸	1512	30	109.33
37	巫山	126.9	164	6	右岸	1186	40	0
38	巫山	122.9	148	14	右岸	2566	30	339.30
39	巴东	72.7	149	4	左岸	2481	0	765.05
40	巴东	72.7	153	12	左岸	2164	30	136.45
41	巴东	72.7	158	12	左岸	1606	55	121.83
42	巴东	72.7	164	14	左岸	1186	10	45.55
43	巴东	72.7	149	24	左岸	2481	0	0
44	巴东	72.7	153	29	左岸	2164	25	0
45	巴东	72.7	158	21	左岸	1606	60	0
46	巴东	72.7	163	18	左岸	1279	15	0
47	巴东	72.7	170	12	左岸	700	45	0
48	秭归	23.6	146	9	右岸	2785	5	87.453
49	秭归	23.6	152	15	右岸	2262	10	51.192
50	秭归	23.6	158	16	右岸	1606	10	29.862
51	秭归	23.6	164	24	右岸	1186	20	0
52	秭归	23.6	170	18	右岸	700	25	0

3.4.2　坡度与坡向

1. 坡度

坡度是影响泥沙沉积过程的重要因子之一，大量研究认为，坡度越大，越有利于侵蚀；坡度越小，越有利于沉积。然而，这些针对侵蚀和沉积坡度特征的研究大多集中于坡面土壤侵蚀和河床泥沙淤积过程，仍未见对于消落带这一特殊生态环境区域的研究。

通常情况下，坡度越大，泥沙沉积量越小。形成这一关系的原因是显而易见的，根据泥沙动力学理论可知，在地表阻力系数和水流深度不变的情况下，坡度越小，水流流速越小，而流速降低又会进一步导致水流的挟沙能力下降，引起泥沙沉积。回归分析结果表明，三峡水库干流消落带坡度与泥沙沉积量之间呈显著负相关关系(Pearson 相关系数为-0.336，概率值 P=0.015＜0.05)，其线性回归结果如图 3.9(a)所示。

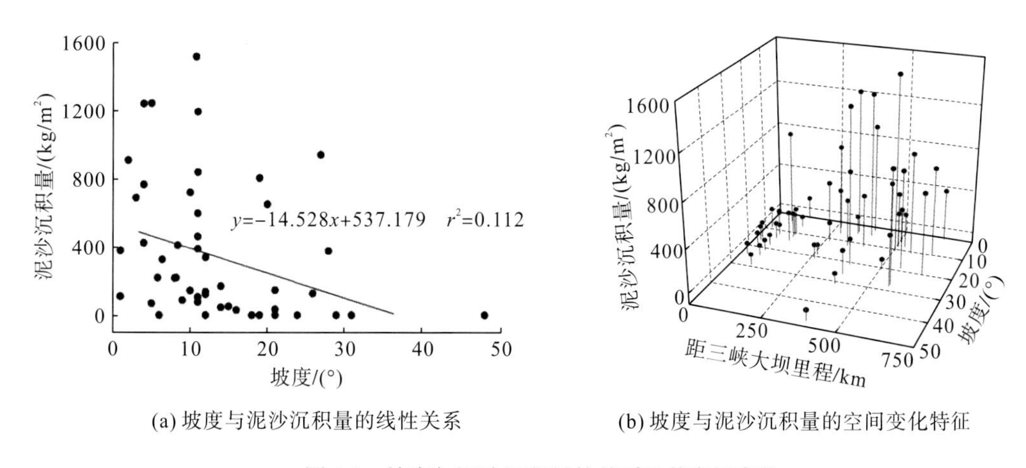

(a) 坡度与泥沙沉积量的线性关系　(b) 坡度与泥沙沉积量的空间变化特征

图 3.9　坡度与泥沙沉积量的关系及其空间变化

坡度与泥沙沉积量的关系同时还表现出比较明显的空间变化特征，如图 3.9(b)所示。第一，在三峡水库库首(沿主河道距三峡大坝 250km 以内)的消落带区域，泥沙沉积主要发生在坡度小于 15° 的区域，而库中和库尾的泥沙沉积则主要发生在坡度小于 25° 的区域。这表明，对于坡度在 15°～25° 的消落带，分布在库尾和库中的区域具备泥沙沉积条件，但分布在库首的则不具备相应条件。现场调查发现，造成这一结果的原因很可能是坡度连续性特征存在差异(图 3.10)。库尾和库中的消落带以缓坡地为主，通常连续性较好且分布比较集中，坡面径流流速大多比较稳定；但库首消落带以中陡坡为主，缓坡地面积小且在坡面上呈散点状分布，使得从缓坡地上部来的坡面径流具有较大动能，容易对已形成沉积的泥沙造成一定冲刷，使得坡度在 15°～25° 的消落带区域难以观测到足量沉积泥沙，甚至还可能发生侵蚀。第二，典型相关分析结果表明，在涪陵(南沱镇)—秭归河段，消落带坡度与泥沙沉积量之间存在极显著负相关关系(Pearson 相关系数为-0.508，概率值 P=0.001＜0.01)；但在巴南(珞璜镇)—涪陵(蔺市镇)河段，消落带坡度与泥沙沉积量之间关系不显著(Pearson 相关系数为 0.140，概率值 P=0.648＞0.05)。这表明，在三峡水库常

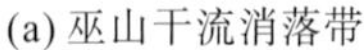

(a) 巫山干流消落带　　(b) 石宝干流消落带

图 3.10　不同消落带断面缓坡连续性特征

年库区，坡度是泥沙沉积过程的主要影响因子之一；而在水库的变动回水区，其他因子掌控了泥沙沉积过程，坡度对泥沙沉积过程的影响相对较小。

2. 坡向

坡向一般不会对土壤侵蚀与泥沙沉积过程产生直接影响，但不同坡向的光热条件存在较大差异，导致阴坡和阳坡的植被类型与土地利用方式等特征存在一定差异，并进一步形成有差别的地表自然地理特征，影响土壤侵蚀与泥沙沉积过程。由于长江为东西走向，且位于北半球，因此三峡库区的坡向可自然分为北岸阳坡、南岸阴坡。方差分析结果显示，三峡水库干流消落带北岸和南岸泥沙沉积量的组间差异不显著（概率值 $P=0.896>0.05$），表明坡向对三峡水库干流消落带泥沙沉积影响不大。

3.4.3　高程与淹没时间

1. 高程

在土壤侵蚀与河流泥沙动力学理论中，高程不是泥沙淤积过程的主要影响因素，但在消落带区域，这一论断尚未得到验证。回归分析结果表明，高程与泥沙沉积量之间呈显著负相关关系，Pearson 相关系数为-0.300，概率值 P=0.031＜0.05，二者关系的散点分布情况如图 3.11(a)所示。

与坡度类似，高程对泥沙沉积的影响同样存在较明显的空间变化特征[图 3.11(b)]。第一，水库常年库区消落带的泥沙净沉积主要发生在 H＜165m 的区域，但水库变动回水区消落带的泥沙净沉积能够继续向上分布，发生在 H=165～175m 的区域。结合对巴南及其附近河道的现场调查和农户访谈结果分析表明，这是由于水库变动回水区的河道本身地势较高，且距离三峡大坝较远，受大坝对水流的阻滞作用影响很小，当上游洪水进入这一区域时，干流水位急速上涨淹没河岸，为泥沙沉积创造了较好的条件。第二，典型相关分析结果显示，在巴南—长寿和巴东—秭归河段，消落带高程与泥沙沉积量之间关系不

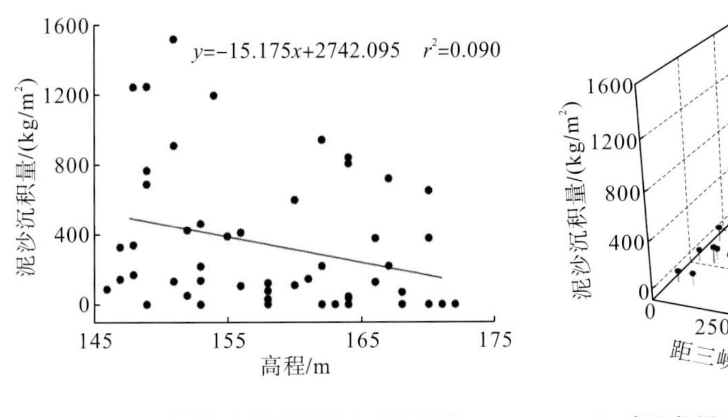

(a) 高程与泥沙沉积量的线性关系

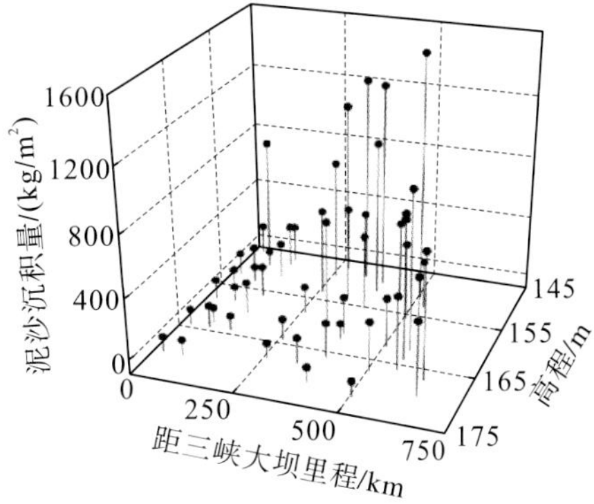

(b) 高程与泥沙沉积量的空间变化特征

图 3.11　高程与泥沙沉积量的关系及其空间变化

显著，Pearson 相关系数均为 0.236，概率值 P 分别为 0.574 和 0.148，均大于 0.05；但在水库中部的涪陵(蔺市镇)—巫山河段，消落带高程与泥沙沉积量之间呈极显著负相关关系(Pearson 相关系数为−0.592，概率值 $P=0.001<0.01$)，其中，又以涪陵(蔺市镇)—万州河段最为突出，Pearson 相关系数为−0.714，概率值 $P=0.000<0.01$。这表明，在三峡水库中部，消落带高程越高，泥沙沉积量越少。这一特征形成的原因是显而易见的，受三峡水库水位周期性涨落的影响，不同高程消落带被含沙水流淹没的时间不同，以 H=148m 和 H=168m 为例，前者平均每年有超过 10 个月(317.75d)被含沙水流淹没，为泥沙沉积提供了丰富的物源，而后者平均每年被含沙水流淹没的时间不足 5 个月(137.75d)，未及前者的一半，不能获得足量的泥沙物源，导致泥沙沉积量显著减少。

2. 淹没时间

由于按照特定方案对三峡水库水位进行调节，因此对于消落带的泥沙沉积过程而言，高程与水淹时间存在事实上的内在联系。而含沙水流能为消落带泥沙沉积提供丰富的物源，因此，消落带被水流淹没的时间越长，就越有利于泥沙沉积。回归分析结果表明，在三峡水库干流消落带，水流淹没时间与泥沙沉积量之间呈显著正相关关系，Pearson 相关系数为 0.311，概率值 $P=0.025<0.05$，二者关系的散点分布情况如图 3.12(a)所示。

水淹时间对泥沙沉积的影响存在一定的空间变化特征[图 3.12(b)]。回归分析结果显示，在巴南—长寿河段和巴东—秭归河段，水淹时间与泥沙沉积量之间的关系不显著(Pearson 相关系数分别为 0.016 和 0.406，概率值 P 分别为 0.969 和 0.150，均大于 0.05)；而对于涪陵(蔺市镇)—巫山河段，水淹时间与泥沙沉积量呈极显著正相关关系(Pearson 相关系数为 0.605，概率值 $P=0.000<0.01$)，其中又以涪陵(蔺市镇)—万州河段最为突出，二者呈极显著正相关关系(Pearson 相关系数为 0.724，概率值 $P=0.000<0.01$)。这表明，三峡水库中部河段消落带受水库运行调度的影响，水流淹没时间较长则泥沙沉积量较大。另外，三峡水库江面宽度以 500～1000m 为主，但涪陵(蔺市镇)—万州段江面宽度大多在 1000～1500m，明显高于水库其他河段，使得该河段水流流速缓慢，水淹时间对消落带泥沙沉积的影响更为突出。

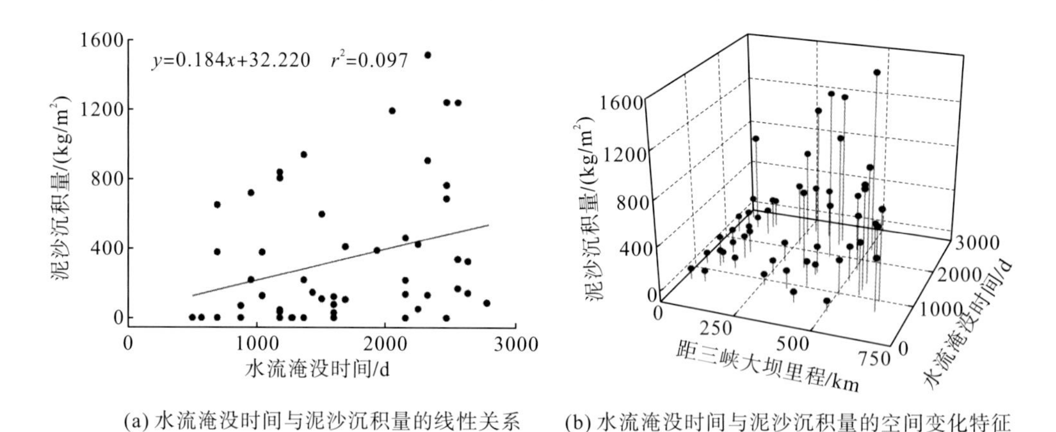

(a) 水流淹没时间与泥沙沉积量的线性关系　(b) 水流淹没时间与泥沙沉积量的空间变化特征

图 3.12　水流淹没时间与泥沙沉积量的关系及其空间变化

为了明确消落带高程对泥沙沉积的影响机制，以水淹时间作为控制变量，以涪陵(蔺市镇)—巫山河段作为研究对象，对高程与泥沙沉积量进行偏相关分析。结果表明，在消除水淹时间带来的影响后，高程与沉积泥沙量之间关系不显著(相关系数为 0.172，概率值 P=0.371＞0.05)，说明在水库中部河段，消落带高程对泥沙沉积的影响作用主要是由于水淹时间不同造成的。

3.4.4　植被与土地利用

植被覆盖能够增加地表粗糙程度，提高水流的前行阻力，导致水流紊动扩散系数减小，水流挟沙能力降低，有利于悬移质泥沙的沉积，并阻止水流对地表的冲刷作用。回归分析结果显示，在三峡水库干流消落带，植被盖度与泥沙沉积量之间关系不显著(Pearson 相关系数为-0.198，概率值 P=0.160＞0.05)。

线性回归分析结果显示，植被盖度与泥沙沉积量之间的关系在任意河段都没有表现出显著相关性，植被覆盖对泥沙沉积的影响不存在空间变化特征。自三峡水库蓄水之后，受水位周期性涨落影响，消落带植被特征逐渐演变为以萌芽能力强的非耐水性草本植物为主，在冬季水位上升之后，受水淹和泥沙沉积覆盖的双重影响，消落带植物大量死亡，这导致在消落带泥沙沉积过程中，水地界面并没有生长足够的植被，不足以对泥沙沉积造成影响。换言之，在消落带露出水面时，泥沙表面生长的植被或许在泥沙沉积过程中并未生长起来，也就无法对该过程造成影响，因此，事后调查方法并不适用于二者关系的研究。

3.4.5　人类活动

就目前分析结果而言，坡度、高程和水流淹没时间对库尾变动回水区江津—长寿段消落带的泥沙沉积过程均不存在显著影响(表 3.6)，说明该过程存在其他主控因素。

表 3.6　不同影响因素与沉积泥沙量的相关性及其显著性

河段	分析指标	坡度	高程	水流淹没时间	植被盖度
江津—长寿	Pearson 相关性	0.369	0.236	−0.260	−0.173
	Sig 显著性	0.184	0.287	0.267	0.341
涪陵—奉节	Pearson 相关性	−0.508	−0.714	0.724	−0.568
	Sig 显著性	0.006*	0.000*	0.000*	0.002*
巫山—秭归	Pearson 相关性	−0.517	−0.430	0.427	−0.281
	Sig 显著性	0.010*	0.029	0.030	0.115

注：*表示 $P<0.01$，相关性显著。

现场调查与农户调研发现，江津至巴南钓鱼嘴河段，沿江采石挖沙活动活跃，水泥厂、造纸厂沿河道密集分布，导致金沙江入库的沉积泥沙被大量搬移；而巴南钓鱼嘴途经重庆主城至长寿河段，存在护岸工程和港口建设等一系列河岸硬化工程建设，护岸工程多以垂直护岸为主，使得悬移质泥沙失去了在消落带沉积的条件，而港口附近会实施定期清淤，使得消落带上的已沉积泥沙再次随水流向下游输移。受这些人为因素的干扰，消落带泥沙沉积过程表现出无自然规律可循的特征。由此可判断，人类活动是三峡水库末端江津—长寿河段消落带泥沙沉积的主控因素。

3.5　本 章 小 结

1. 三峡水库沉积物数量特征

2003 年蓄水后，三峡水库上游入库沙量为 1.72 亿 t/a，显著低于蓄水前多年平均值 4.59 亿 t/a；同时，入库水沙对河道的作用由蓄水前平均每年冲刷 0.05 亿 t，转变为平均每年淤积 1.32 亿 t，冲淤形势变化明显。在 2003 年蓄水后，库区每年淤积泥沙约 1.18 亿 m^3。其中，三峡大坝至秭归河段平均每年淤积泥沙 48.49 万 m^3/km，是三峡水库单位里程泥沙淤积最多的河段，属于典型的坝前淤积现象；库区中部丰都至云阳河段平均每年淤积泥沙 33.30 万 m^3/km，是三峡水库典型的连续淤积河段，其绵延 200 余千米的河道范围内，淤积量始终维持在较高水平。2012 年年末和 2013 年年初，水库上游向家坝、溪洛渡水电站相继下闸蓄水，显著改变了三峡水库的泥沙冲淤状况，不仅使变动回水区涪陵至铜锣峡河段由缓慢淤积河段转变为快速冲刷河段，同时显著降低了水库各河段的泥沙沉积速率。

在 2012～2015 水文年，三峡水库消落带年均泥沙沉积量为 86.58～419.19kg/m^2。在空间上，库区中部任家镇至石宝镇河段年均泥沙沉积量为全库区最高，该河段为水库重点泥沙淤积区；水库前端瞿塘峡以下河段是消落带泥沙沉积量最少的干流河段；而水库末端江津至涪陵河段则介于库中和库首之间，因具体沉积环境不同和多种人类活动的干扰，该河段内还存在较明显的组内差异。奉节泥沙淤积量较少，周镇明显增大，体现出与河道沉积的一致性。在时间上，消落带在 2012～2015 水文年的年均泥沙沉积量分别为 279.60kg/m^2、

261.52kg/m^2 和 172.59kg/m^2，呈逐年降低趋势。但与河道沉积相比，消落带泥沙沉积量的年际降幅明显更小，这种差异形成的原因主要是水库周期性反季节水位调节。

2. 三峡水库沉积物来源特征

在变动回水区（江津—涪陵河段），沉积物主要来自金沙江和嘉陵江。乌江汇入以后，库区内粗颗粒（粒径≥62μm）与细颗粒（粒径＜62μm）沉积物表现出明显不同的来源特征。就粗颗粒沉积物而言，涪陵—忠县新生镇河段的粗颗粒主要来源于乌江，忠县任家镇下游河段的粗颗粒则主要来源于三峡库区内土壤侵蚀。细颗粒沉积物的来源则主要表现为明显的季节变化，冬季枯水期沉积的细颗粒主要来源于金沙江和嘉陵江等库区外，而在夏季丰水期，包括金沙江、嘉陵江、乌江入库泥沙和三峡库区内土壤侵蚀均对细颗粒沉积物有明显贡献。

3. 三峡水库消落带泥沙沉积的影响因素

三峡水库消落带泥沙沉积的下垫面特征存在明显的空间变化，不同河段的首要影响因素各不相同。库首奉节—秭归段，消落带泥沙主要沉积在坡度小于 15° 的区域，且坡度越缓，沉积量越多，不同高程间的泥沙沉积量并无太大差异。库中涪陵—奉节河段，消落带泥沙主要沉积在坡度小于 25° 且高程小于 165m 的区域，坡度越缓，沉积量越多；高程越低，消落带被江水淹没的时间越长，沉积量也越多。库尾江津—涪陵河段，消落带泥沙主要沉积在坡度小于 25° 且高程小于 175m 的区域，但该河段受人类活动的影响剧烈，自然环境因素与泥沙沉积量没有明显关系。

第 4 章　沉积物磷淤积特征

河流建库改变了河流物质能量循环，改变了磷在河流中的地球化学过程。在回水顶托作用下，河流的流速减缓，延长了水的滞留时间，从而导致河流中的悬移质泥沙在水库中不断沉积，颗粒物携带的磷沉积到库底，并通过悬浮颗粒物的絮凝、吸附作用使水中的磷浓度降低(陈锦山等，2011；Wang et al.，2009)。库区泥沙沉积的同时水体透明度增加，有利于河流中浮游藻类的生长，浮游藻类对磷的吸收有利于水体中溶解态磷浓度的降低，促进磷在水库中的滞留(冉祥滨，2009)。

以往研究发现，三峡水库对磷酸盐的滞留率约为 36%(冉祥滨，2009)。三峡工程的修建使长江中下游的泥沙减少了 91%，总磷(TP)和颗粒态磷分别减少了 77% 和 83.5%(Zhou et al.，2013)。2003～2006 年，进入三峡库区的泥沙约有 60%滞留在水库中(Xu and Milliman，2009)。在水环境变化的条件下，沉积物中的磷会重新释放到水体中，成为内源磷(Cornwell et al.，2014；Jarvie et al.，2005；Sondergaard et al.，2003)。沉积物中磷的二次释放问题受到学者和政府的关注，在磷的外源输入被控制的情况下，内源磷的释放是影响水质的重要原因(秦伯强等，2006)。

在所有影响内源磷释放的因素中，沉积物的理化性质是重要因素。沉积物的理化性质很大程度上由泥沙的颗粒组成决定，不同粒径沉积物的成分(有机质含量、矿物组成等)和磷的赋存形态差异较大(He et al.，2009；Selig，2003；Andrieux-Loyer and Aminot，2001)。本章将对三峡库区沉积物理化性质、磷的赋存特征和泥沙对磷的吸附/释放特征进行阐述，这些内容可以为研究三峡库区内源污染控制、生态安全建设和长江经济带的健康发展提供科学依据。

4.1　沉积物的理化性质

4.1.1　水平变化

三峡库区水下沉积物以粉粒为主(59%～92%)；消落带沉积物在变动回水区以砂粒为主(60%～78%)，在常年回水区以粉粒为主(50%～93%)。水下沉积物的中值粒径小于消落带沉积物的中值粒径(图 4.1)。

三峡库区水下沉积物和消落带沉积物中土壤有机质(OM)含量均较低(2%～4%)，在库区未呈现明显空间变化。水下沉积物 pH 从涪陵到巴东呈现降低趋势，而消落带沉积物的 pH 从江津到涪陵呈现降低趋势，并在库区中部的忠县、万州明显偏高(图 4.2 和图 4.3)。

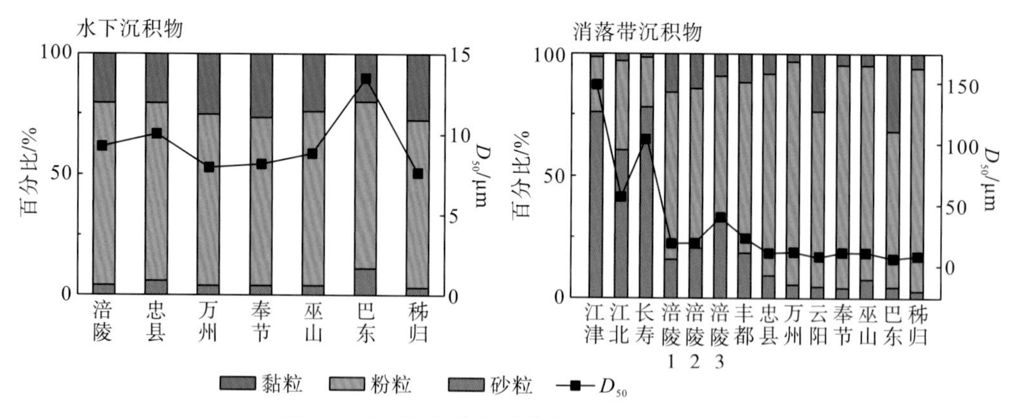

图 4.1　水下沉积物和消落带沉积物粒径空间变化

水下沉积物中的 Al_{ox} 和 Fe_{ox} 没有明显变化趋势，平均浓度分别为 1.82g/kg 和 9.21g/kg；Mn_{ox} 的平均浓度为 0.65g/kg，在库区呈现下降趋势；Ca、Mg 的平均浓度分别为 39.1g/kg 和 17.5g/kg，在库区呈现小幅升高趋势(图 4.2)。消落带沉积物中的 Al_{ox}、Fe_{ox} 和 Mn_{ox} 的平均浓度分别为 1.47g/kg、7.29g/kg 和 0.59g/kg，从变动回水区到常年回水区呈现升高趋势；Ca、Mg 平均浓度分别为 45.6g/kg 和 19.4g/kg，从库区变动回水区到常年回水区呈现小幅下降趋势(图 4.3)。

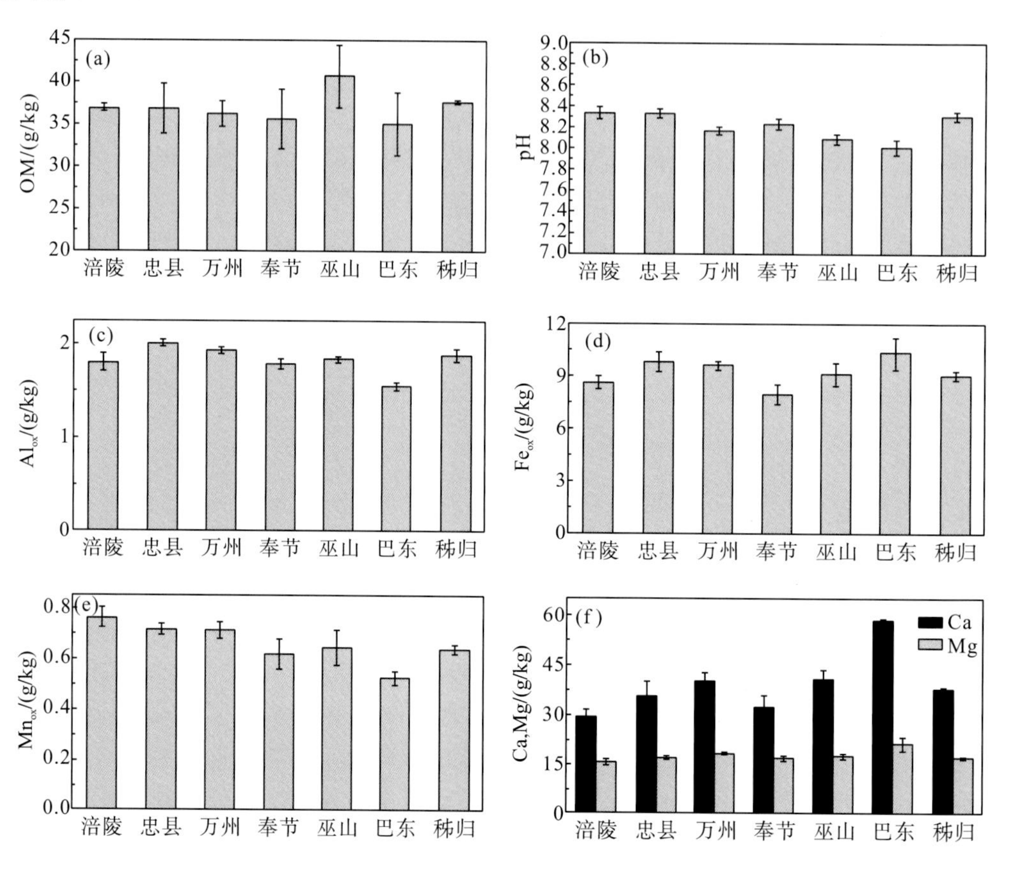

图 4.2　水下沉积物理化指标

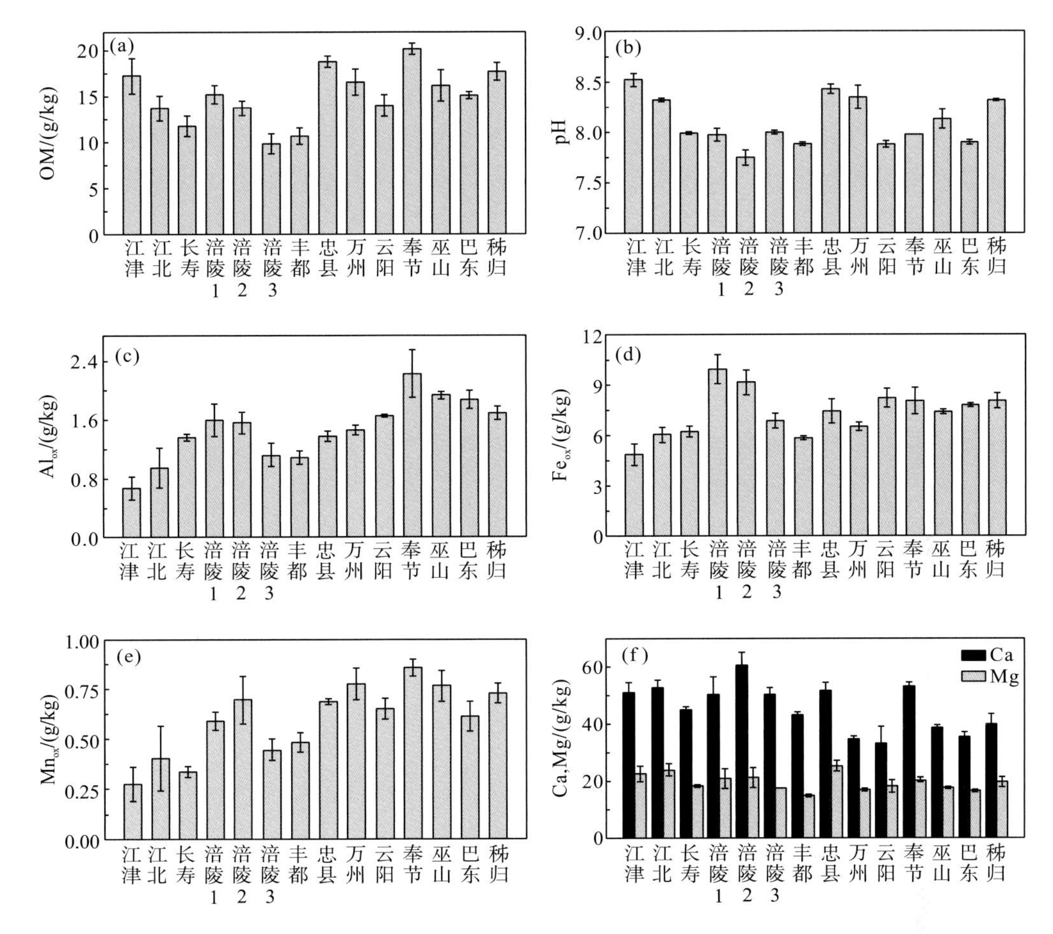

图 4.3　消落带沉积物理化指标

4.1.2　垂向变化

三峡库区消落带沉积物粒径随深度呈现出明显的旋回变化(图 4.4)。库尾江津消落带沉积物约 6cm 一个沉积旋回，沉积物以砂粒为主，中值粒径为 70.2～192μm，平均中值粒径为 129μm。库区中部忠县消落带沉积物约 18cm 一个沉积旋回，以粉粒为主，中值粒径为 9.65～12.6μm，平均中值粒径为 10.9μm。万州消落带沉积物约 15cm 一个沉积旋回，以粉粒为主，中值粒径为 11.8～16.6μm，平均中值粒径为 12.8μm。库区不同地点沉积物粒径和旋回厚度变化显示了沉积环境和泥沙来源的变化(王彬俨等，2016)。来自库区上游的泥沙进入库区以后，粗颗粒泥沙首先在库尾发生沉积，使江津消落带沉积物以砂粒为主。库尾地区消落带面积较小，不利于泥沙沉积，导致江津消落带沉积厚度较小。从库尾到坝前，水流减缓，泥沙粒径逐渐减小，并且忠县和万州的消落带面积较大且坡度小，有利于泥沙在消落带的沉积，从而使忠县和万州消落带沉积物粒径小、旋回厚度大。

江津、忠县和万州消落带沉积物总有机碳(TOC)平均含量分别为 10.1g/kg、9.56g/kg 和 9.25g/kg，呈现出明显的垂向变化(图 4.5)。其中，忠县消落带沉积物中的 TOC 浓度在表层 12cm 较高，而在 12cm 以下浓度较低。沉积物中的内源有机质主要来自水中动植物残体、浮游生物及微生物等的沉积，外源输入主要是来自地表径流携带的颗粒态和溶解态有机质(朱广伟和陈英旭，2001)。忠县消落带表层沉积物具有较高的 TOC 浓度，可能是受消落带落干后坡面流所携带的有机质沉积的影响。另外，消落带下层沉积物的埋藏时间较长，有机质矿化程度较高，从而使消落带沉积物下部的 TOC 浓度较低。江津和万州消落带沉积物中的 TOC 浓度没有表现出明显的上下层差异，但明显受到泥沙沉积旋回的影响：粗颗粒泥沙层的 TOC 浓度较低，而细颗粒泥沙层的 TOC 浓度较高。

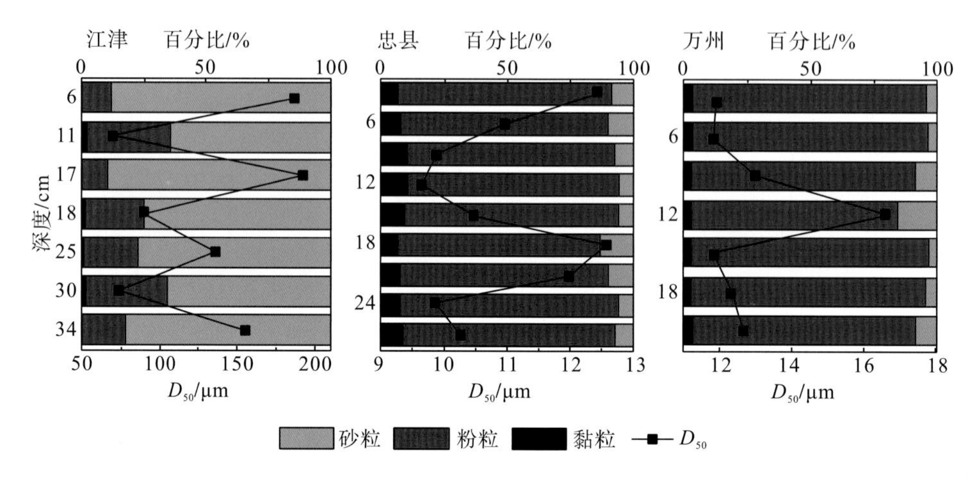

图 4.4　消落带沉积物粒径的垂向变化

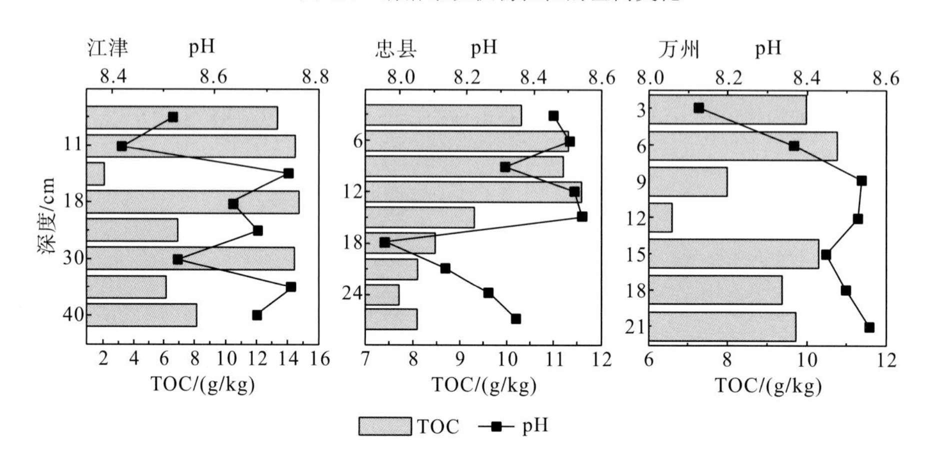

图 4.5　消落带沉积物 TOC、pH 的垂向变化

江津、忠县和万州消落带沉积物平均 pH 分别为 8.62、8.34 和 8.44，随泥沙沉积旋回呈现出明显的垂向波动(图 4.5)。在江津和万州消落带沉积物中，细颗粒泥沙的 pH 较低，而粗颗粒泥沙的 pH 较高。但是，忠县消落带沉积物 pH 的变化与之相反，细颗粒泥沙的 pH 较高，而粗颗粒泥沙的 pH 较低，这主要是受泥沙中 $CaCO_3$ 含量的影响。

江津、忠县和万州消落带沉积物中 Al_{ox} 和 Mn_{ox} 的浓度在垂向上没有呈现出明显的差异(图 4.6)。Fe_{ox} 的浓度在忠县 12cm 深度上出现高值，而在万州 12cm 深度上出现低值。在这三个消落带沉积物剖面上，Mg 浓度在江津下层沉积物中偏高，而在忠县和万州沉积物中 Mg 浓度没有明显的垂向差异(图 4.7)。江津和万州消落带沉积物中 Ca 浓度随深度增加呈现升高趋势。

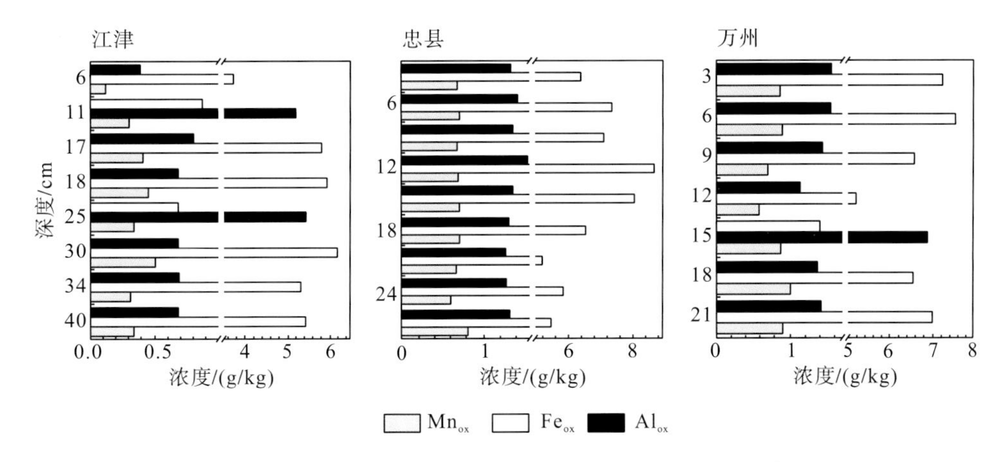

图 4.6　消落带沉积物 Mn_{ox}、Fe_{ox}、Al_{ox} 浓度的垂向变化

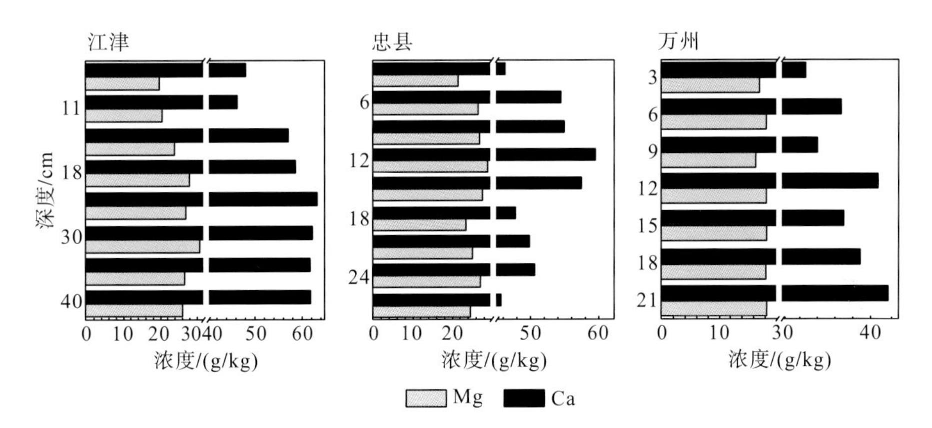

图 4.7　消落带沉积物 Ca、Mg 浓度的垂向变化

水下沉积物(秭归)的粒径组成在垂向上呈现出明显的旋回变化，约 20cm 一个旋回(图 4.8)。粒径组成以黏粒和粉粒为主，其中黏粒占 33%，粉粒占 56%，而砂粒仅占 11%。水下沉积物 TOC、Fe_{ox}、Al_{ox} 和 Mn_{ox} 的平均浓度分别为 9.24g/kg、7.72g/kg、1.44g/kg、0.65g/kg，随深度增加都呈现逐渐下降的趋势。水下沉积物中 Ca、Mg 的平均浓度分别为 40.8g/kg、19.2g/kg，其中 Ca 浓度随深度增加呈现出升高的趋势，而 Mg 浓度的变化不明显。水下沉积物的第一个旋回(0～25cm)上，各项理化指标变化趋势均不明显。从第二个旋回(25～45cm)开始，TOC、Fe_{ox}、Al_{ox} 和 Mn_{ox} 的浓度呈现下降趋势，但旋回内波动不大；Ca 浓度先升高后降低。第三个旋回(45～65cm)中，TOC 和 Fe_{ox}、Al_{ox} 的浓度先升高后降低，波动较大；Mn_{ox} 的浓度持续降低；Ca 的浓度先降低后升高，但波动不大。

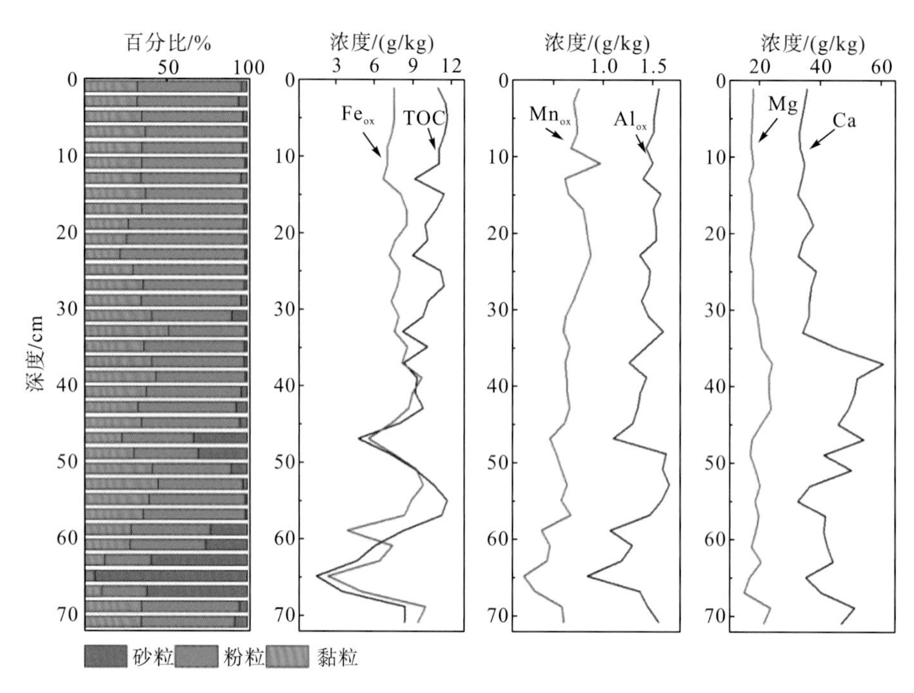

图 4.8　水下沉积物(秭归)理化指标的垂向变化

4.2　沉积物总磷和磷形态的时空变化

4.2.1　2008 年以来库区总磷的时间变化

在试验性蓄水的 2009 年，三峡库区水下沉积物中总磷(TP)的平均浓度为 668mg/kg，水下沉积物的 TP 浓度在库区中部高于库首地区。2010 年正式蓄水后，库首地区水下沉积物中的 TP 浓度升高，平均浓度为 880mg/kg(图 4.9)。而在水库 175m 蓄水位运行 5 年后的 2014 年，水下沉积物中 TP 的平均浓度为 911mg/kg，此时库区中部和库首地区水下沉积物中的 TP 浓度没有显著差异。对比 175m 蓄水初期(2010 年)和运行 5 年后(2014 年)水下沉积物中的 TP 浓度可以发现，尽管两者并没有呈现统计学上的显著差异(P>0.05)，但 2014 年水下沉积物中的 TP 浓度仍有小幅升高。

三峡水库在 145～175m 蓄水位运行 5 年后，奉节—秭归消落带沉积物中的 TP 浓度明显增加(图 4.9)。从 2008～2012 年，虽然三峡库区消落带沉积物中的 TP 浓度出现升高，但从奉节到秭归消落带沉积物中的 TP 浓度明显低于库区中部消落带沉积物中的 TP 浓度。而在 2014 年，库首地区消落带沉积物中的 TP 浓度明显升高，整个消落带沉积物中的 TP 平均浓度值也从 2012 年以前的 603mg/kg 上升到 906mg/kg。库区奉节—秭归段主要为碳酸盐岩峡谷地貌，在来自上游的泥沙沉积之前，消落带沉积物为该地区含磷较低的碳酸盐岩风化产物，从而使消落带沉积物中的 TP 浓度在蓄水初期较低(唐将等，2005)。受峡谷地貌影响，该地区消落带坡度较大(Bao et al.，2015a)，水流流速较大(陈静等，2005)，不利于来自库区上游磷含量较高的细颗粒泥沙在该区域沉积。但是，蓄水以后该区域水流变缓，来自上游的泥沙逐渐淤积，从而使奉节—秭归段消落带沉积物中的 TP 浓度缓慢升高。

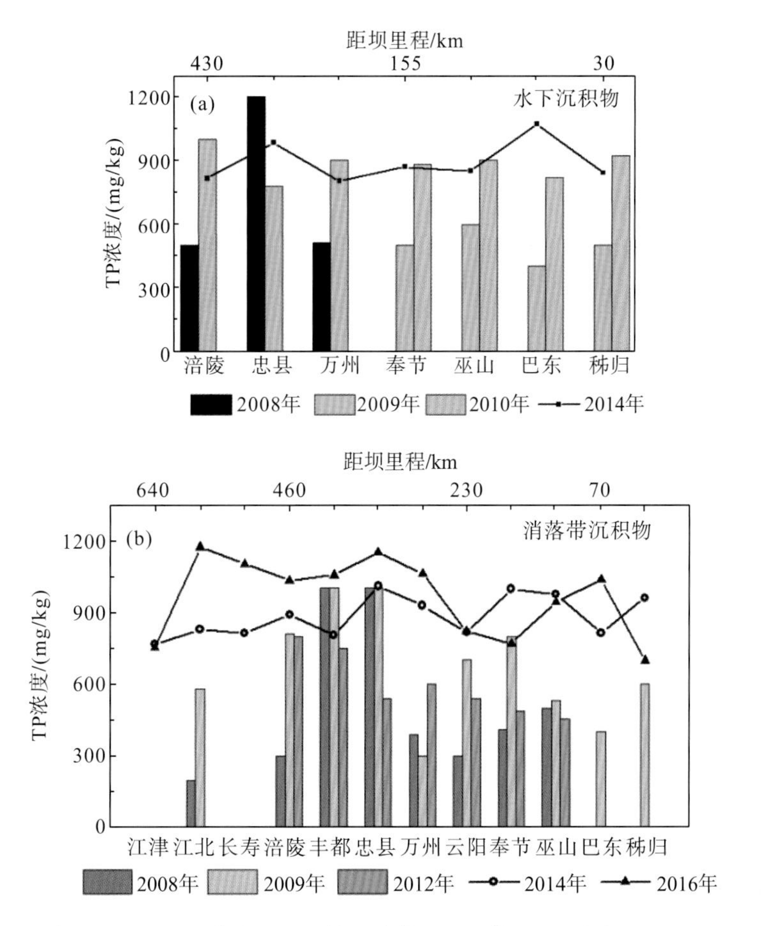

图 4.9　三峡水库 175m 蓄水以来水下沉积物和消落带沉积物 TP 浓度变化(2008～2012 年数据来自文献潘婷婷等，2015；李璐璐，2014；曹琳，2011)

在本书研究期间(2014～2016 年)，三峡库区消落带沉积物中的 TP 平均浓度升高了 82mg/kg，其中重庆主城区至万州段消落带沉积物中 TP 的平均浓度升高了 215mg/kg，表明磷在该区域沉积物中出现明显富集。重庆主城区至万州是重庆市工农业和城市生活污染物排放集中区域，其中农田径流入库磷量占入库磷总量的 84%左右(肖新成等，2014；禹雪中等，2010)。工农业活动和居民生活排放的磷进入库区后会被泥沙颗粒吸附，从而使该区域沉积物中的 TP 浓度明显升高。

4.2.2　消落带、水下沉积物磷浓度的空间变化

1. 水平变化

三峡库区水下沉积物中 TP 的平均浓度为 893mg/kg，除在忠县、巴东显著升高外($P<0.01$)，其他点的 TP 浓度无显著差异(图 4.10)。水提取态磷(H_2O-P)平均浓度为 24.7mg/kg，最大值和最小值分别出现在万州(26.4mg/kg)和秭归(22.6mg/kg)，在万州—巫山库段内 H_2O-P 浓度普遍偏高。碳酸氢钠提取态无机磷($NaHCO_3$-IP)平均浓度为 43.5mg/kg，

从涪陵至秭归呈现出降低趋势。氢氧化钠提取态无机磷(NaOH-IP)平均浓度为 72mg/kg，除在巴东较低外(52.8mg/kg)，在其他点没有明显变化。OP 平均浓度为 37.5mg/kg，从涪陵至巴东出现降低趋势。盐酸提取态磷(HCl-P)平均浓度为 435mg/kg，从巫山至巴东呈现出升高趋势，在其他点没有明显变化。残留磷(Residue-P)平均浓度为 287mg/kg，除在秭归较低外(284mg/kg)，其他点没有明显变化。水下沉积物中无机磷(IP)平均浓度为 875mg/kg，约占 TP 的 96%。

消落带沉积物中 TP 的平均浓度为 906mg/kg，在库区无明显的空间差异(图 4.10)。H_2O-P、$NaHCO_3$-IP 和 NaOH-IP 的平均浓度分别为 24.7mg/kg、38.4mg/kg 和 59.1mg/kg，从江津至涪陵呈现升高趋势，而从涪陵至坝前没有明显变化。HCl-P 的平均浓度为 543mg/kg，在库区没有呈现出明显的变化趋势。Residue-P 的平均浓度为 225mg/kg，从江津至秭归呈现出升高趋势。OP 的平均浓度为 18.5mg/kg，从库尾到坝前呈现出升高趋势。消落带沉积物中的 IP 平均浓度为 887mg/kg，占 TP 的 98%。

水下沉积物中生物有效磷(Bio-P)的平均浓度为 177m/kg，从涪陵到巴东呈现明显的下降趋势(图 4.10)。消落带沉积物中 Bio-P 的平均浓度为 141mg/kg，从江津到涪陵呈现升高趋势，而在涪陵至坝前没有显著变化($P=0.634$)，其最高值(214mg/kg)出现在乌江口下游(涪陵 2)(图 4.10)。从涪陵至秭归，尽管水下沉积物和消落带沉积物中的 TP 没有显著差异，但是库区中部(涪陵至忠县)水下沉积物的 Bio-P 平均浓度显著高于消落带沉积物中的水平($P<0.01$)。

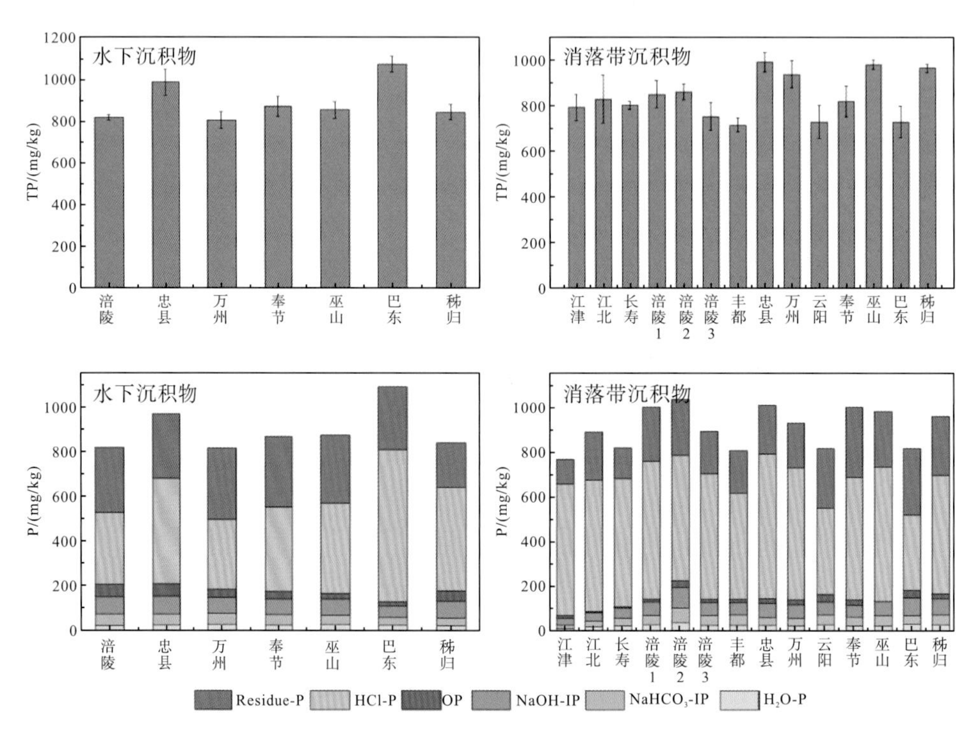

图 4.10　三峡库区水下和消落带沉积物总磷和磷形态分布

2. 垂向变化

TP在江津、忠县和万州消落带沉积物剖面上都没有表现出明显的垂向变化(图4.11)。江津、忠县和万州消落带沉积物TP的平均浓度分别为815mg/kg、999mg/kg和926mg/kg，表明三峡库区消落带上泥沙的旋回沉积及其理化性质变化对TP的影响较小。

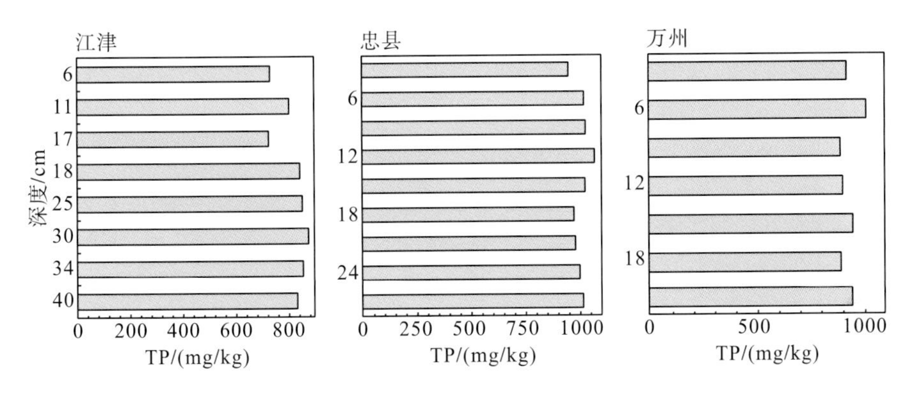

图4.11　消落带沉积物TP的垂向变化

江津、忠县和万州消落带沉积物H_2O-P平均浓度分别为6.69mg/kg、21.1mg/kg和21.9mg/kg；$NaHCO_3$-IP平均浓度分别为9.15mg/kg、28.8mg/kg和34.2mg/kg；NaOH-IP平均浓度分别为18.8mg/kg、55.0mg/kg和61.3mg/kg；HCl-P平均浓度分别为666mg/kg、644mg/kg和568mg/kg；OP平均浓度分别为8.23mg/kg、16.4mg/kg和21.6mg/kg；Residue-P平均浓度分别为104mg/kg、234mg/kg和219mg/kg。受沉积物理化性质的影响，消落带沉积物中的磷形态表现出明显的垂向变化(图4.12)。江津消落带沉积物不同深度的Bio-P呈现波动变化，在粒径较小的沉积物中Bio-P的浓度较高，而在粒径较大的沉积物中Bio-P的浓度较低。忠县消落带沉积物表层12cm沉积物中Bio-P的浓度明显高于12cm以下沉积物中Bio-P的浓度，而万州消落带沉积物中Bio-P的浓度在12cm处出现低值。

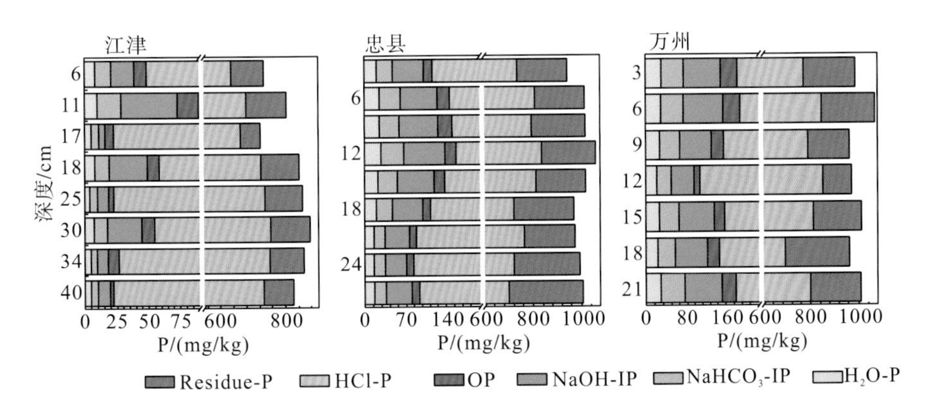

图4.12　消落带沉积物磷形态的垂向变化

秭归水下沉积物TP的平均浓度为872mg/kg，H_2O-P、$NaHCO_3$-IP、NaOH-IP、HCl-P、OP和Residue-P的平均浓度值分别为23.1mg/kg、33.9mg/kg、62.6mg/kg、513mg/kg、

26.2mg/kg 和 212mg/kg。水下沉积物的 TP 浓度受泥沙沉积旋回的影响，在垂向上表现出明显的波动性(图 4.13)。TP 浓度在前两个沉积旋回中(0～25cm、25～45cm)呈现出先降低后升高的趋势，而在第三个沉积旋回中呈现出先升高后降低的趋势。水下沉积物中的 Bio-P 在表层 30cm 处的浓度明显高于表层 30cm 以下。Bio-P 浓度在第一个沉积旋回中没有表现出明显的变化趋势；在第二个沉积旋回中表现出先下降后上升趋势；在第三个沉积旋回中表现出先升高后降低的趋势。

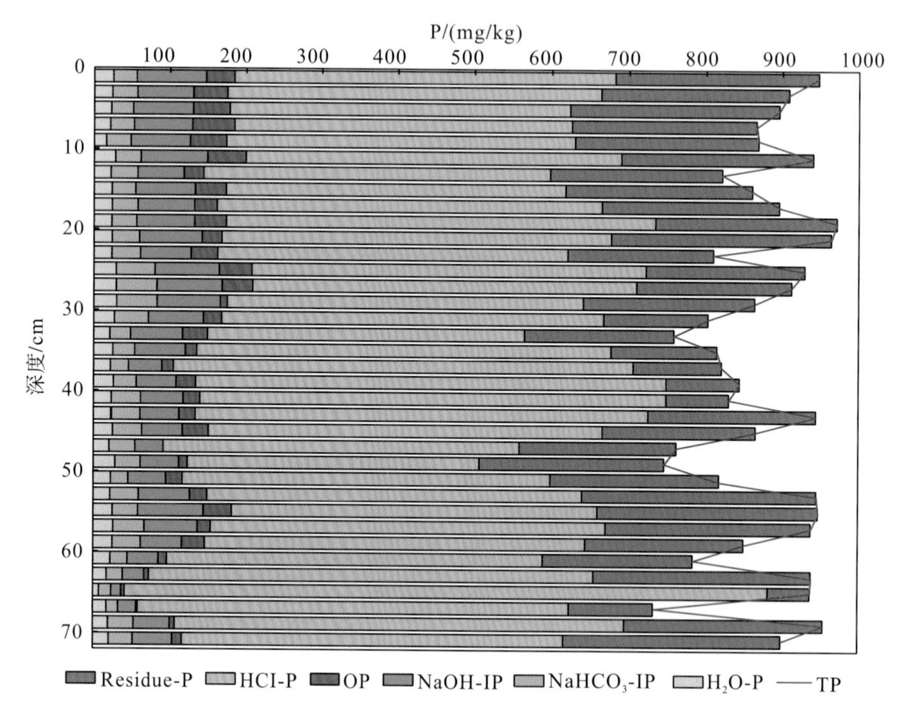

图 4.13　水下沉积物(秭归)磷的垂向变化

3. 消落带不同高程磷浓度变化

受三峡水库水位调节的影响，不同高程消落带的淹没时间存在差异。高程在 150m 以下的消落带每年淹没时间约 200d，高程 150m、160m 和 170m 消落带的淹没时间分别为 200d、120d 和 100d 左右(图 4.14)(张彬，2013)。在奉节以上的消落带中，泥沙沉积主要集中在高程 160m 以下，并且淹没时间越长，泥沙的沉积量越大(Tang et al.，2014a)。

丰都和忠县消落带不同高程土壤和沉积物中的 TP 浓度从消落带的上部到下部呈现“U”形变化(图 4.15)。高程 180～190m(未淹没)土壤中的 TP 浓度较高，而在高程 160～170m 土壤中的浓度较低。这表明，消落带土壤频繁的淹没、落干有利于土壤中磷的流失。另外，与土壤中的 TP 浓度相比，沉积物中的 TP 浓度明显偏高。前述研究发现，丰都和忠县沉积物的泥沙颗粒较小，易对磷产生吸附，从而使沉积物中磷的浓度较高。

丰都、忠县两地的沉积物不同高程消落带土壤的磷形态也表现出明显的高程分异(图 4.16)。与高程 170m 以下土壤和沉积物相比，高程 170m 土壤中的 Bio-P 浓度和 HCl-P

图 4.14　不同高程消落带的淹没时间示意图(根据文献 Tang et al.，2014，有修改)

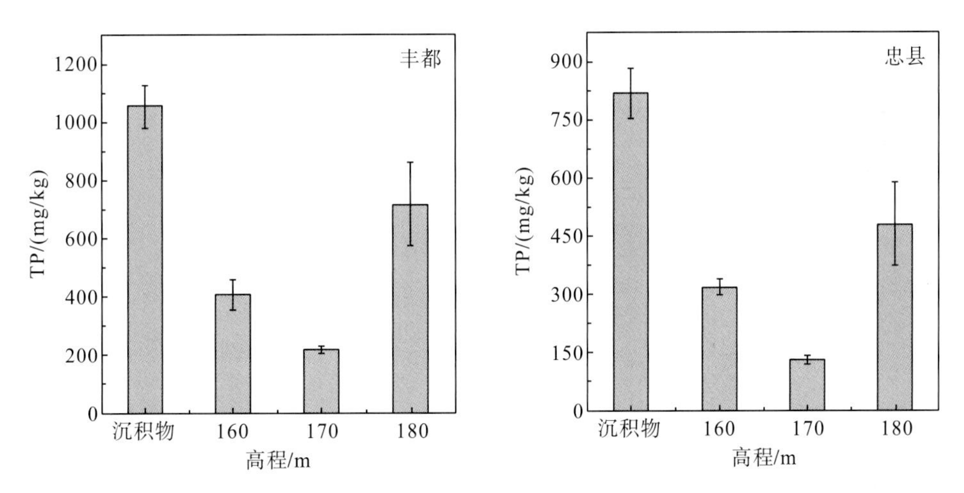

图 4.15　消落带沉积物和不同高程土壤 TP 变化(2016 年 5 月采样)

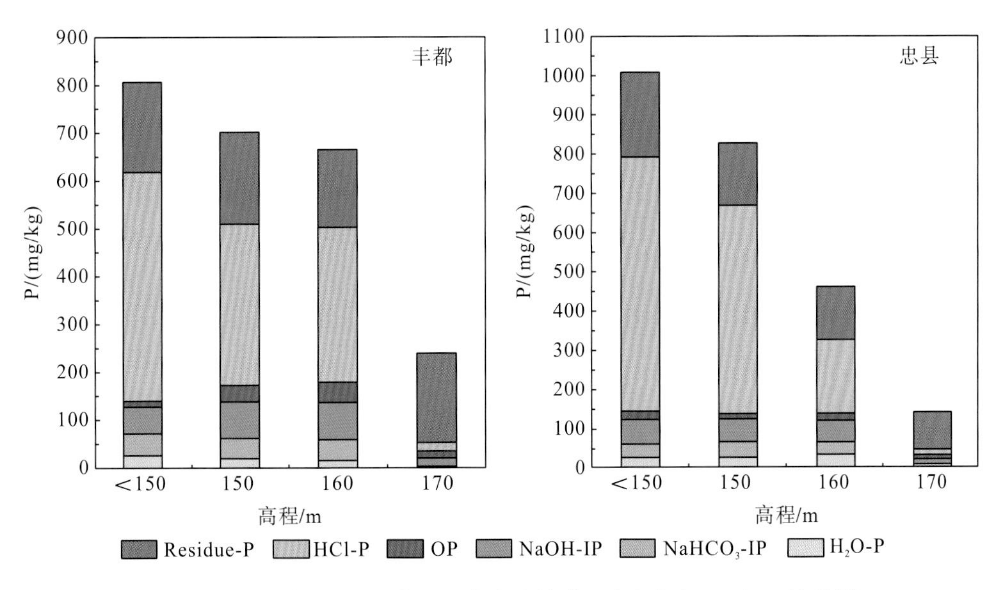

图 4.16　消落带沉积物不同高程土壤磷形态变化(2015 年 7 月采样)

浓度明显偏低，而 Residue-P 浓度差异不大。这表明海拔 170m 消落带土壤在冬季淹没，而在其他季节长时间落干，有利于 Bio-P 和 HCl-P 的流失。库区中部消落带的地形以下部平缓而上部坡度较大为特征，使消落带上部细颗粒物流失，而粗颗粒物保存下来(Tang et al.，2014a)。因此，海拔 170m 消落带土壤中 Bio-P 和 HCl-P 的浓度随细颗粒物的流失而降低。

4. 不同粒径泥沙磷形态变化

对不同粒径泥沙中的磷形态分析发现，库区泥沙中 H_2O-P、$NaHCO_3$-IP 和 NaOH-IP 在小于 8μm 和 8～16μm 两个粒径范围中的浓度明显高于其他粒径范围泥沙中的浓度($P<0.01$)(图 4.17)。而在不同粒径的泥沙中，OP 和 HCl-P 的浓度并没有表现出明显的差异。

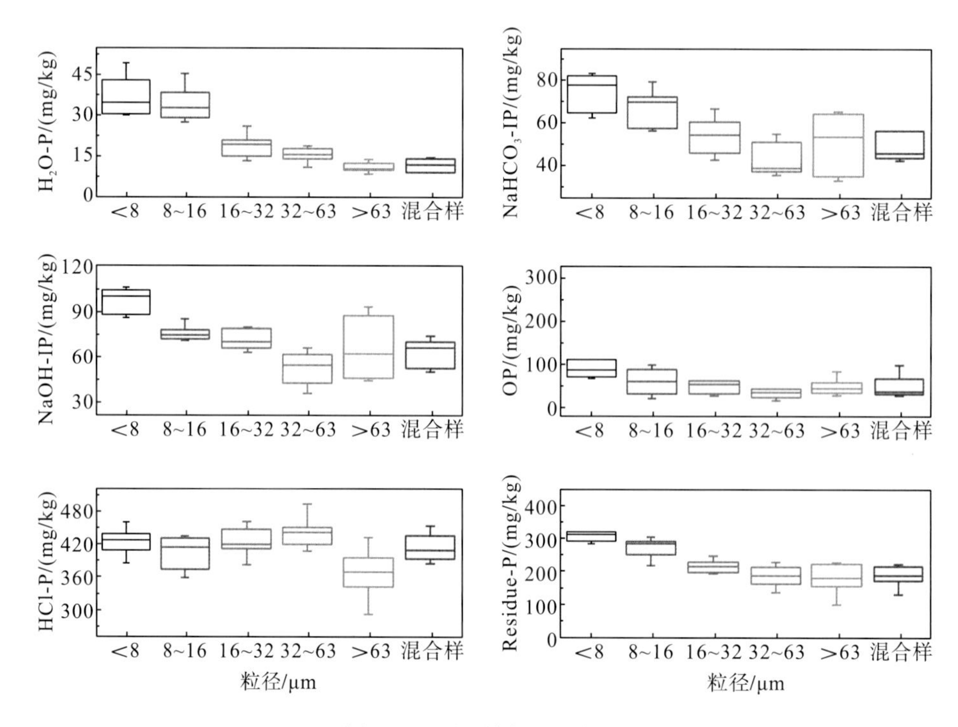

图 4.17　不同粒径泥沙中磷形态

4.3　库区沉积物中磷的蓄积特征

结合库区不同位置泥沙的淤积量和沉积物中 TP、Bio-P 的浓度，计算不同库段表层 30cm 沉积物中 TP、Bio-P 的蓄积量(表 4.1、表 4.2)。水下沉积物 TP 和 Bio-P 的年均蓄积量分别为 10.80 万 t 和 2.14 万 t，三峡水库运行 5 年(2010～2014 年)后水下沉积物中 TP 和 Bio-P 的蓄积总量分别为 54.0 万 t 和 10.7 万 t，其中丰都—秭归段占总蓄积量的 87%。2010～2014 年消落带沉积物(表层 30cm，奉节—秭归为表层 10cm)中 TP 和 Bio-P 的总蓄积量分别约为 1.977 万 t 和 0.329 万 t，涪陵至奉节段占总蓄积量的 72%。

综上，随着库区内土壤的侵蚀和流失，磷在泥沙中出现富集；随着泥沙的沉积和不同粒径泥沙的空间分异，沉积物中的磷形态和储量在库区呈现出明显的水平空间分异。

表 4.1 水下沉积物 TP 和 Bio-P 年均蓄积量

库区位置	年泥沙沉积量/(亿 t/a)	TP 浓度/(mg/kg)	Bio-P 浓度/(mg/kg)	TP 年均蓄积量/(t/a)	Bio-P 年均蓄积量/(t/a)
江津—重庆	0.0545	820	106	4471	577
重庆—长寿	0.0125	802	129	1000	161
长寿—涪陵	0.0763	754	167	5752	1273
涪陵—丰都	0.0346	733	203	2537	701
丰都—忠县	0.1201	992	210	11911	2516
忠县—万州	0.3786	938	174	35511	6581
万州—奉节	0.2274	730	183	16602	4151
奉节—秭归	0.3461	874	157	30248	5422
总计	1.25			108032	21382

表 4.2 2010～2014 年消落带沉积物中 TP 和 Bio-P 的总蓄积量

库区位置	消落带面积/km^2	计算深度/cm	单位面积泥沙沉积量/(kg/m^2)	泥沙沉积量/(亿 t)	TP 浓度/(mg/kg)	TP 蓄积量/t	Bio-P 浓度/(mg/kg)	Bio-P 蓄积量/t
江津—重庆	1.42	30	385	0.005	820	443	81	44
重庆—长寿	3.35	30	372	0.004	802	321	104	42
长寿—涪陵	11.83	30	372	0.044	754	3319	142	625
涪陵—丰都	6.16	30	346	0.021	733	1559	139	295
丰都—忠县	10.86	30	352	0.038	992	3787	143	548
忠县—万州	19.80	30	360	0.071	938	6683	148	1058
万州—奉节	9.62	30	360	0.035	730	2527	138	477
奉节—秭归	10.55	10	121	0.013	874	1130	157	202
总计	73.59		2668	0.231	6643	19769	1052	3291

4.4 影响磷时空变化的因素

4.4.1 泥沙微观形态

泥沙主要在流水的搬运作用下进入河流，在输移过程中发生磨损、破碎，并受泥沙输移路径所处环境的影响，泥沙与水中的各种物质发生作用，从而导致其组成和形貌都发生变化(陈明洪，2008)。

粒径小于 64μm 的泥沙对污染物的吸附、迁移具有重要的环境意义。本书对三峡库区过 250 目筛(孔径为 64μm)的泥沙进行扫描电镜分析，得到不同粒径泥沙的微观形貌图像(图 4.18)。粒径为 50μm 的泥沙颗粒具有较好的磨圆度，侧面可以清晰地看到泥沙颗粒的节理面，表面有密集的溶痕，既反映了泥沙颗粒在搬运过程中受到磨损，也反映了长江流域内较强的化学溶蚀。50μm 粒径的泥沙表面吸附着粒径为 1～3μm 的碎屑物，这些碎屑物在其表面分布较为分散且主要集中在低凹区域。粒径为 20μm 的泥沙颗粒棱角分明，具有明显的断裂节理面，表面分布着粒径约 1μm 的鳞片状碎屑物，且其表面吸附的鳞片状碎屑物相对密集。粒径为 10μm 的泥沙表面被鳞片状碎屑物层层包裹，其表面的孔隙明显多于前两个粒径泥沙表面的孔隙。粒径为 5μm 的泥沙颗粒基本上由鳞片状的碎屑物层层聚集而成，其孔隙度最高，有大量的空间可以吸附、容纳污染物。以往研究表明，细颗粒泥沙的主要核心骨架是黏土矿物，决定着泥沙颗粒形态和对污染物的吸附能力(刘启贞，2007)。长江泥沙中的黏土矿物约占 30%(丁悌平等，2013)，其中伊利石约占 75%(其他黏土矿物，如高岭石约占 12%、绿泥石约占 12%)(何梦颖等，2011)。伊利石在电子显微镜下常呈不规则带棱角的细小鳞片状集合体，平均粒径为 2～4μm。因此，库区泥沙颗粒表面吸附的碎屑物和碎屑物聚集体主要由伊利石组成。三峡水库 2003 年蓄水后伊利石等黏土矿物大幅度增加(黎国有等，2012)，因为细颗粒泥沙对磷等污染物具有较强的吸附能力(Meng et al.，2014a)，其对库区的水环境有重要影响。

图 4.18　库区不同粒径泥沙的微观形态

4.4.2　泥沙理化性质对磷空间分布的影响

在库区不同水动力条件的影响下，沉积物的理化性质在库区内表现出一定的空间分异性(图 4.1～图 4.3)，从变动回水区向常年回水区过渡的过程中，随着流速的降低，粗颗粒泥沙发生沉积，水体中悬移质泥沙的含量和粒径变小(丁悌平等，2013；胡江等，2012)。沉积物的理化性质很大程度上是由泥沙粒径决定的，不同粒径泥沙的成分(有机质含量、矿物组成、元素含量等)和磷的赋存形态差异较大(He et al.，2009；Selig，2003)。

以往研究通过对不同粒径沉积物中磷形态的分析发现，Bio-P浓度与沉积物的粒径呈负相关，即细颗粒物中的Bio-P浓度较高(Meng et al.，2014a；He et al.，2009)。三峡库区消落带沉积物中的Bio-P(H_2O-P、$NaHCO_3$-IP和NaOH-IP)浓度与粉粒、黏粒呈显著正相关(表4.3)。从涪陵到忠县，沉积物粒径呈变小的趋势，沉积物中粉粒和黏粒的比例也出现明显的升高；而在忠县以下，消落带沉积物的粒径没有出现明显的变化(图4.1)。受沉积物粒径变小的影响，库区消落带沉积物中Bio-P浓度从江津到涪陵出现明显上升的趋势，而在涪陵以下相对稳定(图4.10)。

库区消落带沉积物中的Bio-P与沉积物中的Al_{ox}、Mn_{ox}呈显著正相关(表4.3)，表明沉积物中的Bio-P主要是Al、Mn的氧化物/氢氧化物结合态磷。随着库区消落带沉积物的粒径不断变小，风化程度不断增强，沉积物中的Al、Mn在次生黏土矿物中出现富集(丁悌平等，2013)。随着黏土矿物在库区的沉积，Al_{ox}浓度和Mn_{ox}浓度在库区沉积物中也出现明显的升高趋势(图4.3)，两者的变化趋势和Bio-P的变化趋势一致。

沉积物中Fe_{ox}的浓度在库区没有呈现出明显变化(图4.3)，Bio-P与Fe_{ox}、Fe的相关性不显著，表明沉积物中Fe对Bio-P的影响较小。但是TP和Fe的相关性显著(表4.3)，表明铁结合态磷对沉积物中TP的贡献较大。沉积物中HCl-P为磷灰石中包含的与Ca、Mg结合的磷，从表4.3也可以看出，HCl-P与Ca、Mg显著正相关。随着粗颗粒碳酸盐矿物在变动回水区的沉积，沉积物中碳酸盐矿物的含量逐渐降低，沉积物中的磷灰石含量变小(丁悌平等，2013)，沉积物中HCl-P浓度随着Ca、Mg的减少而降低。

沉积物中的有机质是OP的重要来源，有机质的分解与矿化等过程对沉积物中磷的释放产生影响(Christophoridis and Fytianos，2006)。三峡库区消落带沉积物中OM的平均浓度为11.0g/kg，在库区呈现出先下降后升高的趋势(图4.3)。不同于沉积物中OM的变化，OP浓度在库区呈现出上升趋势，并且OP与OM的相关性不显著(表4.3)，表明沉积物中的有机质不是OP的主要来源。沉积物中的OP可能来自工业和城市生活污水的排放。随着库区下游接纳污染物的增加，沉积物中的OP浓度将不断升高。

研究表明，在较高的pH下(pH＞9)，OH^-取代PO_4^{3-}使沉积物中的磷释放出来；在较低pH下(pH＜3)，H^+会取代PO_4^{3-}使沉积物中的磷释放出来(Zhou et al.，2005)。库区沉积物和水体呈弱碱性且空间变化不大，表明pH不是影响库区沉积物中磷水平空间变化的主要因素。

在主成分分析图中(图4.19)，沉积物不同理化指标的箭头越长，与不同磷形态箭头的距离越近，表明沉积物的理化指标对磷形态的影响越大。库区变动回水区沉积物中以HCl-P的变化为主(棕色圈)，沉积物中的Fe_{ox}、Ca、pH和砂粒为HCl-P的主要影响因素。Bio-P在库区中部(蓝色圈)和库区下游(红色圈)地区变化明显，主要受Mn_{ox}、Al_{ox}和粉粒的影响。Mn_{ox}、Al_{ox}、黏粒和粉粒主要通过控制NaOH-IP来影响沉积物中Bio-P的浓度，而H_2O-P和$NaHCO_3$-IP主要受细小颗粒物表面吸附的影响。

表 4.3 磷形态和泥沙理化指标相关性

磷形态	黏粒	粉粒	砂粒	OM	Al	Ca	Fe	Mg	Mn	pH	TN	Al_{ox}	Mn_{ox}
H_2O-P	0.610**	0.908**			0.869**				0.718**	−0.469*	0.586**	0.781**	0.834**
$NaHCO_3$-IP	0.523**	0.880**			0.845**				0.727**		0.562**	0.717**	0.843**
NaOH-IP	0.513**	0.875**			0.892**				0.706**	−0.505**	0.726**	0.875**	0.874**
HCl-P			0.505**			0.781**		0.792**		0.402*			
OP		0.758**			0.785**				0.604**		0.608**	0.779**	0.766**
TP	0.803**	0.746**			0.643**		0.678**		0.843**	−0.445*		0.398*	0.654**

注：**表示在置信度(双侧)为 0.01 时，相关性显著；*表示在置信度(双侧)为 0.05 时，相关性显著；空白表示相关性不显著。

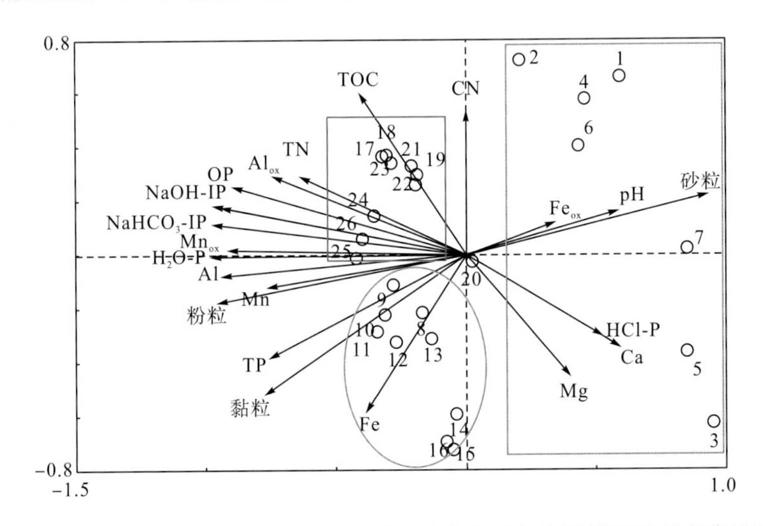

图 4.19 库区磷水平空间变化影响因素的主成分分析(数字为样品序号)

因此，库区沉积物中 Bio-P 的水平空间分布主要受泥沙粒径和 Al_{ox}、Mn_{ox} 的影响，沉积物中 Fe-P 相对于 Al/Mn-P 较稳定。沉积物中的 OP 可能主要来自工业和城市污水的排放，并在库区下游的沉积物中出现富集。沉积物中的砂粒含量、Ca、Mg 是 HCl-P 的主要影响因素。

水下沉积物中的 TP 受泥沙沉积旋回的影响，表现出明显的旋回变化，粗颗粒泥沙中的 TP 浓度较高，而细颗粒泥沙中 TP 的浓度较低(图 4.12 和图 4.13)。水下沉积物中的 TP 与 NaOH-IP 和 Residue-P 呈现出显著的正相关(表 4.4)，表明水下沉积物中 TP 的变化主要受 NaOH-IP 和 Residue-P 的影响。

表 4.4 水下沉积物磷形态和理化性质相关性分析

磷形态	TP	Ca	Mg	Al_{ox}	Fe_{ox}	Mn_{ox}	TOC	黏粒	粉粒	砂粒
H_2O-P						0.538**	0.628**	0.553**	0.606**	−0.665**
$NaHCO_3$-IP				0.668**	0.412*	0.824**	0.566**	0.341*	0.578**	−0.544**
NaOH-IP	0.365*	−0.563**		0.441**		0.666**	0.914**	0.558**	0.785**	−0.784**
OP		−0.558**		−0.622**		−0.411*	0.747**	0.399*	0.602**	−0.588**

续表

磷形态	TP	Ca	Mg	Al_{ox}	Fe_{ox}	Mn_{ox}	TOC	黏粒	粉粒	砂粒
HCl-P		0.354*	0.353*	0.527**		0.396*	−0.509**	−0.490**	−0.474**	0.548**
Residue-P	0.495**	−0.360*				0.370*	0.473**		0.410*	−0.366*
TP	1					0.538**	0.377*			

注：**表示在置信度(双侧)为 0.01 时，相关性显著；*表示在置信度(双侧)为 0.05 时，相关性显著。

水下沉积物所处的氧化还原条件是 Bio-P 变化的重要影响因素，Fe/Mn、V/Cr 和 Ni/Co 值可以反映沉积物所处的氧化还原环境。当 V/Cr 值小于 2 或者 Ni/Co 值小于 5 时，沉积物所处的环境为氧化环境(Hatch and Leventhal，1992)。Mn 的氧化电位比 Fe 高，可以优先于 Fe 被还原释放(陈振楼等，1992)，从而使沉积物中的 Fe/Mn 升高。从图 4.20 可以看出，库区水下沉积物在表层 60cm 以上均处于氧化环境，并且 V/Cr 和 Ni/Co 值波动不大。但是，在表层 60cm 以上 Fe/Mn 值却表现出明显的波动，并且 Fe/Mn 高值与 Bio-P 的低值相对应。这表明，Fe/Mn 值的变化可能是由不同时期泥沙来源变化引起的，氧化还原环境不是引起 Fe/Mn 值变化的主要因素。相关分析发现，水下沉积物中的 Bio-P 与黏粒、粉粒、Al_{ox}、Mn_{ox}、TOC 显著正相关(表 4.4)，表明黏粒、粉粒、Al_{ox}、Mn_{ox}、TOC 是影响水下沉积物中 Bio-P 垂向变化的主要因素。

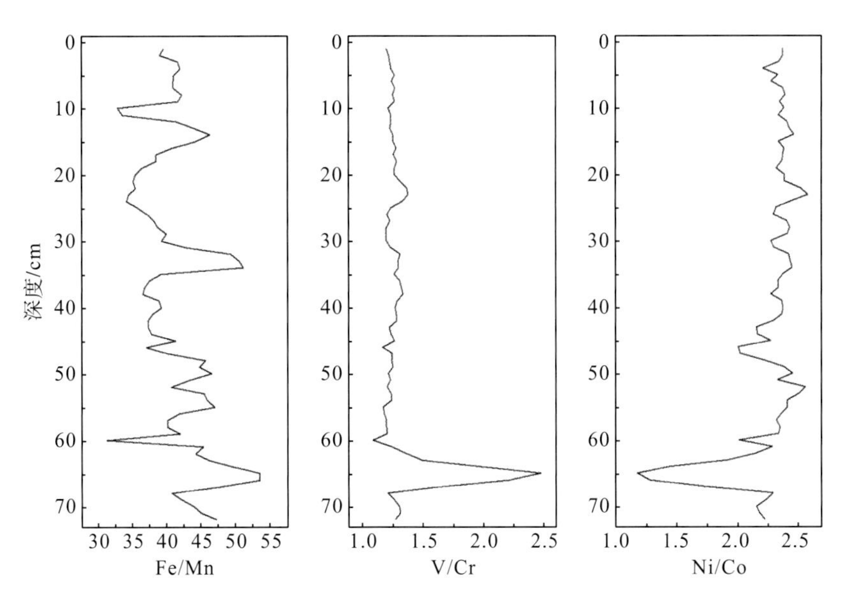

图 4.20　水下沉积物 Fe/Mn、V/Cr 和 Ni/Co 值随深度的变化

4.4.3　消落带干湿变化

以往研究发现，受物理、化学过程和微生物活动的影响，沉积物/土壤落干后有利于 Ca/Mg-P 的释放和金属氧化物结合态磷、有机磷的积累(Keitel et al.，2016；Tang et al.，2014b；曹琳，2011)。水库的蓄水过程会引起泥沙在消落带的沉积，而排水过程会导致消落带沉积物中细颗粒物排出，并在水下蓄积(López et al.，2016)。由于 Bio-P 在细颗粒物

中富集，随着细颗粒物的流失，消落带沉积物中 Bio-P 的浓度出现降低，而水下沉积物中 Bio-P 浓度随细颗粒物的增多而升高(图 4.21)。沉积物落干后微生物死亡和有机质矿化会使 Bio-P 浓度增加(Dieter et al.，2015)，但在夏季降雨的冲刷下这些 Bio-P 又会进入水体中，进一步加剧消落带沉积物中 Bio-P 浓度的降低。受库区中部消落带面积比例较大、坡度较小并且出露时间较长的影响(Bao et al.，2015a；张彬，2013)，三峡水库 145～175m 水位周期性调节可能使库区中部涪陵至巫山消落带沉积物中的 Bio-P 浓度降低，特别是涪陵到忠县消落带沉积物中 Bio-P 的浓度显著低于水下沉积物中 Bio-P 的浓度($P<0.01$)。

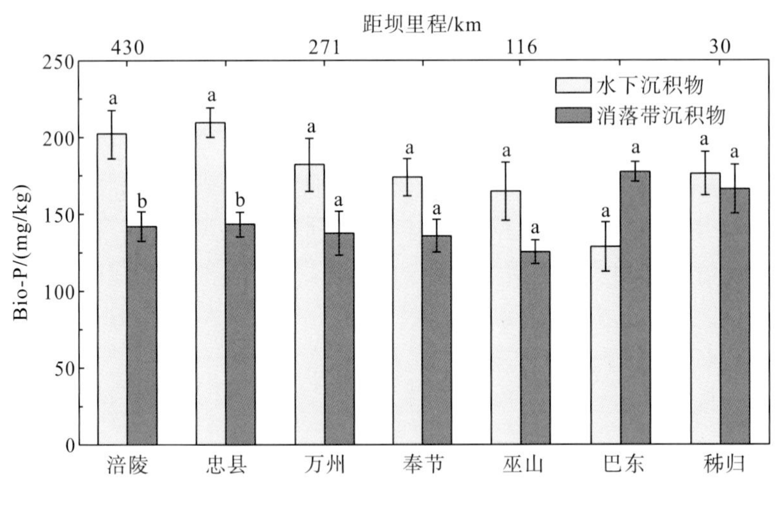

图 4.21　水下和消落带沉积物 Bio-P 对比

4.5　库区沉积物磷的滞留及其环境效应

与世界不同地区水库/湖泊中磷的滞留率相比(表 4.5)，虽然三峡水库中磷的滞留率不高，但是磷的滞留量远高于世界其他地区水库/湖泊中磷的滞留量。本书通过泥沙淤积量计算的三峡库区磷的滞留量明显高于以往研究中通过收支法计算的磷滞留量(冉祥滨，2009)，表明三峡水库中的泥沙淤积在磷的滞留中起到重要作用。

表 4.5　世界不同地区湖泊/水库磷的滞留量

水库/湖泊	国家/地区	蓄水量/亿 m^3	面积/km^2	长度/km	磷沉积量/t	淤积率	研究时间	文献
铁门水库	罗马尼亚	27	156	205	1700	12%	2001 年	Teodoru & Wehrli，2005
54 个湖泊	全球		均值 1002		均值 1447	42%～47%	1975～2005 年	Koiv 等，2011
卡里巴湖	赞比亚	1570	5364		4100	90%	2007～2009 年	Kunz 等，2011
威文霍水库	澳大利亚	11.65	109	60	6.72	60%	2002～2008 年	Burford 等，2012
卡斯塔尼昂水库	巴西	67	325	48	12.89	98%	2007 年	Molisani 等，2013

续表

水库/湖泊	国家/地区	蓄水量/亿 m^3	面积/km^2	长度/km	磷沉积量/t	淤积率	研究时间	文献
大平原水库	美国	0.6～4.3	13～63			42%～74%	1972～2010 年	Cunha 等，2014
三峡水库	中国	393	1080	663	6744	15%	2006～2007 年	冉祥滨，2009
三峡水库	中国	393	1080	663	21400 (Bio-P)	66%	2003～2013 年	本书

2003 年以后，随着三峡水库的运行，入库和出库泥沙的中值粒径明显变大，并且入库和出库泥沙中值粒径的差异也变大。入库和出库泥沙中值粒径的差值在 2003 年为 0.5μm，而在 2009 年两者中值粒径的差异最大，达到了 5.5μm。2009 年之后，入库和出库泥沙中值粒径的差值变化不大，平均为 3.4μm。2003 年以后，入库和出库泥沙量都先呈现下降趋势(图 4.22)。入库泥沙量下降幅度较小(降幅为 74%)，但波动性较大；出库泥沙量下降幅度较大(降幅为 90%)。受出库泥沙量下降幅度大于入库泥沙量下降幅度的影响，库区泥沙滞留率呈现升高趋势，2014 年库区泥沙的滞留率约为 82%。

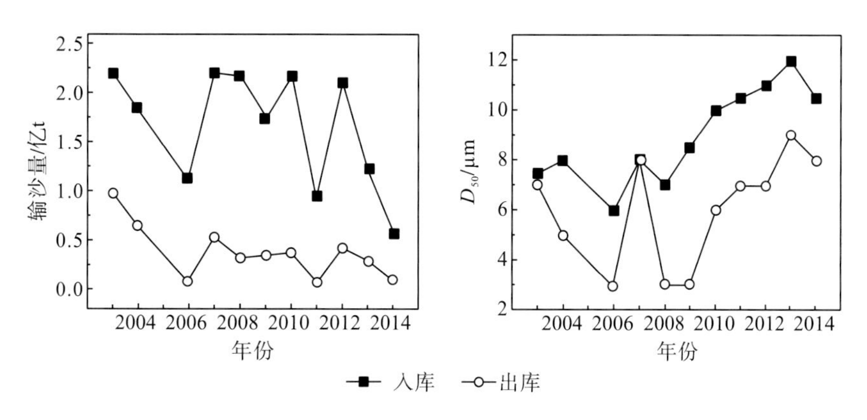

图 4.22　2003～2014 年入库(乌江口)和出库(宜昌)泥沙的中值粒径和输沙量变化(2005 年未计算在内)(数据来源：《长江泥沙公报(2003～2014 年)》)

为了计算 2003～2014 年(不包括 2005 年)入库和出库不同粒径泥沙的比例，对所采泥沙样品的不同粒径组成与泥沙中值粒径进行线性拟合(图 4.23)，得到不同粒径泥沙组成与泥沙中值粒径的线性拟合函数。利用不同粒径泥沙所占比例与中值粒径之间的拟合函数对 2003～2014 年(不包括 2005 年)入库和出库不同粒径泥沙的比例进行计算。由于粒径 16～32μm 泥沙所占比例和中值粒径之间的拟合效果较差(R^2=0.13)，因此粒径 16～32μm 泥沙所占比例为 100%与其他粒径泥沙所占比例之和的差值。由图 4.24 可以看出，粒径小于 16μm 的泥沙在出库泥沙中的比例高于在入库泥沙中的比例，而粒径大于 16μm 的泥沙在出库泥沙中的比例低于在入库泥沙中的比例。表明粒径小于 16μm 的泥沙容易被冲刷而排出库区，而粒径大于 16μm 的泥沙容易在库区发生滞留。

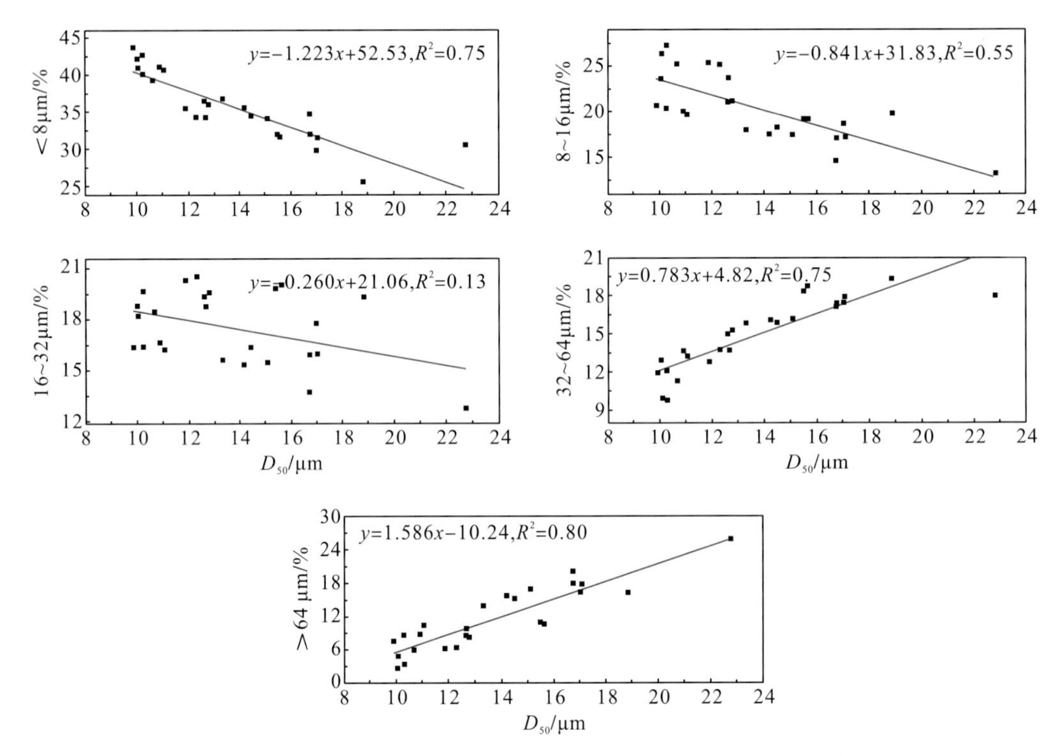

图 4.23　库区不同粒径泥沙含量和中值粒径 D_{50} 拟合关系

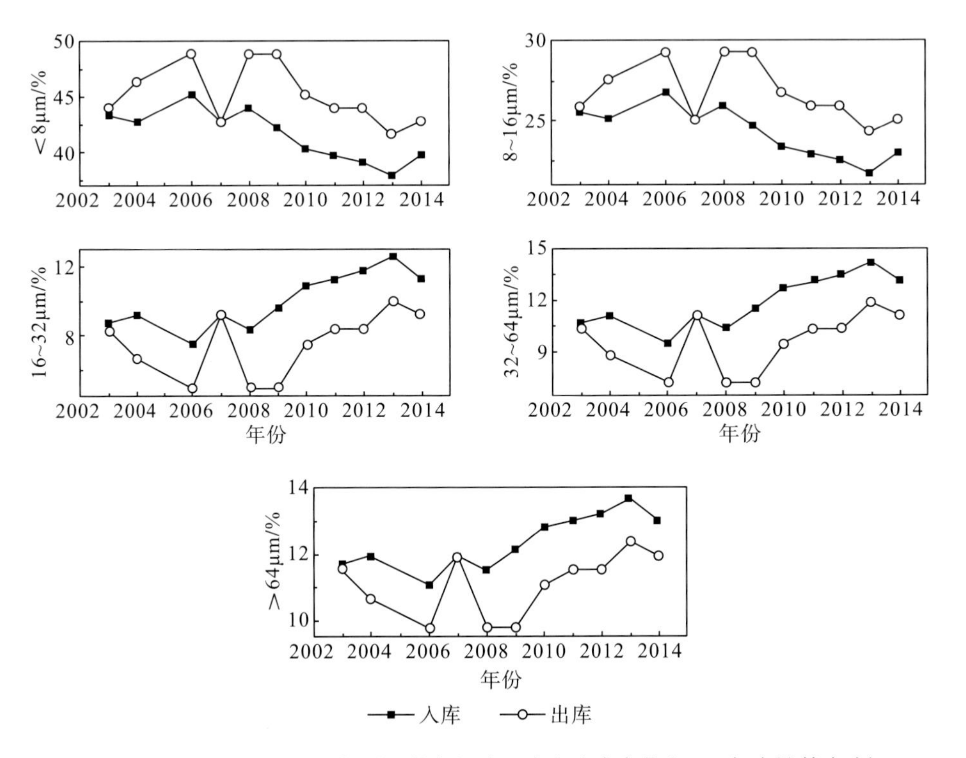

图 4.24　2003～2014 年不同粒径泥沙入库和出库变化(2005 年未计算在内)

根据入库和出库泥沙总量和不同粒径泥沙所占的比例，分别计算了不同粒径泥沙的入库量、出库量和滞留量(表 4.6)。库区粒径小于 8μm、8～16μm、16～32μm、32～64μm 和大于 64μm 的悬移质泥沙中 Bio-P 的平均浓度分别为 318mg/kg、230mg/kg、198mg/kg、155mg/kg 和 170mg/kg，在表 4.6 的基础上计算了不同粒径泥沙中 Bio-P 的滞留量及其比例(表 4.7)。2003～2014 年(不包括 2005 年)，虽然不同粒径泥沙中 Bio-P 的滞留比例年际变化不大，但是受泥沙滞留量下降的影响，各粒径泥沙中 Bio-P 的滞留量出现明显下降(表 4.7)。库区滞留泥沙中的 Bio-P 主要存在于粒径小于 8μm 的泥沙中(52.48%)，其次在粒径 8～16μm 的泥沙中(21.78%)。因此，粒径小于 16μm 的泥沙中滞留了约 74%的 Bio-P (图 4.25)。粒径小于 16μm 的泥沙容易排出库区，随着水库运行时间的推移，粒径小于 16μm 的泥沙所携带的 Bio-P 会持续排出库区。尤其是粒径小于 8μm 的泥沙不容易发生沉积，大部分可以排出库区，从而有利于库区磷的输出。然而，粒径大于 16μm 的泥沙会长时间滞留在库区。以 2014 年为例，粒径大于 16μm 的泥沙所滞留的 Bio-P 约 2831t，这部分泥沙所携带的 Bio-P 的释放应当引起关注。

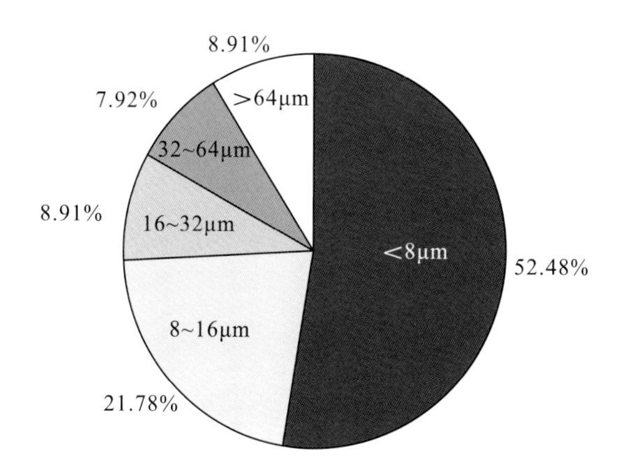

图 4.25　2003～2014 年不同粒径泥沙中 Bio-P 的滞留量所占平均比例(不包括 2005 年数据)

随着库区上游泥沙输入量的减少，特别是细颗粒泥沙输入量的减少，泥沙对水体中磷的吸附量将降低。另外，2003～2014 年库区粗颗粒泥沙的滞留比例相对增加，导致粗颗粒泥沙中磷的释放量可能相应增加。因此，随着库区上游来沙的进一步减少和泥沙中磷释放比例的增加，库区水体中磷浓度可能会出现升高的趋势。

表 4.6　2003～2014 年库区不同粒径泥沙的输入、输出及滞留量　(单位：亿 t)

年份	总量			<8μm			8～16μm		
	入库	出库	滞留	入库	出库	滞留	入库	出库	滞留
2003	2.060	0.976	1.084	0.893	0.429	0.464	0.526	0.253	0.273
2004	1.730	0.640	1.090	0.740	0.297	0.442	0.434	0.177	0.257
2006	1.090	0.091	0.999	0.493	0.044	0.448	0.292	0.027	0.265
2007	2.100	0.527	1.573	0.898	0.225	0.672	0.527	0.132	0.395
2008	2.130	0.320	1.810	0.937	0.156	0.780	0.553	0.094	0.459

续表

年份	总量			<8μm			8～16μm		
	入库	出库	滞留	入库	出库	滞留	入库	出库	滞留
2009	1.730	0.351	1.379	0.729	0.172	0.557	0.427	0.103	0.324
2010	2.110	0.382	1.728	0.850	0.173	0.678	0.494	0.102	0.392
2011	0.916	0.062	0.854	0.364	0.027	0.336	0.211	0.016	0.195
2012	2.100	0.427	1.673	0.821	0.188	0.633	0.474	0.111	0.363
2013	1.210	0.300	0.910	0.458	0.125	0.333	0.263	0.073	0.190
2014	0.519	0.094	0.425	0.206	0.040	0.166	0.119	0.024	0.096

年份	16～32μm			32～64μm			>64μm		
	入库	出库	滞留	入库	出库	滞留	入库	出库	滞留
2003	0.180	0.081	0.099	0.220	0.101	0.120	0.241	0.112	0.129
2004	0.158	0.042	0.116	0.192	0.056	0.136	0.206	0.068	0.138
2006	0.081	0.004	0.077	0.104	0.007	0.097	0.120	0.009	0.112
2007	0.192	0.048	0.144	0.233	0.058	0.174	0.250	0.063	0.188
2008	0.177	0.016	0.161	0.219	0.023	0.196	0.245	0.031	0.214
2009	0.166	0.017	0.148	0.199	0.025	0.173	0.210	0.034	0.176
2010	0.229	0.028	0.200	0.267	0.036	0.231	0.270	0.042	0.228
2011	0.103	0.005	0.098	0.119	0.006	0.113	0.119	0.007	0.112
2012	0.245	0.035	0.210	0.282	0.044	0.238	0.278	0.049	0.229
2013	0.152	0.030	0.122	0.172	0.036	0.136	0.165	0.037	0.128
2014	0.058	0.009	0.050	0.068	0.010	0.057	0.068	0.011	0.056

注：2005年数据未包括。

表4.7　2003～2014年库区不同粒径泥沙中Bio-P的滞留量及其比例

年份	<8μm		8～16μm		16～32μm		32～64μm		>64μm	
	滞留量/t	比例/%	滞留量/t	比例/%	滞留量/t	比例/%	滞留量/t	比例/%	滞留量/t	比例/%
2003	14771	55	6280	23	1955	7	1857	7	2188	8
2004	14084	53	5932	22	2297	9	2107	8	2345	9
2006	14265	56	6112	24	1520	6	1508	6	1893	7
2007	21404	55	9097	23	2850	7	2705	7	3180	8
2008	24835	55	10571	23	3190	7	3048	7	3620	8
2009	17744	52	7468	22	2938	9	2689	8	2981	9
2010	21573	51	9028	21	3967	9	3577	9	3861	9
2011	10705	52	4483	22	1942	9	1754	8	1900	9
2012	20146	50	8372	21	4159	10	3694	9	3878	10
2013	10615	49	4383	20	2410	11	2116	10	2174	10
2014	5278	51	2207	21	988	10	888	9	955	9

注：2005年数据未包括。

4.6　泥沙对磷的吸附/解吸特征

4.6.1　泥沙对磷的动力吸附/解吸

通过动力实验可以了解泥沙对磷吸附量随时间的变化以及磷吸附达到平衡的时间。通过不同初始磷浓度(C_0 为 0mg/L、0.2mg/L、0.5mg/L、1mg/L、5mg/L)下乌江口泥沙对磷的动力吸附/释放实验发现，当 $C_0 \leqslant 0.2$mg/L 时，泥沙原来吸附的磷会释放到水中；而当 $C_0 > 0.2$mg/L 时，泥沙对磷产生吸附(图 4.26)。在 $C_0 \leqslant 0.2$mg/L 的条件下，溶液中的 C_0 越小，泥沙向水中释放的磷越多。在对乌江口上、下游泥沙样品分析(断面 S1 和 S7)发现，C_0 为 0mg/L 时泥沙的磷释放量分别是 C_0 为 0.2mg/L 时的 2.2 倍和 4.8 倍；当 $C_0 >$ 0.2mg/L 时，C_0 越大，泥沙对磷的吸附量越大；当 C_0 为 1mg/L 和 5mg/L 时，泥沙所吸附的磷量分别是 C_0 为 0.5mg/L 时的 2.9 倍和 8.6 倍。

以往研究表明，泥沙对磷的吸附分为两个过程：“快速吸附”和“缓慢吸附”(Lai and Lam，2009；Philip，1988)。乌江口泥沙对磷的吸附分为明显的三个阶段：第一阶段为前 15min，泥沙对溶液中的磷产生快速吸附。在 C_0 为 1mg/L 时，断面 S7 处的泥沙在前 15min 的磷吸附量为 72h 吸附量的 22%；而当 C_0 为 5mg/L 时，这一比例为 48%。第二阶段为 30min 至 12h，在本阶段泥沙对磷的吸附量保持相对稳定。泥沙在 C_0 为 5mg/L 时，其所吸附的磷量占总吸附量的 50%左右；而在 C_0 为 1mg/L 时，泥沙所吸附的磷量为总吸附量的 30%左右。第三阶段为 12～48h，泥沙所吸附的磷量再次增加，在本阶段，泥沙对磷的吸附量持续升高，并在 48h 后趋于稳定。

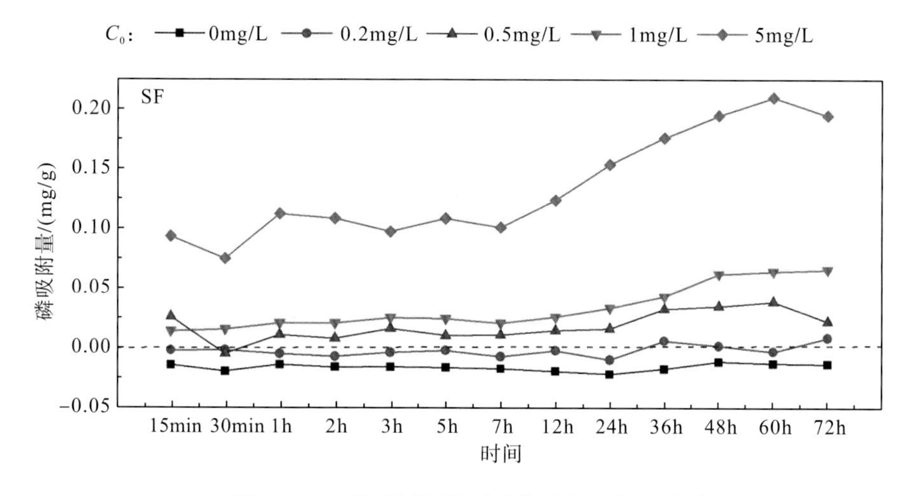

图 4.26　三峡库区泥沙对磷的动力吸附/释放过程

当溶液中的磷浓度为 0mg/L 时，泥沙原来所吸附的磷会释放到水中。在 24h 以前，随着时间的增加，泥沙的磷释放量都呈增加趋势(图 4.26)。但是从 24～72h，泥沙的磷释放量逐渐减少。

4.6.2 泥沙对磷的等温吸附结果拟合

利用改进后的 Langmuir 模型[式(4.1)]对等温吸附实验的数据进行拟合(Zhou et al., 2005)(图 4.27 和图 4.28)，得到泥沙对磷的吸附参数(表 4.8 和表 4.9)。拟合后的 R^2 在各个断面都在 0.9 左右，表明改进后的 Langmuir 模型对各个断面泥沙吸附磷的拟合效果较好。乌江口悬移质泥沙和沉积物的最大剩余吸附量 Q_{max} 分别为 0.204～0.367mg/g 和 0.208～0.323mg/g；平衡吸附浓度 EPC_0 分别为 0.297～0.727mg/L 和 0.075～0.701mg/L；$P_{吸附}$分别为 5.75%～10.8%和 3.34%～16.7%。

$$\left(C_0 - C_{eq}\right)\cdot V / w = \frac{Q_{max}\cdot C_{eq}}{k + C_{eq}} - \mathrm{NAP} \tag{4.1}$$

式中，C_0 为热力学实验中磷的初始浓度，mg/L；C_{eq} 为平衡吸附后的磷浓度，mg/L；V 为溶液体积，mL；w 为实验所用泥沙的质量，g；Q_{max} 为泥沙的最大剩余吸附量，mg/g；k 为泥沙所吸附磷的量达到最大吸附量一半时溶液中的磷浓度，mg/L；NAP 为泥沙所吸附的可交换态磷，mg/g。

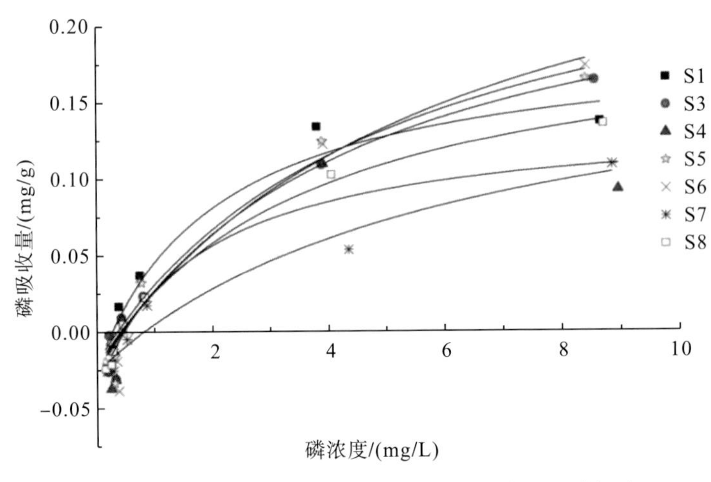

图 4.27 三峡库区悬移质泥沙对磷的等温吸附拟合

表 4.8 三峡库区悬移质泥沙对磷吸附的拟合参数

断面	Q_{max} /(mg/g)	k /(mg/L)	NAP /(mg/g)	EPC_0 /(mg/L)	$P_{吸附}$ /%	R^2
S1	0.367	0.178	0.023	0.297	5.89	0.908
S3	0.291	4.504	0.026	0.434	8.07	0.963
S4	0.320	3.921	0.036	0.502	10.2	0.898
S5	0.306	5.139	0.019	0.334	5.75	0.948
S6	0.345	6.109	0.021	0.399	5.77	0.934
S7	0.204	5.267	0.025	0.727	10.8	0.953
S8	0.230	3.639	0.024	0.414	9.27	0.984
平均	0.279	3.899	0.027	0.385	7.96	—

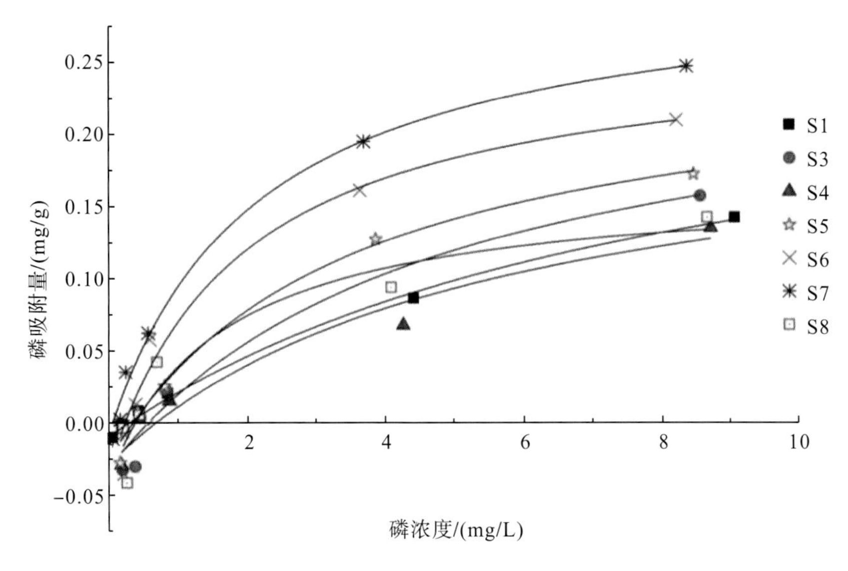

图 4.28　三峡库区沉积物对磷的等温吸附拟合

表 4.9　三峡库区沉积物对磷吸附的拟合参数

断面	Q_{max} /(mg/g)	k /(mg/L)	NAP /(mg/g)	EPC_0 /(mg/L)	$P_{吸附}$ /%	R^2
S1	0.290	8.306	0.011	0.312	3.49	0.996
S3	0.296	4.722	0.033	0.588	9.97	0.955
S4	0.253	5.310	0.030	0.701	10.4	0.943
S5	0.283	3.385	0.028	0.368	8.92	0.990
S6	0.301	1.883	0.036	0.251	10.5	0.956
S7	0.323	2.088	0.011	0.075	3.34	0.991
S8	0.208	1.603	0.042	0.402	16.7	0.905
平均	0.295	4.108	0.025	0.444	9.05	—

4.7　本 章 小 结

(1)三峡库区水体和泥沙的理化性质表现出明显的空间变化。从变动回水区到常年回水区，水体中的悬移质泥沙、Fe^{2+}和 Al^{3+}浓度呈下降趋势，同时沉积物中的泥沙粒径逐渐变小，这表明泥沙进入库区后发生明显的分选、凝絮和沉积过程。在垂向上，沉积物理化指标(尤其是泥沙粒径)表现出明显的周期变化，表明不同季节的泥沙来源具有明显差异。

(2)库区沉积物中的磷浓度呈现出明显的时空变化特征。时间上，三峡工程正式运行以来，库区沉积物中的 TP 浓度出现明显升高：2014 年以前，忠县至坝前消落带沉积物中的 TP 浓度升高幅度较大(平均升高 415mg/kg)；而在 2014 年以后，消落带沉积物中 TP

浓度升高的区域主要集中在重庆主城区至万州段(升高幅度为215mg/kg)。库区变动回水区沉积物中的生物 Bio-P 在年内不同季节会出现沉积分异，而常年回水区沉积物中 Bio-P 的沉积分异受季节的影响较小。空间上，沉积物中 TP 浓度在整个库区没有明显变化，而 Bio-P 浓度从库区变动回水区到常年回水区呈现出升高趋势。库区上游来沙中的 Bio-P 不容易沉积到变动回水区，而是进入常年回水区中，并在常年回水区的沉积物中富集，从而使常年回水区中的 Bio-P 浓度偏高。在垂向上，表层 30cm 沉积物中的 Bio-P 浓度高于 30cm 以下沉积物中的 Bio-P 浓度。另外，通过计算表层 30cm 沉积物中磷的蓄积量，发现库区水下沉积物中磷的蓄积量在忠县至秭归段较高，而消落带沉积物中磷的蓄积量在涪陵至奉节段偏高。

(3) 细颗粒的分布是影响泥沙中 Bio-P 空间变化的主要因素。对不同粒径泥沙中的元素分布和磷形态分析发现，库区沉积物中的细颗粒物聚集区是磷元素分布的主要区域。具体而言，库区常年回水区沉积物中 Bio-P 的浓度变化明显，沉积物中的 Mn_{ox}、Al_{ox} 和粉粒是 Bio-P 浓度变化的主要影响因素；而在变动回水区沉积物中，HCl-P 的浓度变化明显，沉积物中的 Fe_{ox}、Ca、pH 和砂粒为 HCl-P 浓度变化的主要影响因素。在垂向上，沉积物中 Bio-P 的浓度变化主要受细颗粒泥沙分布的影响。另外，库区水位调节会引起消落带沉积物的干湿变化，消落带的淹没、落干过程会引起沉积物中细颗粒物及其吸附的 Bio-P 流失，从而使 Bio-P 在水下沉积物中出现富集。

第5章　沉积物重金属淤积特征

重金属由于其毒性、非降解性以及食物链的生物富集作用对各种生态系统构成严重威胁，现已经成为一个全球性问题(Duan et al.，2018；Bai et al.，2016；El Nemr et al.，2016；Rosado et al.，2016；Singh et al.，2005)。在水生生态系统中，除了一小部分重金属以溶解态存在于水体中以外，90%以上的金属都存在于悬浮颗粒和沉积物中(Zahra et al.，2013；Zheng et al.，2008)。沉积物是重金属主要的“汇”，并被认为是衡量金属污染的有效指标(Baborowski et al.，2012；Viers et al.，2009)。河流沉积物中重金属可通过水动力扰动、化学和生物过程在不同沉积条件下释放到水体中，对水生生物和人类健康造成潜在威胁(Singh et al.，2005)。沉积环境变化对于沉积物中重金属的分布和迁移起着至关重要的作用(Singh et al.，2005)。例如，细颗粒的沉积物不仅能够吸附更多的重金属，而且还含有金属铁/锰氧化物的表面涂层，这将限制沉积物中重金属的移动性和生物可利用性(Bing et al.，2013；Ip et al.，2007)。因此，有必要全面了解沉积物中重金属的地球化学分布、来源特征和风险状况，以制订区域水环境管理的污染控制策略和方法。

人类活动增加了水生态系统中重金属的累积。许多方法已经被广泛地用于区分水体沉积物中重金属的自然来源和人为来源，包括数理统计方法、金属元素比值和同位素示踪技术等(Bing et al.，2016a，2016b；Chen et al.，2016a；Han et al.，2015；Townseng and Seen，2012)。而且，大量的方法已用于评价沉积物中重金属的污染和生态环境风险，包括地质累积指数、富集因子、污染指数、潜在生态风险指数等(Loska et al.，2004，1997；Loska and Wiechula，2003；Hakanson，1980；Muller，1969)。这些方法不仅可以评价沉积物中重金属的污染程度和潜在的生态风险，而且可以对受到人类影响的重金属来源进行明确的界定。将以上方法结合使用可以深刻认识人类活动对水环境中重金属污染的影响。

随着人们对水资源需求的增加，人们通过蓄水和排导等方式改变了世界上许多河流系统的原有状态(Lv et al.，2015a；Nilsson et al.，2005)。在全球范围内，有超过4.5万座大坝高于15m，其中有超过300座大坝被定义为巨型水坝(坝高超过150m)(Nilsson et al.，2005)。截至2011年，中国已经建造了近10万个水库，其中巨型水库占0.8%(Lv et al.，2015a)。根据《长江流域及西南诸河水资源公报》，2010年长江流域的大、中型水库分别为174座和1122座，其他一些水库也正在建设中。河流建坝明显降低了水流速度，增加了泥沙的停留时间，进而促进了泥沙在河流中的淤积(Friedl and Wüest，2002)。因此，河流和水库沉积物中重金属的污染可能会根据水动力条件、沉积物物理化学性质的变化而变化(Fremion et al.，2016；Feng et al.，2014a；Zhang et al.，2014)。同时，随着人口的增长、城市化进程的加快和流域工业化程度加深，沉积物中的重金属污染也将随着时间的推移而变得更加复杂。

三峡水库作为世界上最大的水电工程，拥有巨大的储水和防洪能力，其水域面积为

1080km^2(Fu et al.，2010)。三峡库区长约 660km，形成了一个从大坝到重庆市江津区的典型河道型水库。三峡水库的蓄水分为三个阶段，蓄水高度分别于 2003 年、2006 年和 2010 年达到 135m、156m 和 175m(Bao et al.,2015a)。该工程的完成,导致三峡库区水位在 145～175m 变化，打破了大坝上游沉积物的自然运移平衡。同时，三峡水库具备水位反季节变化的特点，也就是说，高水位出现在冬季(旱季)，低水位出现在夏季(雨季)，这将改变污染物的原始输入和输出及其在沉积物中的分布。在 2003 年蓄水后，三峡水库拦截了大量的泥沙(Yang et al.，2014a；Li et al.，2011)。然而，由于自然因素和人为活动的双重影响，如修建大型梯级水库、流域降水减少以及实施水土保持工程等(Zhao et al.，2017b；Yang et al.，2015，2018；Dai and Lu，2014)，导致近年来三峡水库的输沙量一直在减少。同时，由于水流规律的影响，三峡大坝的沉积泥沙沿三峡干流方向发生分选，在朝三峡大坝的方向泥沙粒径存在细化的趋势（Wu et al.，2016；Tang et al.，2014a；Yang et al.，2014b)。另外，三峡水库水位的周期性和反季节调控以及周围地区的强烈扰动，形成了消落带这种独特的地貌单元(Bao et al.，2015a)。消落带是一个重要的生态交错带，为生物多样性保护、减少污染物扩散、调节陆路径流、稳定河岸等提供多种生态服务功能(Tang et al.，2018b)。在每个洪涝季节过后，消落带都会留下大量的沉积物，特别是在较宽和坡度较缓的河道中尤为突出(Tang et al.，2018a；Zhao et al.，2017b；Wang et al.，2016c)。

在长江上游气候、库区水动力扰动、土壤侵蚀、径流变化和人类活动的共同影响下，人们越来越关注三峡水库沉积物中重金属污染对水生态环境变化的影响。目前，在三峡水库全面运行后，对沉积物中重金属的污染、生态和毒性风险已开展了大量研究(Gao et al.，2018；Wang et al.，2016b；Wei et al.，2016；Tang et al.，2014a；Ye et al.，2011)。然而，这些研究大多是在支流(Han et al.，2015；Wang et al.，2012b)或库区干流(Tang et al.，2014a；Wang et al.，2012b)的某些点位进行。与支流相比较，干流更容易受到较强的水动力环境、直接的泥沙投入和水库沿线人为活动的干扰，将使三峡水库沉积物中重金属的空间分布更加多变。而且，相关研究主要集中于沉积物中重金属的分布和生态风险评估，而有关重金属形态和生物有效性的研究略显缺乏(Lv et al.，2015b)。此外，相关研究表明，尽管三峡水库的水质总体上处于安全的状态(Gao et al.，2016b)，但在 2008～2013 年，三峡水库水中重金属污染的空间和时间变化却是错综复杂的。

因此，三峡水库干流沉积物中重金属的时空分布是否随水流规律的变化而变化，以及决定这一变化的关键因素或过程亟待全面探讨。本章将重点论述三峡工程全面运行后，整个库区干流消落带和水下沉积物中重金属的时空分布特征，区分沉积物中重金属的可能来源，并且利用多种污染和风险评价指标以及重金属形态分析揭示沉积物中重金属的污染和潜在生态风险水平，为三峡库区乃至长江经济带的健康发展提供科学依据。

5.1　三峡库区沉积物重金属的分布特征

本书以整个库区干流消落带和水下沉积物为研究对象，从上游的江津到坝区的秭归，采样点跨越了整个三峡水库的干流，覆盖距离长达 600 多千米(图 5.1 和表 5.1)。2014 年和 2016 年夏季(水位最低)，分别在消落带选定的点位收集表层沉积物样品(0～20cm)。同时于 2014 年在涪陵及以下点位根据沉积物剖面深度分层采集样品：具体选择涪陵、忠县、万州、奉节、巫山、秭归(郭家坝和屈原镇)典型的消落带，现场按照沉积物剖面的泥沙分层现象，按 3cm 间隔收集样品。经实地调查，巫山(S20)、巴东(S21)和秭归(S22 和 S23)消落带的泥沙沉积量较小，因此，只收集了表层 0～10cm 的沉积物。在每个消落带的点位分别设置 3 个，重复(彼此间距大于 10m)采集沉积物样品。水下沉积物样品仅于 2014 年采集，在奉节和秭归(郭家坝和屈原镇)的 3 个水下点位(水深均超过 30m)，利用沉积物重力采样器(长度 100cm，直径 6cm)采集沉积物柱状样品，现场按照 1cm 间隔取样。采集的沉积物样品用聚乙烯密封袋封装，在 4℃下保存，用于分析沉积物中元素浓度的样品在室内冷冻干燥，其余样品用于沉积物理化性质分析。

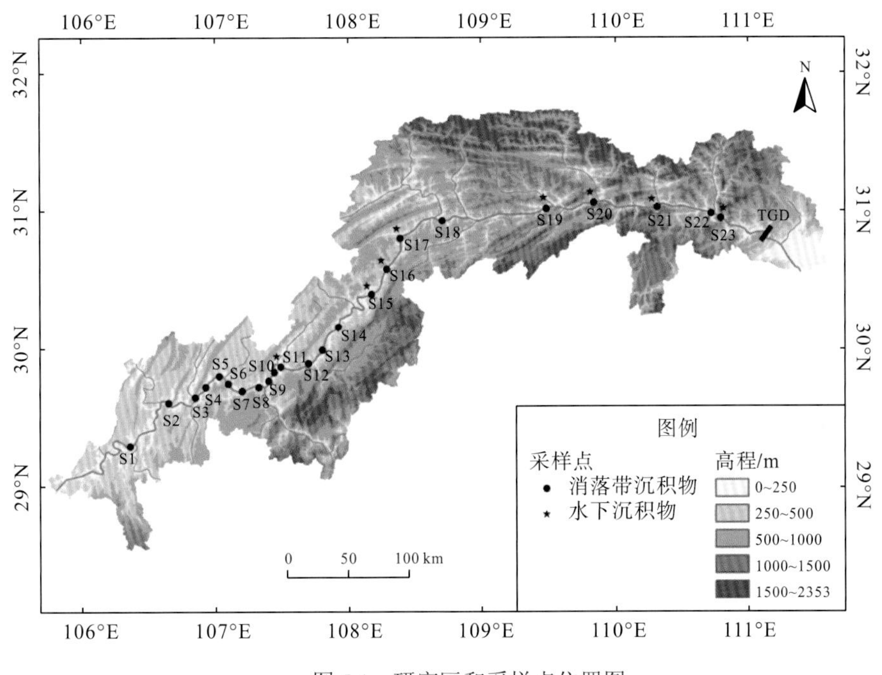

图 5.1　研究区和采样点位置图

表 5.1　三峡库区干流沉积物采样点及其附近的信息特征

采样点	纬度(N)	经度(E)	行政区/县	土地利用情况	距大坝距离/km
S1	29°15′52.63″	106°20′10.63″	江津	工厂	663
S2	29°34′31.67″	106°40′08.28″	江北	工厂	563
S3	29°43′59.29″	106°56′39.60″	渝北	农田	522
S4	29°45′58.67″	106°58′01.35″	长寿	农田	518
S5	29°48′50.10″	107° 03′56.83″	长寿	城镇	506
S6	29°44′26.95″	107° 05′50.23″	长寿	森林	497
S7	29°39′58.31″	107°11′40.76″	涪陵	城区	485
S8	29°44′03.41″	107°22′05.24″	涪陵	城区	466

续表

采样点	纬度(N)	经度(E)	行政区/县	土地利用情况	距大坝距离/km
S9	29°45′02.34″	107°24′21.62″	涪陵	城区	460
S10	29°49′38.10″	107°28′56.18″	涪陵	城区	450
S11	29°52′43.25″	107°27′48.98″	涪陵	郊区	430
S12	29°53′28.74″	107°45′11.70″	丰都	城区	410
S13	30°01′18.05″	107°50′44.50″	丰都	城镇	390
S14	30°12′06.46″	107°56′03.67″	忠县	城区	370
S15	30°25′18.77″	108°11′14.73″	忠县	城区	350
S16	30°35′49.99″	108°18′05.33″	万州	城区	300
S17	30°49′28.36″	108°24′35.55″	万州	城区	271
S18	30°55′43.64″	108°45′18.24″	云阳	农村	231
S19	31°01′40.65″	109°30′42.14″	奉节	农村	155
S20	31°03′38.78″	109°52′38.06″	巫山	城区	116
S21	31°02′22.83″	110°18′45.73″	巴东	郊区	70
S22	30°57′42.76″	110°44′02.54″	秭归	农村	30
S23	30°54′56.95″	110°49′37.94″	秭归	城区	20

注：土地利用情况根据现场采样时的记录。

5.1.1 库区沉积物中重金属浓度的时空分布特征

1. 库区消落带沉积物中重金属浓度的时空分布特征

根据方差分析结果，2014～2016 年，整个三峡库区干流消落带沉积物中重金属的浓度变化不大($P>0.05$，表 5.2)。然而，与 2014 年相比，2016 年 Zn 浓度呈上升趋势，最高值达到 410.0mg/kg，而 Cr 和 Cu 浓度呈现下降的趋势。根据重金属浓度的标准差值(表 5.2)，2014 年和 2016 年重金属标准差较高，表明消落带沉积物中重金属浓度的空间分布具有很大的异质性。在 2014 年，除一些城市地区(如江津和江北)的点位外，沉积物中重金属的浓度普遍呈现出随与大坝距离的减小而逐渐增加的趋势(图 5.2)。通过对比发现，2014 年和 2016 年三峡库区消落带沉积物中重金属(Cd、Cu、Pb 和 Zn)的浓度均高于黄河、松花江、淮河、海河等国内多条河流沉积物中重金属的浓度水平，但是明显低于珠江和珠江三角洲沉积物中重金属的浓度水平(表 5.3)。这一差异表明，三峡库区消落带沉积物中重金属的浓度相对偏高，可能受到了库区乃至整个流域内自然和人类活动的影响。

表 5.2 三峡库区干流消落带沉积物中重金属的浓度特征 (单位：mg/kg)

参数	Cd	Cr	Cu	Ni	Pb	Zn	文献资料
2016 年(n=63)							本书
均值	1.01	86.4	49.5	38.6	54.5	185.1	

续表

参数	Cd	Cr	Cu	Ni	Pb	Zn	文献资料
中值	1.09	87.7	51.7	40.9	56.3	193.2	本书
最小值	0.22	41.8	23.4	19.1	17.6	71.0	
最大值	2.04	118.7	68.7	47.9	105.7	410.0	
SD	0.4	12.6	10.4	7.4	17.5	61.1	
2014 年(n=81)							本书
均值	0.99	94.2	69.0	40.8	56.7	161.0	
中值	0.92	92.4	60.3	39.7	51.3	158.8	
最小值	0.34	59.0	32.3	24.8	23.5	103.4	
最大值	2.00	132.0	130.3	61.7	120.7	255.3	
SD	0.4	19.3	27.8	8.5	21.1	28.4	
三峡库区农田土壤(n=80)	0.29	66.0	52.0	14.2	13.0	149.0	Liu 等，2015b
重庆市土壤背景值	0.084	50.5	19.1	23.9	21.4	51.7	Chen 等，2015
UCC	0.098	35	25	20	20	71	Taylor 和 McLennan，1995
沉积物质量基准(SQGs)							Smith 等，1996
TEL	0.596	37.3	35.7	18	35	123	
PEL	3.53	90	197	36	91.3	315	
SEL	10	110	110	75	250	820	
TOEL	3	100	86	61	170	540	

注：UCC 代表上陆壳；TEL 代表临界效应水平；PEL 代表可能受影响的水平；SEL 代表严重影响水平；TOEL 代表毒性效应水平。

表 5.3　三峡库区干流消落带沉积物中 Cd、Cu、Pb 和 Zn 的浓度与国内其他河流沉积物中的浓度比较

(单位：mg/kg)

		Cd	Cu	Pb	Zn	文献资料
消落带沉积物(n=81)	范围	0.343～2.00	32.3～130	23.5～121	103～255	本书
	均值±SD	0.990±0.4	69.3±27.6	57.1±21.0	161±28.3	
	中值	0.920	60.3	51.3	159	
长江武汉段	均值±SD	1.53±1.0	51.6±12.5	45.2±13.3	140±36.5	Yang 等，2009
黄河甘肃段	均值±SD	1.81±1.17	26.0±9.7	11.4±6.2	103±32.4	Shang 等，2015
黄河河口	均值	—	22.9	43.1	54.1	Sun 等，2015
黄河三角洲	均值±SD	1.00±0.14	31.4±9.8	28.1±5.1	87.5±6.8	Bai 等，2012
珠江广州段	均值	1.72	348	103	383	Niu 等，2009
珠江三角洲(城市区域)	均值±SD	2.79±1.31	100±47	96±30	327±76	Xiao 等，2013
珠江三角洲(农村区域)	均值±SD	2.99±0.97	75±23	86±22	253±68	Xiao 等，2013
辽河	均值	0.47	12.7	7.4	170	He 等，2015
滦河	均值	0.15	46.0	22.1	75.5	Liu 等，2009
松花江	均值±SD	0.9±0.5	44.5±12.7	13.3±5.5	108±36.2	Liu 等，2015a
淮河	均值	0.29	29.9	29.5	79.2	Luo 等，2010
洹河(安徽段)	均值±SD	—	31.3±7.8	53.4±28.7	184±106	Wang 等，2016c
海河河口(天津段)	均值	0.150	36.5	48.3	189	Lv 等，2013

通过收集 20 世纪 80 年代以来的文献资料以及本书研究的结果(表 5.4)，尽管不同研究的采样区域和采样点数量具有差异，但是本书中三峡库区干流沉积物中重金属(尤其是 Cd)的浓度在历史时期整体上处于较高水平，说明三峡水库的建设某种程度上增加了沉积物中重金属的累积。未来需要针对气候变化和人类活动加剧的背景开展三峡库区沉积物中重金属污染的长期监测，揭示重金属污染对水环境的影响。

表 5.4　长江和三峡库区沉积物中 Cd、Cu、Pb 和 Zn 的浓度随时间的变化特征

(范围和均值±SD，单位：mg/kg)

采样时间	类型	Cd	Cu	Pb	Zn	文献资料
1985 年	沉积物[a]	0.272	59.1	23.0	134	Xu 等，1999
<1992 年	沉积物[b]	0.13～0.44	15.4～67.1		36.7～107	Zang 等，1992
	沉积物[c]	0.152～0.328	16.5～46.9	16.3～42.8	51.5～119	
1993～1994 年	沉积物[d]		69.8		132	Zhang 等，1998
1990～1999 年	沉积物[e]	0.176	35.4	53.4	90.3	Zhu 和 Zang，2001
	沉积物[f]	0.452	54.4	39.8	158	
<2005 年	TGR 土壤	0.321	37.0	29.3	72.7	Li 等，2005
2004 年	TGR 土壤	0.292	29.4	21.7	82.5	Yu 等，2006
2005 年	沉积物[g]	1.53	51.6	45.2	140	Yang 等，2015
	沉积物[h]	0.84	57.1	47.1	255	
2008 年	沉积物[i]	0.56±0.2	84.0±26.4	53.2±13.1		Wang 等，2012b
	沉积物[j]	0.75	76.0	59.4	138	Wang 等，2012a
2010 年	沉积物[k]	0.31～0.78	27.0～88.6	21.2～63.7	79.2～151	Xiao 等，2011
	沉积物[l]	0.36～1.22	24.0～93.6	8.12～34.0	55.8～182	Jia 等，2014
	沉积物[m]	0.91±0.02	80.9±2.0	61.9±1.8	163±3.4	Tang 等，2014a
2011 年	沉积物[n]	0.06～0.57 0.31	15.4～61.0 38.1	23.0～43.4 31.5	57.8～130 90.7	Ao 等，2014a
2012 年	沉积物[o]	0.074～0.574	19.2-45.4	11.8-52.2	46.9～1035	Ao 等，2014b
2014 年	消落带沉积物	0.343～2.00 0.990±0.4	32.3～130 69.3±27.6	23.5～121 57.1±21.0	103～255 161±28.3	本书 (*n*=81)

注：a 三峡库区沉积物(重庆—巴东段，*n*=17)；b 干季长江干流沉积物；c 湿季长江干流沉积物；d 长江干流沉积物；e 长江中游干流(城市)沉积物；f 沿长江干流城市区沉积物；g 长江干流沉积物(武汉段)；h 长江支流沉积物(武汉段)；i 三峡库区消落带沉积物(涪陵—巴东段，*n*=11)；j 三峡库区 13 条支流沉积物；k 三峡库区香溪河沉积物；l 三峡库区支流沉积物；m 三峡库区忠县消落带沉积物；n 三峡库区(忠县段)农田区沉积物；o 三峡库区梁滩河沉积物。

相较于 2014 年，2016 年三峡库区干流消落带沉积物中重金属的空间分布呈现出明显不同的特征(图 5.2)。三峡库区的中、上段(从江北到万州)Cd 和 Zn 的浓度显著升高。从江北到丰都，它们的浓度水平显著高于 2014 年的浓度水平(图 5.3)。此外，大坝附近巫山和巴东 Cd 和 Zn 的浓度水平也相对较高。尽管 Cu 和 Pb 的浓度分布趋势与 Cd 和 Zn 的浓度分布趋势相似，但其浓度在 2016 年并没有明显高于 2014 年。除永川外，2016 年 Cr 的浓度空间分布趋势不明显，2016 年 Ni 的浓度分布趋势与 2014 年相似。

消落带沉积物剖面中重金属的分布状况显示(表 5.5)，空间上 Cd 的浓度总体上呈现

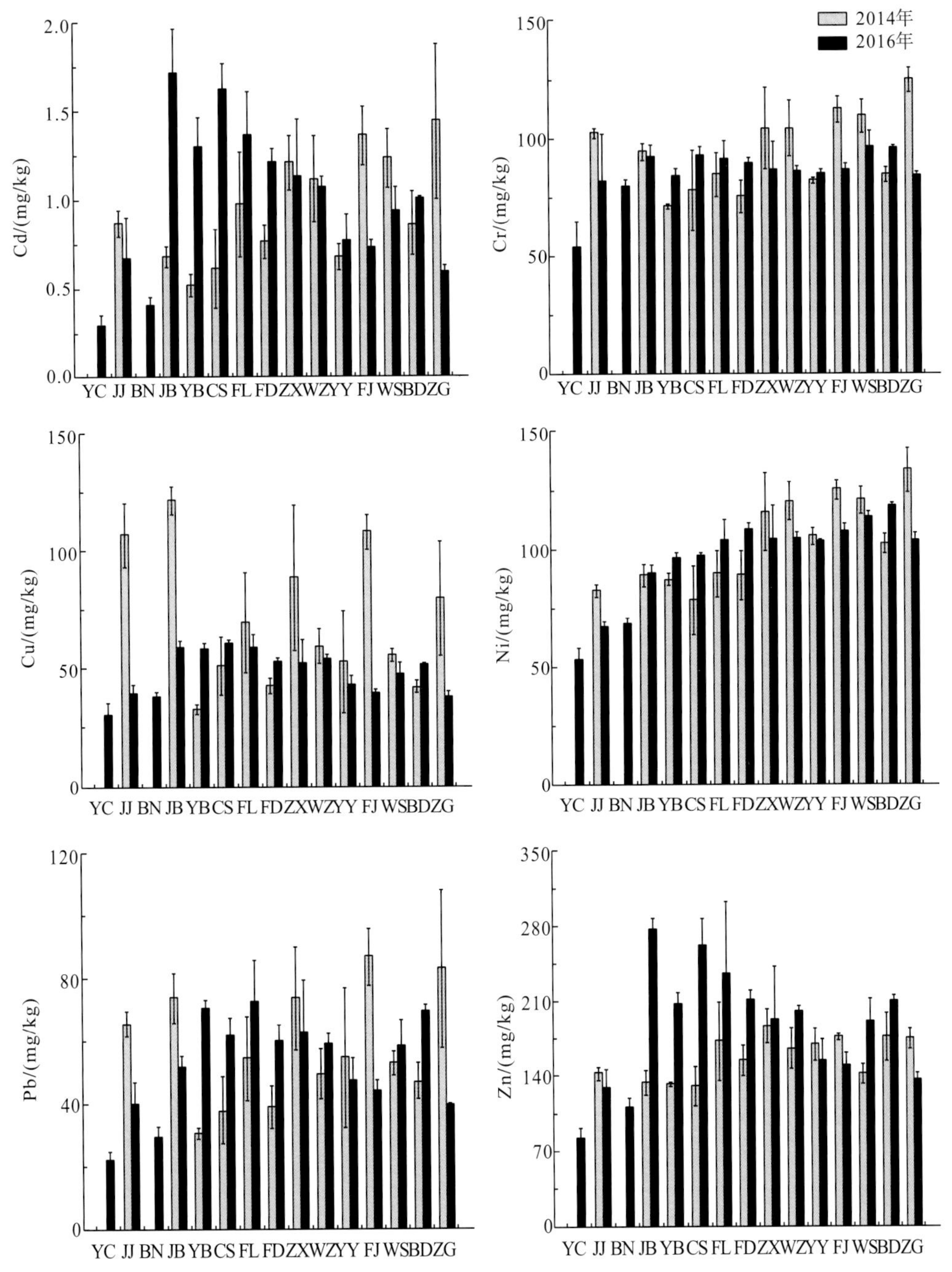

图 5.2　三峡库区干流消落带沉积物中重金属(Cd、Cr、Cu、Ni、Pb 和 Zn)的空间分布特征

注：YC 永川；JJ 江津；BN 巴南；JB 江北；YB 渝北；CS 长寿；FL 涪陵；FD 丰都；ZX 忠县；WZ 万州；YY 云阳；FJ 奉节；WS 巫山；BD 巴东；ZG 秭归

出向大坝方向升高的趋势，涪陵、忠县、奉节等地 Cu 和 Pb 的浓度显著高于其他点位，Cr、Ni 和 Zn 的浓度无明显空间变化趋势。消落带沉积物中重金属的浓度随深度的垂直变化没有呈现出一致的特征(图 5.4)。随着深度的增加，奉节以下消落带沉积物中 Cd 的

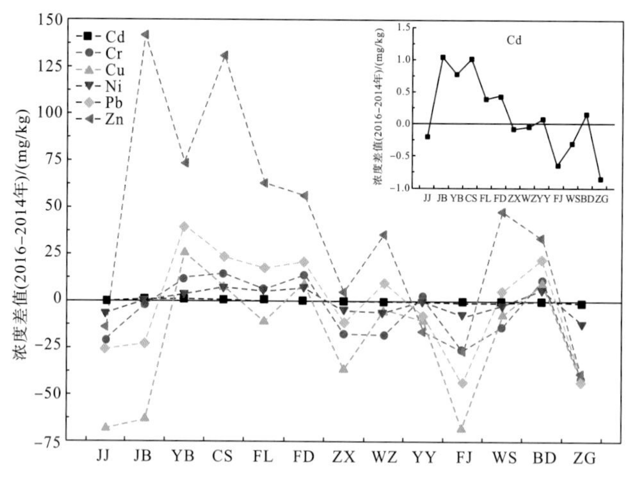

图 5.3　2016 年与 2014 年三峡库区干流消落带沉积物中重金属的浓度差异

注：JJ 江津；JB 江北；YB 渝北；CS 长寿；FL 涪陵；FD 丰都；ZX 忠县；WZ 万州；YY 云阳；FJ 奉节；WS 巫山；BD 巴东；ZG 秭归

表 5.5　三峡库区消落带沉积物中重金属的浓度特征　（均值±SD，单位：mg/kg）

点位(*n*=41)	Cd	Cr	Cu	Ni	Pb	Zn
涪陵	0.76±0.08	100.5±4.9	114.2±22.9*	43.0±4.1	74.1±13.0*	156.8±16.7
忠县	1.10±0.02	116.7±3.7	117.2±8.3*	50.6±2.6	87.2±8.9*	169.1±5.1
万州	1.22±0.12	107.1±4.5	57.76±2.3	47.38±2.2	47.0±2.4	141.7±6.3
奉节	1.28±0.10	109.0±3.6	114.8±15.3*	50.2±0.9	95.0±9.0*	174.5±3.7
巫山	1.06±0.00	111.4±3.9	59.2±0.5	49.61±1.4	58.68±6.7	150.38±0.7
郭家坝	1.68±0.20*	126.2±1.1	64.8±1.5	51.50±0.4	62.69±8.0	172.69±0.8
屈原镇	1.82±0.08*	128.9±1.3	64.1±0.4	52.71±0.6	60.38±2.4	169.43±1.2
全部	1.17±0.06	114.8±3.3	95.8±7.3	50.1±2.1	73.9±4.7	164.9±4.4

注：*表示不同点位间具有显著性差异($P<0.05$)。

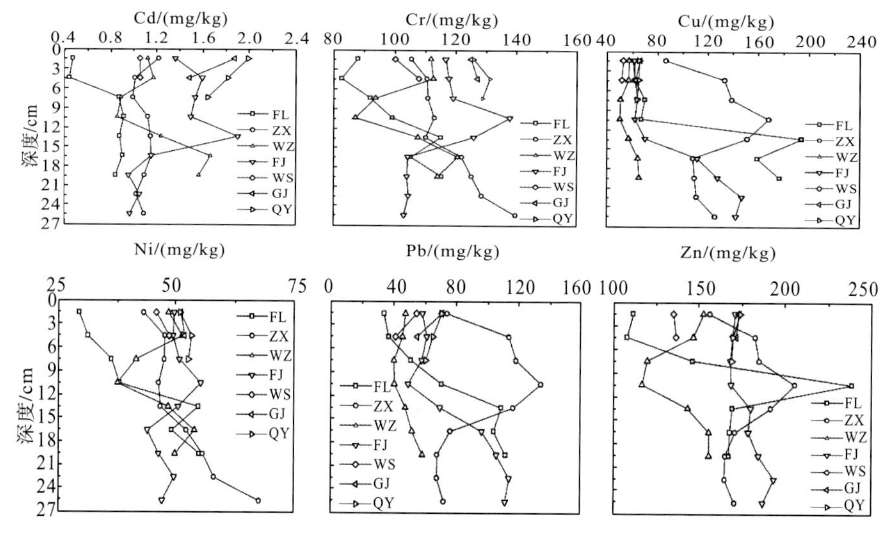

图 5.4　三峡库区干流消落带沉积物中重金属的剖面分布特征

注：FL 涪陵；ZX 忠县；WZ 万州；FJ 奉节；WS 巫山；GJ 秭归郭家坝；QY 秭归屈原镇

浓度普遍增加，而奉节以上的消落带沉积物中 Cd 的浓度则呈下降趋势。Cu、Pb 和 Zn 浓度随深度加深略有下降或没有变化，但在忠县深度约 10cm 处 Cu、Pb 和 Zn 的浓度明显升高。Cr 和 Ni 的浓度垂向分布与 Cu、Pb 和 Zn 的浓度垂向分布趋势基本一致；但是，在奉节随着深度的增加，Cr 和 Ni 的浓度在垂向分布上呈先上升后下降的趋势。

2. 三峡库区干流消落带沉积物中重金属时空变化分析

2014～2016 年，整个三峡库区干流消落带沉积物中重金属的累积具有显著的差异，特别是在累积水平显著增加的库区中、上河段(图 5.2 和图 5.3)。虽然每个地点的具体人为来源在每年都难以准确区分，但毫无疑问，人为排放主导了沉积物中重金属的显著积累(Bing et al.，2019)。问题是在如此短的时间间隔内，哪些关键因素或过程导致重金属浓度的显著空间变化。

近年来，三峡库区沉积物的来源变化是消落带沉积物重金属浓度空间变化的主要原因。自 2010 年三峡水库全面蓄水以来，由于修建了大型梯级水库和兴建了水土保持项目，长江上游的年沉积物输入大幅度减少(Yang et al.，2018，2014a)。相反，消落带的泥沙负荷越来越多地受到当地土壤侵蚀和岸线剥蚀的影响。上游主要支流的远端沉积物被认为“更干净”。例如，永川位于三峡流域的上游，沉积物中重金属的累积水平一般都很低(图 5.2)。相反，来自当地近点排放的沉积物通常从城市地区的点源排放、农业非点源排放以及干、湿沉降等人为活动中吸附大量重金属。此外，高渗透性和易风化的紫色和红色岩石是江津和奉节之间地区基岩的主要构成，这些地区的土壤很容易被侵蚀(Bao et al.，2015a)。2016 年，长江上游主要支流沉积物稀释效应的减少和近端沉积物排入的增加，导致江北和万州之间消落带沉积物中重金属浓度增加。

三峡水库中的周期性和反季节流动是控制消落带沉积物中重金属分布的另一个因素。在周期性的水动力扰动作用下，消落带的沉积物经常被洪水移走。相关研究表明，在三峡大坝附近的水下泥沙负荷要比三峡水库中上游地区消落带沉积物的负荷高出几个数量级(Hu et al.，2013；Yuan et al.，2013a)。消落带沉积物的不稳定导致了三峡库区 2014～2016 年重金属浓度的变化。此外，与天然河流和湖泊不同，三峡水库的流量调节是反季节性的，这可能会增加 2016 年三峡中上游地区消落带沉积物中重金属的浓度。夏季三峡水库处于低水位，消落带完全暴露。在消落带和集水区排放的工业和住宅废水以及农业活动中产生的重金属可通过土壤侵蚀和径流在沉积物中累积(Tang et al.，2014a；Ye et al.，2011)。

三峡水库中上游地区具有平坦的景观和宽阔的河床的地貌特征，消落带的坡度一般低于 25°(Tang et al.，2016；Wang et al.，2016c；Yuan et al.，2013a)。这导致水动力状况较弱(如较长的水力停留时间、较弱的河岸冲刷、较慢的流速)，并使此地区更易沉积较细的沉积物。Li 等(2018b)的研究表明，由于三峡水库蓄水，发生絮凝的宽水库河段泥沙输送能力显著下降，泥沙淤积。沉积物越细，沉积越多，消落带因自然因素和人为活动产生的重金属累积就越多。Cd 是一个明显的例子，在 2014 年剔除浓度较低的采样点后，Cd 浓度仍与 Al 浓度呈正相关(见 5.2 节)。Al 是一种能吸附沉积物中重金属的黏土矿物中的金属。Cd 浓度与 Al 浓度之间的正向显著关系归因于沉积物对人为 Cd 的吸附，因为沉积物中的 Cd 浓度明显受外界排放的影响。根据以前在三峡干流地区的研究(Tang et al.，2014a；

Wang et al.，2012a）和我们最近的研究结果，在目前三峡水库运行模式和长江流域人类活动的强度和方式下，三峡水库中上游地区消落带沉积物中的重金属浓度将随着时间的推移而增加。

除三峡水库中上游外，一些选点也出现了消落带沉积物中重金属浓度的明显变化。与2014年相比，2016年沉积物中重金属浓度在江津、奉节、巫山和秭归等地下降，但在巴东有所增加。这些取样点具有与当地城市地区相近的特点。这表明，一方面，在污染控制措施下，主要城区消落带的重金属浓度在过去两年的流量调节中普遍下降；另一方面，局部点源直接排放工业污水和生活污水，以及泥沙淤积的水流规律，明显造成了消落带沉积物中重金属累积的空间不确定性。

综上所述，三峡水库的泥沙排入、水流调节、地貌特征以及密集的人类活动增加了三峡水库中上游地区消落带沉积物中重金属的浓度。但由于蓄水时间较短，三峡水库中周期性和反季节性的水流波动将改变消落带沉积物的物理化学特征，这将决定沉积物中重金属的去除和迁移转化过程，进而影响水质。因此，今后需要对整个三峡水库消落带沉积物中重金属的累积和可接触性进行长期监测。

3. 库区水下沉积物中重金属的分布特征

水下沉积物和消落带沉积物中重金属浓度没有显著性差异。在水下沉积物中，除Cd浓度向大坝方向下降外，其余点位重金属浓度呈现出秭归郭家坝明显大于奉节和秭归屈原镇（表5.6）。水下沉积物中各重金属浓度随深度的增加没有呈现出一致的变化特征。除了深度约为20cm时，水下沉积物中Cd和Zn的浓度整体上变化不明显外，对于其他重金属，随着深度的增加，Cu和Pb的浓度呈现出上升趋势，而Cr和Ni的浓度变化趋势不明显（图5.5）。

表5.6　三峡库区水下沉积物中重金属的浓度特征　　（均值±SD，单位：mg/kg）

点位（n=192）	Cd	Cr	Cu	Ni	Pb	Zn
奉节	1.27±0.07	116.3±0.9	78.7±2.8	46.7±0.5	72.2±1.7	168.7±2.4
秭归郭家坝	1.19±0.04	120.9±1.5	86.8±2.8	52.3±0.9	77.3±2.6	170.0±2.9
秭归屈原镇	1.11±0.07	110.9±2.8	72.9±3.3	47.1±1.3	65.03±3.2	164.3±4.8
均值	1.18±0.03	115.8±1.0	79.1±1.6	48.7±0.5	71.2±1.3	167.5±1.8

三峡库区蓄水后反季节调控导致的一个结果是，河床中各种来源的沉积物随着时间的推移不断累积。因此，水下沉积物中重金属的垂直分布可以反映三峡水库运行以来重金属的历史积累情况。以下几个因素可能显著改变河流系统的泥沙沉积状况。首先，水流速度是控制筑坝河流中悬浮泥沙颗粒组成（Schillereff et al.，2014；Draut and Rubin，2013）和沉降速率（Zhao et al.，2014a）的一个重要因素。其次，泥沙来源决定了年均输沙量和颗粒组成的季节性波动。一般来说，局部的河岸侵蚀会直接增加沉积物的堆积，而上游远端源区沉积物的长距离运移有利于提高颗粒大小的分选性，这将导致较大颗粒的优先沉积（Toonen et al.，2015）。再次，季节性降水可将不同的沉积物带入水库，特别是对于在

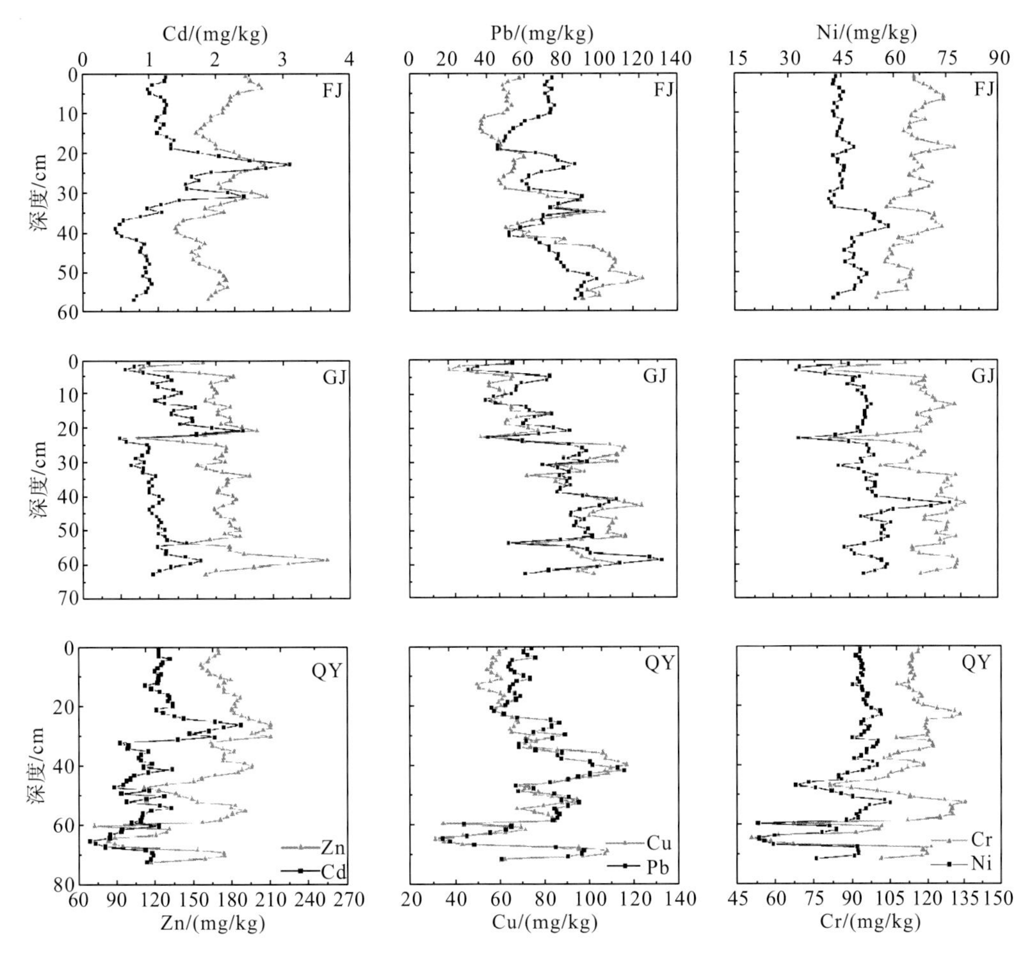

图 5.5　三峡库区干流水下沉积物中重金属的剖面分布特征

注：FJ 奉节；GJ 秭归郭家坝；QY 秭归屈原镇

反季节性水位调控下运行的三峡水库。例如，在夏季和汛期(低水位)，沉积物主要来源于上游远端和当地局部水土流失，而在冬季和旱季(高水位)，沉积物主要来自局部河岸侵蚀，这是因为低流速下长距离运移的沉积物较少(Wang and Yan，2018；Tang et al.，2016)。

沉积物来源、降水量和流速的季节变化明显改变了粗颗粒和细颗粒交替沉积的过程。因此，颗粒大小随深度的变化是沉积物时间积累的直观指标(Tang et al.，2018a)。同时，除泥沙的分选外，黏土矿物中的 Al、Fe、Ti 等一些成岩元素是识别沉积物来源于局部侵蚀还是远端输运的有效证据。之前的研究发现，三峡水库上游和下游沉积物中 Al 的浓度存在显著差异，这可能与三峡库区不同的土壤类型有关(Bao et al.，2015a)。本书利用水下沉积物中的 Al，结合其沉积物颗粒大小，建立了沉积物中重金属沉积的时间序列。研究结果表明，奉节、秭归郭家坝、秭归屈原镇 3 处柱状沉积反映了近 6～9 年的沉积进程(图 5.6)。这与 Tang 等(2014a)和王永艳等(2017)的研究结果基本一致。然而，本书的结果与其他研究的时间差异主要与采样点和到大坝的距离有关，这些决定了沉积物累积量和沉积物速率。

基于上述分析，沉积物中重金属的时间变化反映了三峡水库蓄水过程对其分布的影响。三峡水库于 2010 年开始全面蓄水，之后水位在 145～175m 变化。在 2010 年以前，沉积物中重金属的交替变化与三峡水库不同蓄水阶段的泥沙淤积有关，其特点是前期波动较大，后期波动较小。2010 年三峡库区 Cd、Cu、Pb 和 Zn 的浓度显著升高(图 5.5、图 5.6)，这主要是该年降水量大(Tang et al.，2016)，导致大量的沉积物从库区周边进入水库。三峡工程开始运行之后，2011 年 Cd、Cu、Pb 和 Zn 的浓度明显升高。降水量不是主要的影响因素，原因在于 2011 年的降水量比较小(Guo et al.，2018；Li et al.，2018a)。但是，三峡水库集水区干燥的气候会导致土壤破碎，极端降水和持续时间较短的洪水会增加集水区中细颗粒物和有机物含量较高的沉积物的输入和积累。自 2011 年以来，重金属的浓度没有太大波动，这表明近些年来重金属沉积相对稳定。与三峡水库蓄水前相比，沉积物中 Cd、Cu、Pb 和 Zn 的浓度普遍升高，其中一些随着时间的推移呈现出上升的趋势(图 5.6)。沉积物中的 Cr 与 Ni 并没有显示出与 Cd、Cu、Pb 和 Zn 相似的变化特征，这是由于三峡库区 Cr 与 Ni 的人为贡献较少，两者的自然输入使其浓度与当地土壤中的浓度相近。

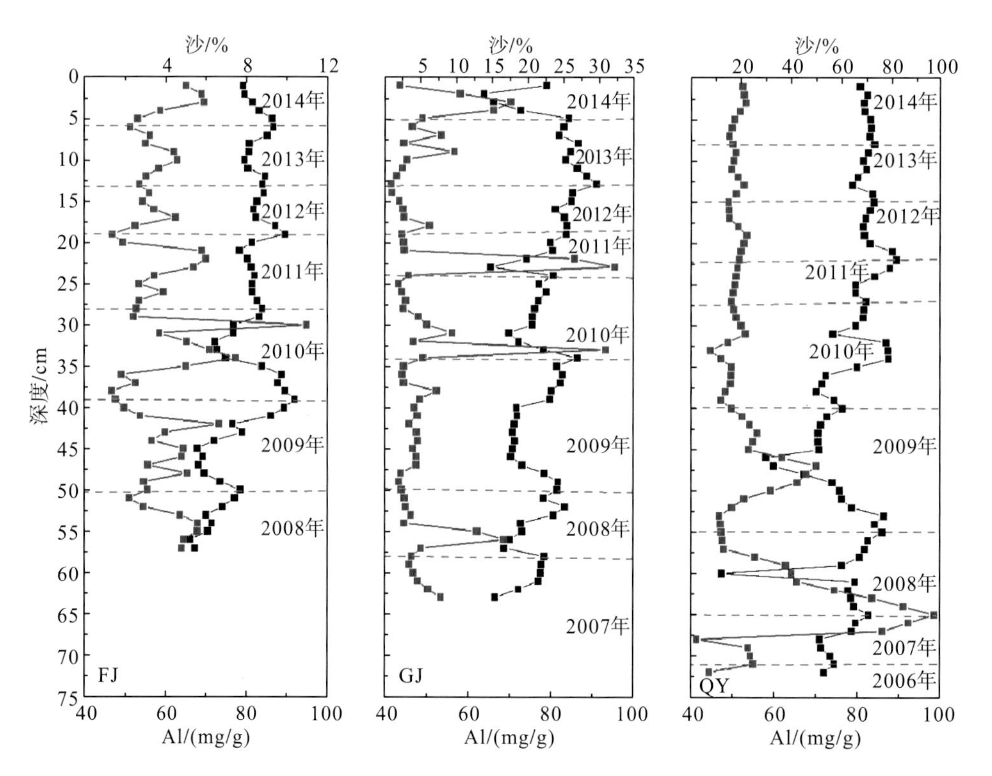

图 5.6　三峡库区干流水下沉积物中 Al 和沙的垂直分布特征

注：FJ 奉节；GJ 秭归郭家坝；QY 秭归屈原镇

5.1.2　库区干流沉积物中重金属及其可迁移态浓度和储量的空间分布特征

沉积物中重金属储量的计算公式如下：

$$Q=S\times C\times 100$$

其中，Q 表示沉积物中重金属的储量；S 表示沉积速率；C 表示沉积物中重金属的浓度。

关于沉积速率的参数见表 5.7。

表 5.7　三峡库区消落带和水下沉积物中的泥沙负荷

类型	地形特征	点位	面积/km^2	深度/cm	沉积量/(kg/m^2)	总的沉积物负荷/kt
消落带沉积物	<175m，<25°	S1	0.05	30	389	17.49
		S2	4.90	30	389	1904.85
		S3	3.05	30	372	1135.51
		S4～S6	3.35	30	372	1247.20
	<165m，<25°	S7～S11	11.83	30	372	4402.42
		S12、S13	6.16	30	346	2126.55
		S14、S15	10.86	30	352	3817.70
		S16、S17	9.62	30	360	3461.44
		S18	12.70	30	360	4569.68
	<165m，<15°	S19	7.10	30	360	2554.70
		S20	7.10	10	126	897.17
		S21	0.65	10	126	81.74
		S22、S23	2.80	10	112	314.55
类型		点位				泥沙负荷/(万 t/a)
水下沉积物		S11				346
		S15				1201
		S16、S17				2274
		S19				3786
		S20～S23				3461

注：沉积物深度是在野外调查基础上确定的，S20～S23 的沉积物深度是现场实测值。不同高程、不同坡度消落带的泥沙负荷数据引自 Tang 等(2013)和 Zhang(2013)。三峡水库水下沉积物年平均泥沙负荷(2003～2010 年)数据引自 Yuan 等(2013a)、Hu 等(2013)和《长江泥沙公报》(2003～2013 年，http://www.cjw.gov.cn/zwzc/bmgb/)。

库区干流消落带沉积物中酸溶解态重金属的 Cd 浓度(可交换态和碳酸盐结合态的金属元素)为 0.175～0.905mg/kg(平均值为 0.512mg/kg)，Cu 浓度为 1.99～37.3mg/kg(平均值为 7.45mg/kg)，Pb 浓度为 0.418～16.8mg/kg(平均值为 3.14mg/kg)，Zn 浓度为 7.05～53mg/kg(平均值为 22.6mg/kg)[图 5.7(a)]。消落带沉积物酸溶解态重金属浓度占总浓度的百分比(平均值±标准偏差)：Cd 为 51.9%±12.7%、Cu 为 10.8%±8.5%、Pb 为 6.2%±5.2%、

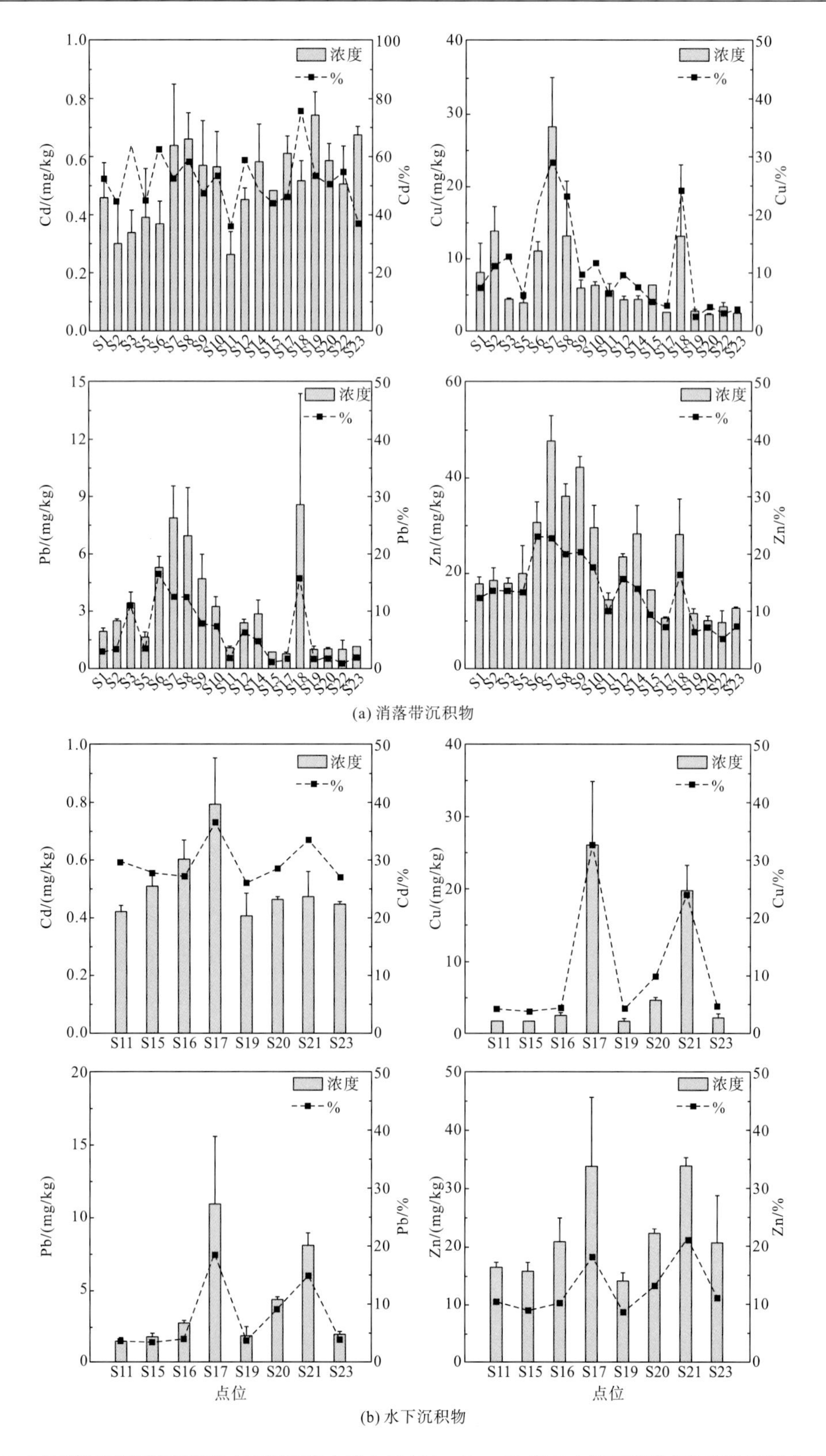

图 5.7　三峡库区干流消落带和水下沉积物中重金属(Cd、Cu、Pb 和 Zn)的可迁移态浓度的空间分布特征

Zn 为 13.6%±5.8%。从空间上看，江津(S1)、涪陵(S7～S10)、丰都(S12)、忠县(S14、S15)、万州(S17)、云阳(S18)、奉节(S19)、巫山(S20)和秭归(S22、S23)消落带沉积物酸溶解态 Cd 的浓度较高。然而，除最高值的云阳(S18)、较低值的涪陵(S11)和秭归(S23)外，酸溶解态 Cd 在其总浓度中所占的比例，在空间上呈现稳定的变化。消落带沉积物酸溶解态 Cu、Pb 和 Zn 以及它们在总浓度中所占的比例在长寿(S6)、涪陵(S7～10)和云阳(S18)均较高，Zn 在丰都(S12)和忠县(S14)所占的比例也较高。

水下沉积物酸溶解态重金属的 Cd 浓度为 0.339～1.02mg/kg(平均值为 0.517mg/kg)，Cu 浓度为 1.34～37mg/kg(平均值为 7.72mg/kg)，Pb 浓度为 1.12～17.2mg/kg(平均值为 4.22mg/kg)，Zn 浓度为 11.8～49.6mg/kg(平均值为 22.3mg/kg)[图 5.7(b)]。水下沉积物酸溶解态重金属浓度占总浓度的百分比(平均值±标准偏差)Cd 为 59.2%±11.4%，Cu 为 11.2%±11.2%，Pb 为 7.9%±6.2%，Zn 为 12.8%±5.5%。从空间上看，万州(S17)水下沉积物酸溶解态 Cd 的浓度明显高于其他点位，而其在总浓度中所占的比例则略有不同。同其他点位相比，万州(S17)和巴东(S21)的水下沉积物酸溶解态 Cu、Pb 和 Zn 的浓度以及它们在总浓度中所占的比例都极其高。

三峡水库全面运行后，虽然长江上游的泥沙负荷一直在减少(Li and Zhang，2015)，但水下的泥沙负荷仍然很高(表 5.8)。根据沉积物负荷，估算沉积物中重金属及其可迁移态的储量。水下沉积物中重金属总储量远高于消落带沉积物中的水平，这主要是由水下大量的沉积物负荷造成的(表 5.8)。与重金属浓度的分布不同，三峡库区中段(涪陵至奉节)消落带沉积物中重金属储量的热点较高，其原因主要是三峡库区泥沙负荷的变化。近几十年来，长江上游修建了大量的水坝和中小型水库，极大地截留了进入三峡库区的沉积物。此外，由于土地利用方式的不同，三峡库区上游(如江北至长寿之间)的局部侵蚀强度相对较低。因此，上游消落带沉积物中重金属的储量较少，但江津和江北的重金属储量较高。在三峡大坝附近的消落带沉积物中也观察到低储量的重金属，这可能是陡坡的地貌特征导致的(Bao et al.，2015a)。另外，水库定期排水会冲走消落带的沉积物。重金属在消落带沉积物中的富集主要集中在三峡库区中游地区。首先，紫色和红色砂岩是江津至奉节地区的主要基岩，它们具有很强的透水性和易风化性(Bao et al.，2015a)。在波浪和冲沟侵蚀作用下，这些地区土壤易被侵蚀而进入三峡库区。其次，由于河流面积较宽、坡度较小(小于 25°)和较低的水流速度，沉积物往往会在中游地区淤积。此外，人类活动的强烈影响(如农业和工业生产、港口建设)会增加土壤侵蚀和重金属输入。虽然近几年来，三峡库区的泥沙输入量一直在减少，但中下游沉积物的持续累积仍然存在。同时，沉积物中重金属的浓度相对较高也是造成高储量的原因之一。

对于三峡库区的生态安全而言，沉积物中易移动/可生物利用的重金属储量将比其总储量更为重要。该形态的重金属在水下沉积物中的储量高于在消落带沉积物中的储量(表 5.8)。沉积物中易流动/可生物利用的 Cd 储量超过其总储量的一半。从空间上看，三峡库区中部地区消落带沉积物和三峡大坝附近地区的水下沉积物中的 Cd 储量明显较高。相比之下，沉积物中易移动/可生物利用的其他重金属的储量所占比例很低，空间上没有明显的变化。因此，Cd 在沉积物中的生态效应值得关注。

表 5.8 三峡库区干流消落带和水下沉积物中 Cd、Cu、Pb 和 Zn 总储量及其可迁移态的储量的空间分布特征

（单位：t）

类型	编号	点位	Cd		Cu		Pb		Zn	
			T	F	T	F	T	F	T	F
消落带沉积物	S1	江津	0.02	0.01	1.88	0.14	1.15	0.03	2.50	0.31
	S2	江北	1.30	0.57	233.58	26.13	140.66	4.76	256.64	35.10
	S3	渝北	0.60	0.38	38.10	4.89	34.78	3.86	150.76	20.35
	S4～S6	长寿	0.73	0.47	61.74	9.28	44.09	4.29	159.81	31.51
	S7～S11	涪陵	4.63	2.17	302.66	61.94	242.28	19.82	793.54	137.80
	S12、S13	丰都	1.64	0.96	92.40	9.13	83.14	5.09	327.56	49.61
	S14、S15	忠县	4.65	2.22	326.37	16.28	275.45	10.97	722.07	107.56
	S16、S17	万州	3.78	2.12	207.28	8.78	172.22	2.72	582.36	36.39
	S18	云阳	3.13	2.36	245.23	59.44	249.66	39.24	777.37	128.05
	S19	奉节	3.58	1.90	276.02	6.97	221.76	2.54	449.08	29.31
	S20	巫山	1.12	0.53	50.67	2.02	47.72	0.93	127.91	9.06
	S21	巴东	0.07		3.47		3.84		14.43	
	S22、S23	秭归	0.48	0.19	24.36	0.69	25.02	0.34	54.91	3.51
水下沉积物	S11	涪陵	2.46	1.46	131.90	5.43	134.88	4.90	544.50	57.17
	S15	忠县	10.19	6.09	498.66	19.62	538.36	20.76	2053.18	189.40
	S16、S17	万州	21.29	15.83	1303.20	323.45	1218.55	154.48	4096.23	620.45
	S19	奉节	30.95	15.31	1631.40	62.96	1834.27	70.46	6555.99	532.86
	S20～S23	巫山—秭归	28.44	15.94	2128.24	306.02	1801.92	165.78	5929.55	885.86

注：T 表示重金属的总储量，F 表示重金属可迁移态的储量。

三峡库区干流消落带沉积物中 Cr 和 Ni 的总储量分别为 2441.19t 和 1106.61t（表 5.9）。从空间上来看，Cr 和 Ni 主要分布在涪陵（S11）、忠县（S15）、万州（S17）、云阳（S18），约占总储量的 80%。水下沉积物中 Cr 和 Ni 总储量分别为 9545.19t 和 4694.45t。储量较高的区域集中在万州（S16）到秭归（S23）一带（Wang et al.，2017a）。

三峡库区沉积物中 Cr 和 Ni 储量的空间分布主要与泥沙的输入量有关。三峡水库运行之后，水流速度的明显降低和更长的淹水时间加速了悬移质泥沙的沉降。与其他点位相比，涪陵（S11）至奉节（S19）一带面积更广、水流流速更加缓慢、消落带的坡度更加平缓，这些因素有利于泥沙在消落带的累积。这是 Cr 和 Ni 在这些地区消落带沉积物中储量较高的重要原因。但是，水下沉积物中较高的 Cr 和 Ni 储量主要分布在万州（S16）至秭归（S23）一带，这主要归因于库区泥沙最终随水流汇集于万州（S16）到秭归（S23），尤其是靠近大坝的区域。

表 5.9　三峡库区干流沉积物中 Cr 和 Ni 的储量分布特征

类型	消落带地形特征	点位	面积/km^2	深度/cm	沉积量/(kg/m^2)	总沉积物负荷/t	Cr 浓度/(mg/kg)	Ni 浓度/(mg/kg)	Cr 储量/t	Ni 储量/t
消落带沉积物	<175m，<25°	S1	0.05	30	389	17494	102.66	33.31	1.80	0.58
		S2	4.90	30	389	1904851	95.16	35.68	181.27	67.97
		S3	3.05	30	372	1135509	71.78	34.99	81.51	39.73
		S4～S6	3.35	30	372	1247198	74.42	30.24	92.82	37.72
	<165m，<25°	S7～S11	11.83	30	372	4402424	82.95	36.02	365.19	158.56
		S12、S13	6.16	30	346	2126553	75.98	35.85	161.58	76.23
		S14、S15	10.86	30	352	3817704	102.05	45.48	389.58	173.63
		S16、S17	9.62	30	360	3461444	102.68	47.76	355.41	165.34
		S18	12.70	30	360	4569682	82.58	42.29	377.36	193.26
	<165m，<15°	S19	7.10	30	360	2554704	113.24	50.84	289.29	129.89
		S20	7.10	10	126	897174	110.03	48.53	98.71	43.54
		S21	0.65	10	126	81738	84.89	41.02	6.94	3.35
		S22、S23	2.80	10	112	314546	126.30	53.44	39.73	16.81
		总计							2441.19	1106.61
类型		点位	年平均沉积量/(亿 t/a)				Cr 浓度/(mg/kg)	Ni 浓度/(mg/kg)	Cr 储量/t	Ni 储量/t
水下沉积物		S11	0.0346				80.95	39.68	280.15	137.33
		S15	0.1201				82.33	39.45	988.57	473.69
		S16、S17	0.2274				88.96	43.99	2023.26	1000.35
		S19	0.3786				84.54	41.06	3200.49	1554.26
		S20～S23	0.3461				88.21	44.17	3052.72	1528.82
		总计							9545.19	4694.45

注：所选沉积物的深度为野外调查所得，不同高程和坡度的河岸带泥沙淤积荷载数据来自 Wang 等(2016a～e)。三峡库区水下沉积物年平均沉积量(2003～2010 年)引自 Yuan 等(2013a)、Hu 等(2013)和《长江泥沙公报》(2003～2013 年，http://www.cjw.gov.cn/zwzc/bmgb/)。

5.2　三峡库区沉积物中重金属分布的影响因素

5.2.1　库区干流沉积物中重金属的来源解析

为消除粒度、矿物组成和沉积环境的影响，通常选用 Al 对重金属浓度进行归一化处理(Loska et al.，1997)。为了确定三峡库区 2014 年和 2016 年消落带沉积物中重金属的来源，通过回归分析建立了每种重金属与 Al 的关系。2014 年 Cd、Cr、Ni、Zn 和 2016 年 Cr、Ni、Pb、Zn 与 Al 均显著相关，除此之外这两年其他的重金属与 Al 没有相关性[图 5.8(a)]。回归分析结果表明，沉积物中 Cr 和 Ni 主要来源于自然成因，而其他重金属则受人为因素的影响。为了进一步证明人为因素的影响，通过选择污染水平较高地点的重金属，重新进行回归分析[图 5.8(b)]。结果表明，除了 2014 年 Cd 与 Al 呈现较弱的相关(R^2=0.066，P=0.031)外，沉积物中 Cd、Cu、Pb、Zn 与 Al 均无显著正相关，Cr、Ni 与 Al 呈显著正相关[图 5.8(b)]。

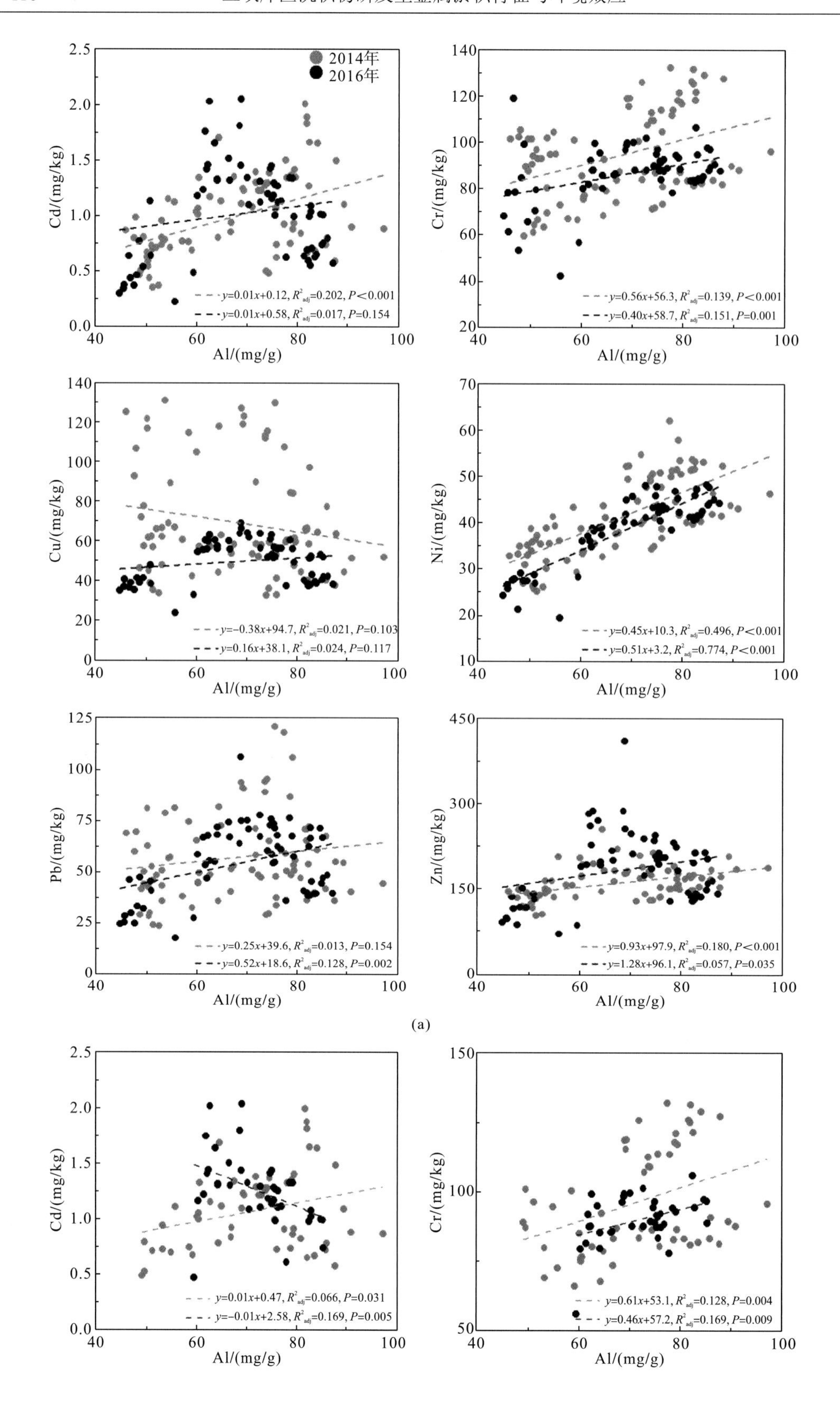

2014年
2016年
Cd/(mg/kg)
Al/(mg/g)
y=0.01x+0.12, R²adj=0.202, P<0.001
y=0.01x+0.58, R²adj=0.017, P=0.154
Cr/(mg/kg)
y=0.56x+56.3, R²adj=0.139, P<0.001
y=0.40x+58.7, R²adj=0.151, P=0.001
Cu/(mg/kg)
y=−0.38x+94.7, R²adj=0.021, P=0.103
y=0.16x+38.1, R²adj=0.024, P=0.117
Ni/(mg/kg)
y=0.45x+10.3, R²adj=0.496, P<0.001
y=0.51x+3.2, R²adj=0.774, P<0.001
Pb/(mg/kg)
y=0.25x+39.6, R²adj=0.013, P=0.154
y=0.52x+18.6, R²adj=0.128, P=0.002
Zn/(mg/kg)
y=0.93x+97.9, R²adj=0.180, P<0.001
y=1.28x+96.1, R²adj=0.057, P=0.035
(a)
y=0.01x+0.47, R²adj=0.066, P=0.031
y=−0.01x+2.58, R²adj=0.169, P=0.005
y=0.61x+53.1, R²adj=0.128, P=0.004
y=0.46x+57.2, R²adj=0.169, P=0.009

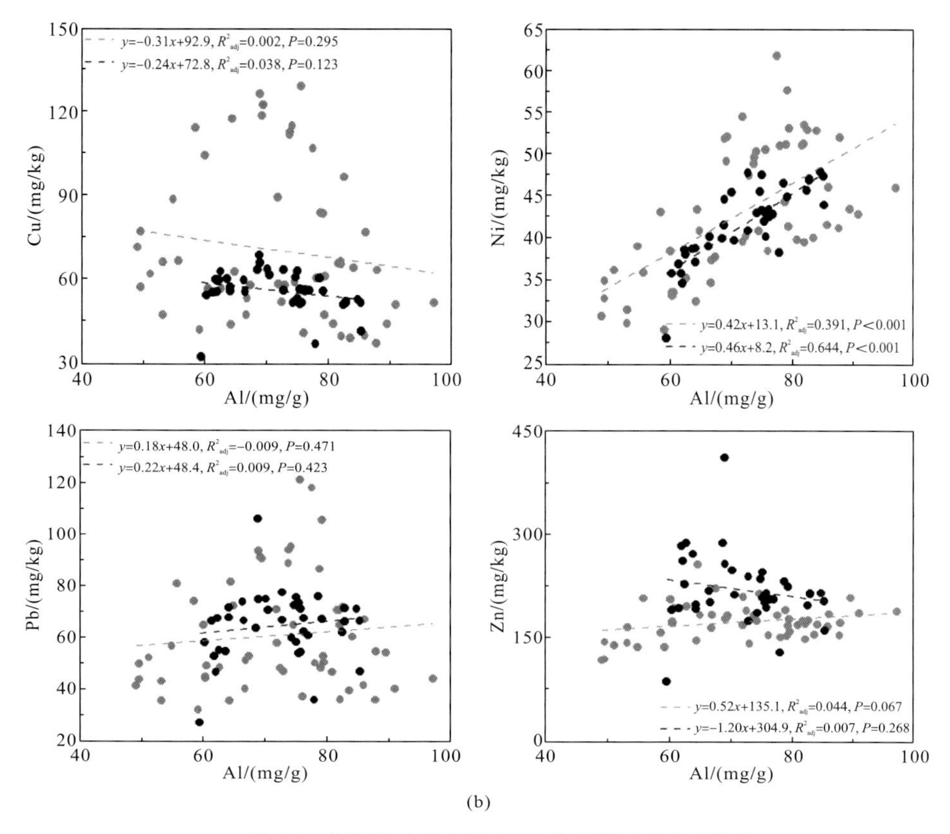

(b)

图 5.8　沉积物中重金属与 Al 的线性回归分析结果

注：图(a)显示了所有样点数据的分析结果，图(b)显示了受污染样点数据的分析结果(2014 年：n=56，2016 年：n=39)，受污染的样点包括 2014 年：FL 涪陵、FD 丰都、ZX 忠县、WZ 万州、YY 云阳、FJ 奉节、BD 巴东和 ZG 秭归；2016 年：JB 江北、YB 渝北、CS 长寿、FL 涪陵、FD 丰都、ZX 忠县、WZ 万州、WS 巫山和 BD 巴东

根据重金属的污染和风险水平，2014～2016 年，三峡水库消落带沉积物中重金属积累的空间分布发生了显著变化(图 5.2)。这表明，三峡水库经过两年的流量调节后，重金属的来源发生了空间上的变化。重金属与 Al 的回归分析在一定程度上揭示了沉积物中重金属来源的差异(图 5.8)。例如，Cd 在 2014 年与 Al 有着显著的相关性，而在 2016 年却并非如此；Pb 的回归分析结果则与之相反。虽然 Cd 和 Pb 主要是人为来源，特别是在污染较高的地点，但 2014～2016 年它们在整个三峡水库中的来源特征明显发生了变化。因子分析结果(表 5.10)进一步支持了回归分析结果。在 2014 年，沉积物中的重金属与 Al、K、Mg、Ti 等地壳中的主要元素表现出显著的相关关系。然而，在 2016 年，除了 Cr 和 Ni 仍与这些主要元素具有显著关系外，Cd、Cu、Pb 和 Zn 以及 Cr 和 Ni 之间也具有显著的关系，这表明人类活动对沉积物中重金属的累积具有重要影响。

通过因子分析进一步对消落带和水下沉积物中重金属的影响因素进行探讨，结果显示，在消落带沉积物提取的两个因子可以解释总变异系数的 83.11%(表5.11)。因子 1 占总方差的 47.55%，包括带正负荷的 Al、Cd、Cr、Fe、K、Mn、N、Ni、P 和 Zn。这揭示了自然和人为因素对金属富集程度的影响。一方面，三峡地区主要的土壤类型为紫色土，土壤中的主要矿物有斜长石、蒙脱石、伊利石和石英，其中 Al、Fe、K 的含量较高

表 5.10　因子分析揭示消落带沉积物中元素的组成矩阵

变量	2014 年因子(n=81)			2016 年因子(n=63)		
	1	2	3	1	2	3
Al	0.457	**−0.571**	**0.659**	**0.933**	0.168	−0.273
Ca	−0.142	**0.900**	−0.142	**−0.770**	0.286	0.444
Fe	**0.548**	−0.074	**0.790**	**0.793**	0.409	0.437
K	**0.576**	**−0.541**	**0.576**	**0.930**	0.171	−0.229
Mg	0.279	**0.912**	0.059	−0.364	0.459	**0.594**
Mn	**0.853**	0.210	0.327	0.389	**0.726**	0.169
Na	−0.306	0.088	**−0.858**	**−0.916**	−0.171	−0.026
Ti	−0.077	**0.874**	−0.029	−0.235	−0.106	**0.925**
Cd	**0.646**	0.027	0.402	0.049	**0.936**	0.004
Cr	**0.949**	0.139	0.070	**0.530**	**0.536**	**0.601**
Cu	0.446	**0.808**	0.075	0.062	**0.982**	0.068
Ni	**0.889**	−0.066	0.402	**0.823**	**0.535**	−0.048
Pb	**0.577**	**0.631**	0.386	0.292	**0.879**	0.125
Zn	0.099	0.216	**0.862**	0.142	**0.935**	0.043
特征根	4.4	4.2	3.5	5.2	5.1	2.1
方差/%	31.6	30.0	24.9	37.1	36.8	15.3
累积方差/%	31.6	61.6	86.5	37.1	73.9	89.2

注：提取方法为主成分分析；旋转法为 Varimax 旋转。表中加粗数字突出每种因子下的元素组成。

(Bao et al.，2015a；Zhao et al.，2012)。因此，当地自然来源在一定程度上造成了 Cd、Cr、Ni 和 Zn 的富集；另一方面，这些金属的富集与农田施肥有关，主要是 N 肥和 P 肥的施用(Ye et al.，2011；Li et al.，2010)。一些研究表明，环境中 Cd 的积累与 P 肥的集约利用有关(Wu et al.，2017；Mar and Okazaki，2012)。因此，农业活动产生的非点源污染排放是消落带沉积物中 Cd 和 Zn 的重要来源，尽管两者也与 Fe 和 Al 等常见的元素有关。此外，工业和城市污染物的排放也是三峡库区 Cd 和 Zn 的来源(Pei et al.，2018；Bing et al.，2016b)。进入水体系统后，Cd 容易吸附在细小的颗粒和有机物上，随河流的流动而迁移(Zhao et al.，2017a；Wakida et al.，2008)。在本书研究中，我们发现 Cd 与细颗粒物和 TOC 有显著的相关性(表 5.11)，这些细颗粒通常含有 Al、Fe 等元素浓度较高的黏土矿物，这就是 Cd 或 Zn 与 Al 和 Fe 之间存在显著相关性的原因。因此，我们认为人为来源和反季节流量调控都会导致 Cd 在沉积物中的积累。

因子 2 占总方差的 35.56%，由带正电荷的 Ca、Cu、Mg、P 和 Pb 组成(表 5.11)，这表明来自汽车尾气、污水排放、非点源污染和大气沉积的人为活动的影响(Ye et al.，2019a；Bing et al.，2016b)。与 Cd 不同的是，涪陵、忠县和奉节地区 Cu 和 Pb 的富集程度明显高于其他地区($P<0.05$)。回归分析结果进一步表明，当地自然资源，如三峡上游 Pb-Mn 矿物的输入(Ye et al.，2019a)，促进了涪陵地区 Cu 和 Pb 的富集，而它们与忠县、奉节等地 Al 的关系不显著，证明其主要来自人为活动的输入(图 5.9)。许多研究发现，当地工业和

城市污水的排放增加了忠县和奉节沉积物中 Cu 和 Pb 的积累(Ye et al.，2019a，2011；Zhang et al.，2009)。同时，非点源污染物中富含 Ca、Mg、P 等元素，从而也加速了 Cu 和 Pb 的累积。

在水下沉积物中，提取的三个因子占总方差的 77.23%(表 5.11)。因子 1 包括带正电荷的 Cd、Fe、K、Mn、N、Cr、Ni、P 和 Zn，因子 2 包括带正电荷的 Ca、Cu、Mg、Pb 和带负电荷的 Al 和 K，因子 3 主要由 Cd 组成。与消落带沉积物相比，尽管水下沉积物的影响因素较多，但根据主成分分析，它们的来源相似。因子 1 仍然反映了沉积物中的 Cd、Cr、Ni、Zn 来自自然和人为贡献，因子 2 揭示了 Cu 和 Pb 的来源有汽车尾气、污水排放、非点源污染和大气沉积。但回归分析结果表明，水下沉积物中 Cu、Pb 与 Al 之间不存在相关性(图 5.9)，这与消落带沉积物的研究结果不同。说明沉积物中 Cu 和 Pb 的累积主要受人为因素的控制。此外，Cd 自成一组，说明其来源比较复杂。

表 5.11　沉积物中元素因子分析

变量	消落带		水下		
	F1	F2	F1	F2	F3
Al	**0.86**	−0.47	0.49	**−0.79**	−0.21
Ca	−0.20	**0.92**	−0.36	**0.84**	0.05
Fe	**0.91**	0.29	**0.85**	−0.01	−0.23
K	**0.84**	−0.49	**0.57**	**−0.62**	−0.30
Mg	0.07	**0.97**	0.18	**0.91**	−0.20
Mn	**0.85**	0.20	**0.66**	0.04	0.40
N	**0.86**	−0.19	**0.53**	−0.20	−0.07
P	**0.58**	**0.61**	**0.62**	0.23	0.49
Cd	**0.75**	−0.49	**0.53**	−0.15	**0.67**
Cr	**0.88**	−0.16	**0.90**	−0.03	−0.26
Cu	0.21	**0.95**	0.28	**0.90**	−0.21
Ni	**0.86**	0.06	**0.74**	0.28	−0.48
Pb	0.34	**0.89**	0.50	**0.75**	0.02
Zn	**0.57**	0.49	**0.81**	0.13	0.36
特征值	5.49	4.98	5.15	4.11	1.54
方差/%	47.55	35.56	36.81	29.36	11.06
累积方差/%	47.55	83.11	36.81	66.17	77.23

注：提取方法为主成分分析；旋转法为 Varimax 与 Kaiser；加粗表示主要因子，即归一化绝对值大于 0.5。

金属分类学假定某一物质中的元素比例主要是其来源物质中不同元素比值(包括自然来源和人为来源)的指纹特征，可以用于进一步区分该元素的人为来源(Sen et al.，2016)。三峡库区干流沉积物中重金属间的比值明显高于当地背景土壤以及附近人类活动中的几种物质(图 5.10)，这意味着三峡库区干流沉积物中 Cd、Cu、Pb 和 Zn 的人为来源明显，包括了当地地表径流、污水排放和大气沉降等。

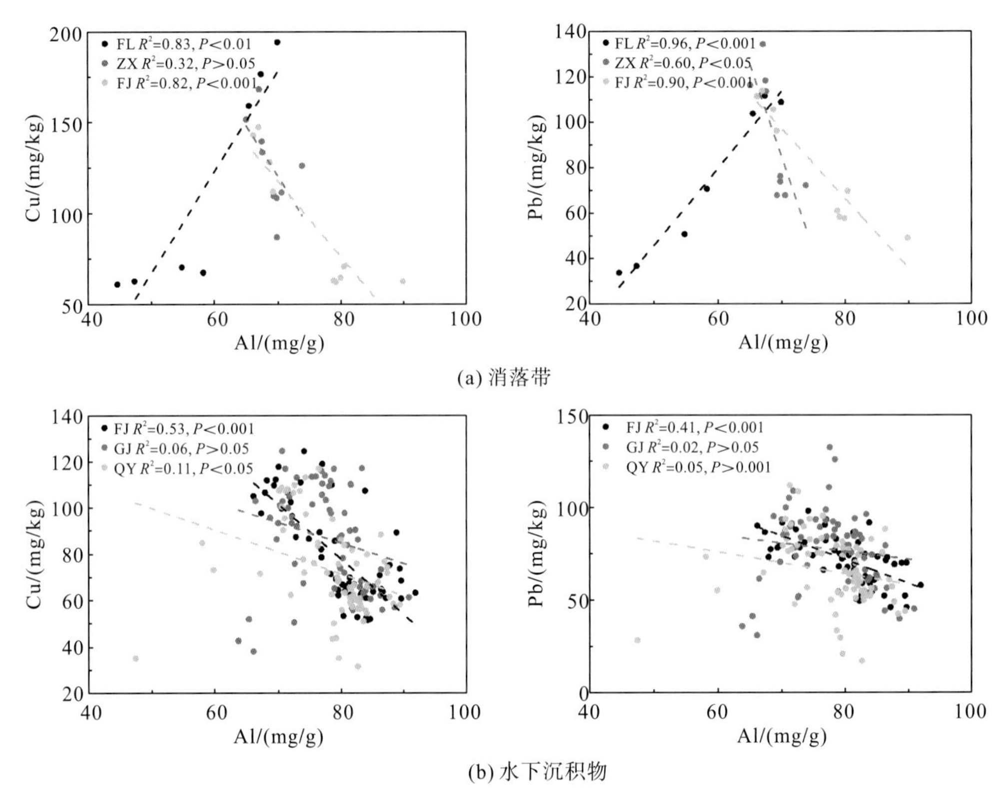

(a) 消落带

(b) 水下沉积物

图 5.9　三峡库区消落带和水下沉积物中 Cu 和 Pb 与 Al 的关系

注：FL 涪陵；ZX 忠县；FJ 奉节；GJ 秭归郭家坝；QY 秭归屈原镇

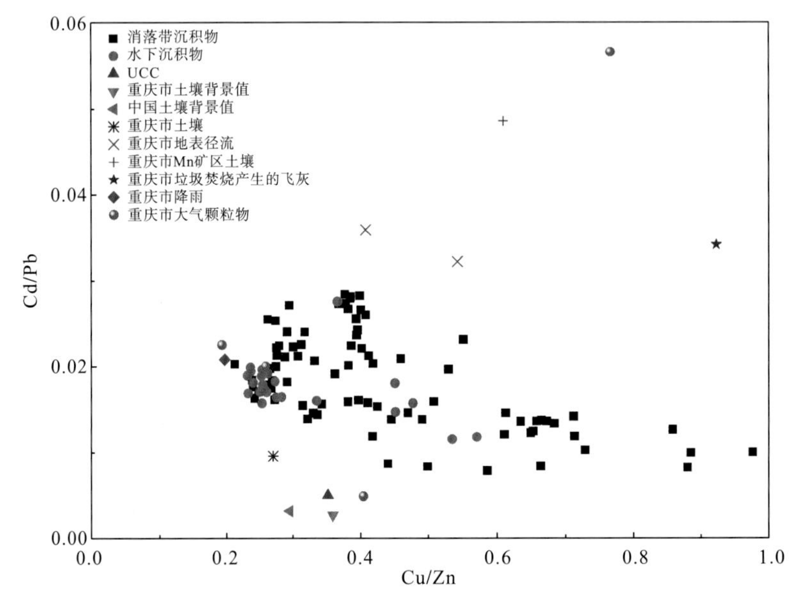

图 5.10　三峡库区干流沉积物中 Cd/Pb 和 Cu/Zn 与其他自然和人为来源物质中比值的比较

资料来源：UCC (Taylor and McLennan，1995)、重庆市土壤背景值 (Huang et al.，2014)、中国土壤背景值 (CEPA，1990)、重庆市土壤 (Chen et al.，2015)、重庆市地表径流 (Tian et al.，2012)、重庆市含 Mn 矿物土壤 (Huang et al.，2014)、重庆市垃圾焚烧飞尘 (Ding，2007)、重庆市降雨 (Peng，2014)、重庆市大气颗粒物 (Jiang，2008)

根据库区干流消落带沉积物和其他潜在来源物质中 Pb 的同位素比值，进一步识别 Pb 的来源变化(图 5.11)。2014 年和 2016 年沉积物中 $^{206}Pb/^{207}Pb$(2014 年为 1.163～1.185，平均值为 1.177；2016 年为 1.167～1.189，平均值为 1.176)以及 $^{208}Pb/^{206}Pb$(2014 年为 2.091～2.111，平均值为 2.101；2016 年为 2.081～2.112，平均值为 2.100)并没有表现出太大的差异。$^{206}Pb/^{207}Pb$ 与 $^{208}Pb/^{206}Pb$ 的对比图表明，两年来沉积物中 Pb 的来源主要与矿石开采、化石燃料燃烧和大气沉降等人为排放有关[图 5.11(a)]。此外，通过回归分析

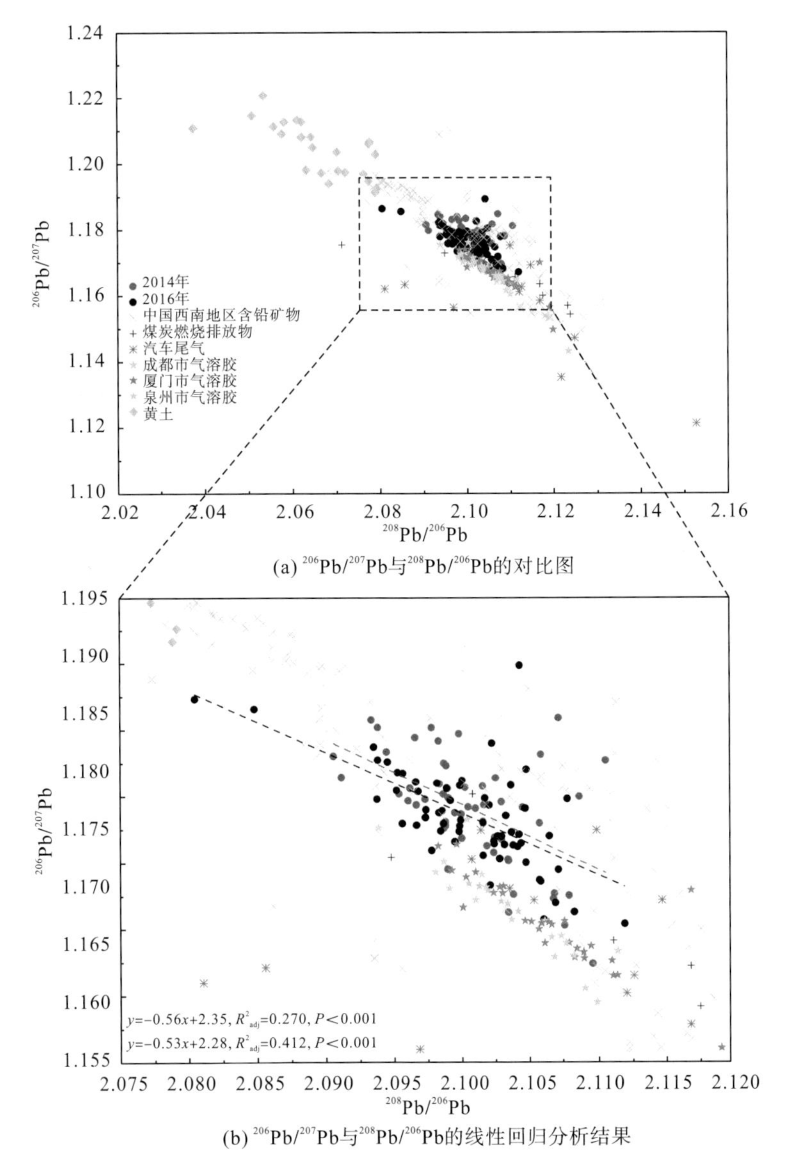

(a) $^{206}Pb/^{207}Pb$与$^{208}Pb/^{206}Pb$的对比图

(b) $^{206}Pb/^{207}Pb$与$^{208}Pb/^{206}Pb$的线性回归分析结果

图 5.11　三峡库区消落带沉积物以及其他 Pb 可能来源物质中 $^{206}Pb/^{207}Pb$ 和 $^{208}Pb/^{206}Pb$ 的特征

资料来源：我国西南矿物(Jia et al.，2016；Shuang et al.，2014；Xue et al.，2012；Yan et al.，2013；Zhang et al.，2005)、煤炭燃烧排放物(Bi et al.，2017；Cao et al.，2014；Zhao et al.，2013；Cheng and Hu，2010；Chen et al.，2005)、汽车尾气(Yan et al.，2015b；Yang et al.，2008；Tan et al.，2006；Gao et al.，2004)、成都气溶胶(Gai et al.，2017)、厦门气溶胶(Hu et al.，2016)、泉州气溶胶(Zhang et al.，2016d)、中国黄土(Feng et al.，2010；Wang and Gao，2007)

发现[图 5.11(b)]，2016 年 $^{206}Pb/^{207}Pb$ 和 $^{208}Pb/^{206}Pb$ 之间的关系比 2014 年更显著，表明沉积物中自然和人为来源的 Pb 在 2016 年区分得更加清晰。与 2014 年的 Pb 同位素比值相比，2016 年多数点位 Pb 的同位素比值表现出 $^{206}Pb/^{207}Pb$ 相对偏低和 $^{208}Pb/^{206}Pb$ 相对偏高的特征，这种比值特征与我国人为排放物中 Pb 的同位素比值相一致(Bi et al.，2017；Cheng and Hu，2010)。因此，沉积物中 Pb 的同位素比值不仅区分了三峡水库消落带沉积物中人为来源的 Pb，而且揭示了 2014～2016 年其来源的变化。

根据消落带和水下沉积物 Pb 同位素比值的垂直分布特征可以发现(图 5.12)，消落带沉积物中 $^{206}Pb/^{207}Pb$ 为 1.172～1.181(均值为 1.177)，$^{208}Pb/^{206}Pb$ 为 2.096～2.106(均值为 2.102)。水下沉积物中 $^{206}Pb/^{207}Pb$ 为 1.162～1.201(均值为 1.176)，$^{208}Pb/^{206}Pb$ 为 2.076～2.114(均值为 2.099)。总体上看，Pb 同位素比值在消落带沉积物和水下沉积物中没有显著性差异。$^{206}Pb/^{207}Pb$ 和 $^{208}Pb/^{206}Pb$ 在消落带沉积物和水下沉积物中的垂直分布与深度呈相反的趋势。消落带沉积物中 $^{206}Pb/^{207}Pb$ 随深度的增加而增大，但忠县地区呈减小趋势。$^{208}Pb/^{206}Pb$ 在水下沉积物中波动较大，且随深度变化的趋势不明显。沉积物中 Pb 同位素比值揭示了 Pb 的具体来源。在消落带沉积物中，Pb 同位素比值与含铅矿石、矿石冶炼排放物、化石燃料、气溶胶和汽车尾气等的比值相近[图 5.12(a)]，说明三峡水库河岸沉积物中 Pb 的主要来源与含铅矿石的开采冶炼、燃煤和大气沉降有关。此外，从 Pb 同位素比值来看，消落带沉积物中 Pb 的来源没有明显差异。总体来看，水下沉积物中 Pb 同位素比值也接近于含铅矿石和冶炼排放物、煤炭燃烧、气溶胶和汽车尾气中的比值[图 5.12(b)]，表明消落带和水下沉积物中的 Pb 具有相似的来源。但从 Pb 同位素比值可以看出，与消落带沉积物相比，水下沉积物记录的 Pb 同位素信号受自然和人为活动的影响更加明显。近年来水下沉积物中 Pb 的来源要比消落带沉积物中 Pb 的来源复杂得多。根据沉积物中 Pb 同位素比值的时间变化规律，自 2010 年以来，三峡库区 Pb 同位素比值的放射性明显增强，表明人类活动的影响逐渐减少，这与近些年三峡库区沉积物中 Pb 的浓度下降结果相一致。

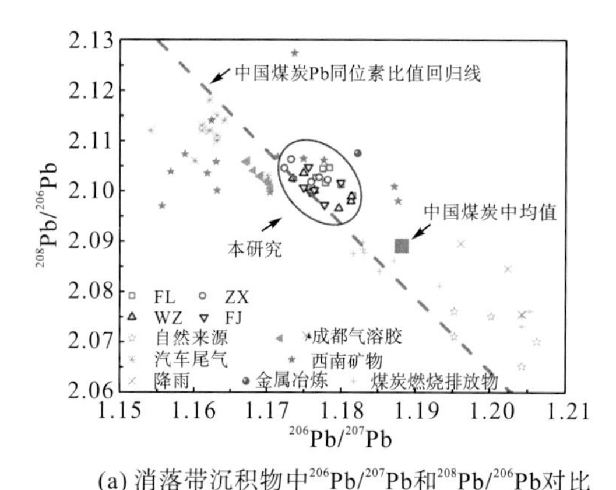

(a) 消落带沉积物中$^{206}Pb/^{207}Pb$和$^{208}Pb/^{206}Pb$对比

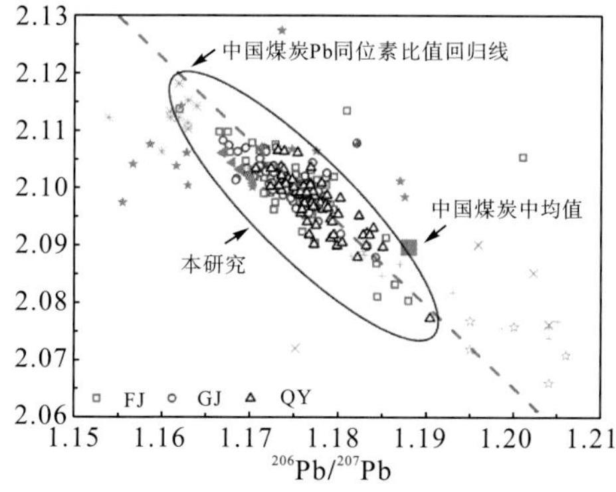

(b) 水下沉积物中$^{206}Pb/^{207}Pb$和$^{208}Pb/^{206}Pb$对比

图 5.12 三峡库区消落带和水下沉积物以及其他 Pb 可能来源物质中 $^{206}Pb/^{207}Pb$ 和 $^{208}Pb/^{206}Pb$ 对比

注：FL 涪陵；ZX 忠县；WZ 万州；FJ 奉节；GJ 秭归郭家坝；QY 秭归屈原镇。资料来源：我国西南矿物(Xue et al.，2012；Jiang et al.，2011；Xiao et al.，2012)、煤炭燃烧排放物(Bi et al.，2017；Dai et al.，2017)、汽车尾气(Chen et al.，2005；Gao et al.，2004；Zhu et al.，2001)、成都气溶胶(Gai et al.，2017)、金属冶炼(Bi et al.，2007)

5.2.2　地形、土地利用等对沉积物中 Cd 分布的影响

1. 消落带土壤/沉积物的理化性质特征

消落带沉积物与背景点土壤的理化性质见表 5.12。消落带沉积物的粒度组成以粉砂为主(均值±标准误差为 67.35%±1.29%，下同)，黏土(16.12%±0.49%)和砂(16.53%±1.53%)的含量相对较低。消落带沉积物的粒度组成在高程间存在显著性差异(P<0.05)，随着高程的上升，黏土与粉砂含量减少，而砂的含量增多。在四种土地利用类型间，沉积物的粒度分布也存在显著性差异(P<0.05)，农田、果园和林地下方沉积物的粒度组成明显偏细(中值粒径为 15.56μm±0.79μm)，而在居民点下方沉积物的粒度较粗(中值粒径为 46.25μm±10.89μm)。在背景点，土壤中粉砂(65.29%±2.21%)含量较高，砂(19.48%±2.66%)含量次之，黏土(15.23%±1.13%)含量最低(P<0.05)。背景点土壤粒度组成在四种土地利用类型间不存在显著性差异(P>0.05)。

消落带沉积物和背景点土壤 pH 整体偏中性(分别为 7.41±0.10 和 7.23±0.27)，并且在土地利用类型与高程间均不存在显著性差异(P>0.05)。消落带沉积物和背景点土壤有机质含量分别为 4.23%±0.17%和 3.59%±0.33%，消落带沉积物有机质含量在土地利用类型间不存在显著性差异(P>0.05)，但是，沉积物有机质含量在高程间存在显著性差异(P<0.05)，随着高程的上升有机质含量呈现出增大的趋势。背景点土壤有机质含量在土地利用类型间不存在显著性差异(P>0.05)。消落带沉积物主要元素(Al、Ca、Fe、Mg、Mn、P、Ti)的浓度在土地利用类型间均不存在显著性差异(P>0.05)，但在高程间均存在显著性差异(P<0.05)。各元素浓度均随高程升高而呈现下降的趋势。背景点土壤样品中 Al、Mg 和 Mn 的浓度在土地利用类型间存在显著性差异(P<0.05)，而其他元素在四种土地利用类型间无显著性差异(P>0.05)(表 5.12)。

2. 消落带 Cd 及其形态的空间分布特征

三峡库区丰都—忠县段典型消落带土壤/沉积物(高程 150～175m)中 Cd 的浓度为 0.11～1.34mg/kg[均值±标准差为 0.61mg/kg±0.04mg/kg]，背景点(高程 180m)土壤 Cd 的浓度为 0.13～1.05mg/kg(0.36±0.05mg/kg)(图 5.13)。农田、果园、林地、居民点 Cd 的浓度分别为 0.55mg/kg±0.06mg/kg、0.65mg/kg±0.10mg/kg、0.63mg/kg±0.08mg/kg 和 0.66mg/kg ±0.09mg/kg。不同土地利用类型下土壤/沉积物中 Cd 的浓度无显著性差异(P>0.05)。消落带沉积物中 Cd 的浓度在高程 150m、155m、160m、165m、170m、175m、180m 分别为 1.05mg/kg±0.04mg/kg、1.03mg/kg±0.05mg/kg、0.86mg/kg±0.07mg/kg、0.34mg/kg±0.04mg/kg、0.20mg/kg±0.01mg/kg、0.26mg/kg±0.02mg/kg 和 0.36mg/kg±0.05mg/kg。Cd 的浓度在高程间存在显著性差异(P<0.05)。整体上，土壤/沉积物中 Cd 的浓度在 150～180m 高程梯度上表现为随高程上升而降低，最高值出现在高程 150m 处。

利用 BCR 化学连续提取法，分析了消落带土壤/沉积物中 Cd 的形态分布特征(图 5.13)。消落带土壤/沉积物中 Cd 的形态浓度表现为：可交换态及碳酸盐结合态(F1)(0.30mg/kg±0.02mg/kg)>残渣态(F4)(0.18mg/kg±0.01mg/kg)>铁锰氧化物结合态(F2)(0.13mg/kg±

表 5.12　消落带土壤/沉积物的理化性质特征

用地类型	高程/m	pH	LOI/%	黏土/%	粉砂/%	砂/%	元素浓度/(mg/g)						
							Al	Ca	Fe	Mg	Mn	P	Ti
农田	150	6.92±0.22	2.48±0.16c	17.6±0.95	76.6±1.41a	5.77±1.04b	74.65±1.17ab	37.27±2.02a	44.32±0.23ab	17.43±0.52a	0.75±0.01ab	0.64±0.01a	5.45±0.10a
	155	7.78±0.19	4.06±0.33bc	20.6±1.48	71.5±2.87ab	7.83±1.53b	78.97±0.67a	31.44±1.99ab	45.11±0.41a	16.35±0.52a	0.81±0.05a	0.66±0.04a	5.20±0.06ab
	160	7.69±0.27	4.90±0.76b	18.3±1.62	72.4±2.43ab	9.22±2.18b	76.03±1.24ab	25.54±1.60b	43.11±0.48ab	14.94±0.49b	0.67±0.04b	0.59±0.03a	5.20±0.05ab
	165	7.67±0.19	3.82±0.25bc	13.8±1.22	69.9±1.93ab	16.1±1.31a	73.39±2.23b	5.97±0.69d	41.05±1.65b	8.24±0.33d	0.46±0.03c	0.30±0.04bc	4.87±0.07b
	170	6.88±0.44	4.32±0.58b	14.8±2.19	66.5±1.14b	18.6±1.64a	65.84±1.18c	5.50±0.17d	32.94±1.12d	8.34±0.41d	0.34±0.03c	0.21±0.00c	4.06±0.21c
	175	7.84±0.12	6.80±0.34a	14.1±1.69	64.2±2.68b	21.6±1.68a	73.82±0.79b	14.88±4.18c	36.40±1.44c	11.48±0.35c	0.45±0.01c	0.42±0.10b	3.87±0.10c
	180	7.14±0.41	3.57±0.68	16.7±1.50	64.3±4.59	18.9±4.99	67.91±2.06A	19.58±4.45	30.39±3.60	10.68±0.67A	0.43±0.01A	0.63±0.16	3.39±0.32
果园	150	7.32±0.32	2.76±0.41b	19.7±0.67a	76.0±1.26a	4.15±0.99b	82.89±0.22a	27.44±0.15a	47.33±0.30a	16.85±0.09a	1.13±0.06a	0.77±0.02a	5.12±0.03a
	155	7.16±1.04	3.89±0.55ab	18.0±2.08ab	77.1±1.23a	4.77±1.03b	81.20±0.59a	30.98±2.45a	46.95±0.62a	17.93±1.09a	0.77±0.06b	0.67±0.01b	5.31±0.17a
	160	7.54±0.61	4.36±0.56ab	18.5±0.93ab	75.5±1.78a	5.85±1.63b	80.80±1.90a	29.69±4.40a	46.40±0.68a	17.47±1.32a	0.76±0.10b	0.68±0.02b	5.30±0.29a
	165	7.75±0.27	4.39±0.58ab	14.1±1.55ab	64.9±4.98ab	20.9±4.54a	69.98±0.61b	5.32±0.08b	34.37±0.16b	10.93±0.09b	0.32±0.01c	0.31±0.00d	3.91±0.03b
	170	6.92±0.62	4.81±1.25ab	13.6±0.93b	59.8±5.99b	26.4±6.93a	60.17±4.10c	4.38±0.10b	27.10±2.26c	7.82±0.81c	0.21±0.01c	0.26±0.01d	3.56±0.14b
	175	7.84±0.24	6.50±0.75a	14.6±0.95ab	68.2±0.73ab	17.0±1.62ab	61.28±2.16c	4.54±0.23b	27.98±1.40c	8.43±0.57bc	0.29±0.03c	0.40±0.01c	3.69±0.05b
	180	7.55±0.37	3.37±0.79	16.0±1.34	67.3±1.89	16.6±1.29	64.18±1.59A	6.07±1.31	30.11±0.92	9.38±0.23BC	0.32±0.03B	0.39±0.01	3.77±0.08
林地	150	8.10±0.05	3.88±0.21	21.5±2.47a	75.2±1.19a	3.22±1.40c	83.25±0.14a	28.28±2.99b	45.75±1.01a	17.47±1.18a	0.67±0.04a	0.65±0.02a	5.21±0.17b
	155	6.52±0.85	4.57±0.21	20.7±0.46a	73.2±1.63a	5.96±1.53c	79.58±1.49a	35.14±1.49a	46.67±0.48a	19.41±0.28b	0.83±0.02b	0.72±0.00a	5.65±0.02a
	160	7.81±0.31	4.23±1.10	13.5±0.49b	70.4±1.37a	15.9±1.34b	62.24±1.46b	5.11±0.43c	28.00±0.96b	8.75±0.40c	0.25±0.01c	0.29±0.03bc	4.02±0.07c
	165	7.48±0.76	3.54±0.28	10.4±0.60bc	69.7±1.36a	19.7±0.80b	63.25±0.87b	4.58±0.17c	27.77±0.43b	8.69±0.20c	0.22±0.00c	0.36±0.02b	4.02±0.05c
	170	6.74±0.74	4.87±1.62	7.44±0.54c	62.4±2.05b	30.0±2.57a	54.86±1.89c	3.64±0.07c	23.47±1.27c	7.12±0.38c	0.21±0.01c	0.27±0.00c	3.51±0.08d
	180	7.39±0.85	3.60±0.59	10.5±4.02	67.3±5.30	22.1±9.12	54.65±0.87B	4.41±0.18	23.37±0.51	7.28±0.17C	0.33±0.01B	0.27±0.01	3.39±0.04
居民点	150	7.00±0.36	2.27±0.39	20.4±0.39a	71.4±0.64a	8.13±0.39b	73.24±1.01a	38.69±0.49a	43.82±0.34a	17.34±0.07a	0.75±0.00a	0.66±0.00a	5.57±0.03a
	155	7.23±0.84	4.70±0.08	19.1±1.32a	70.9±0.84a	9.89±2.10b	74.61±0.33a	32.98±1.43b	43.33±0.71a	16.03±0.34a	0.86±0.06a	0.68±0.03a	5.16±0.08a
	160	7.04±0.61	3.25±0.99	18.4±1.65a	59.8±11.9a	21.6±13.5b	77.47±2.28a	30.96±3.58b	43.59±0.24a	16.56±0.89a	0.61±0.02b	0.59±0.01a	5.23±0.17a
	165	7.95±0.34	4.31±0.53	9.54±0.69b	31.3±3.88b	59.0±4.41a	47.24±0.96c	3.70±0.33c	16.78±0.91b	5.11±0.24b	0.17±0.03c	0.19±0.03b	2.86±0.16b
	170	7.31±0.86	3.23±0.31	12.4±0.89b	36.3±1.45b	51.2±2.17a	52.05±0.94b	3.24±0.16c	17.27±0.54b	5.27±0.10b	0.16±0.00c	0.18±0.00b	2.61±0.05b
	180	6.92±0.80	3.80±0.69	16.0±1.00	63.1±5.09	20.7±5.35	66.40±0.68A	7.83±0.95	30.07±1.07	9.40±0.36BC	0.40±0.01A	0.38±0.07	3.74±0.06

注：小写字母代表同一用地类型下沉积物理化性质在高程间的多重比较，大写字母代表背景点土壤理化性质在不同用地类型间的多重比较，$P<0.05$。

0.01mg/kg)>有机物及硫化物结合态(F3)(0.03mg/kg±0.003mg/kg)($P<0.05$)。在四种土地利用类型下，沉积物中 Cd 的可交换态及碳酸盐结合态和铁锰氧化物结合态浓度间不存在显著性差异($P>0.05$)，而有机物及硫化物结合态和残渣态 Cd 间存在显著性差异($P<0.05$)，其中，居民点的有机物及硫化物结合态浓度显著高于其他用地类型($P<0.05$)，林地残渣态 Cd 的浓度显著高于其他用地类型($P<0.05$)。此外，不同形态 Cd 的浓度均表现出随高程上升逐渐降低的趋势($P<0.05$)。可交换态及碳酸盐结合态和铁锰氧化物结合态的浓度表现出与总 Cd 相似的分布特征，有机物及硫化物结合态与残渣态 Cd 的浓度在 150m、155m 和 160m 处显著高于其他高程($P<0.05$)。

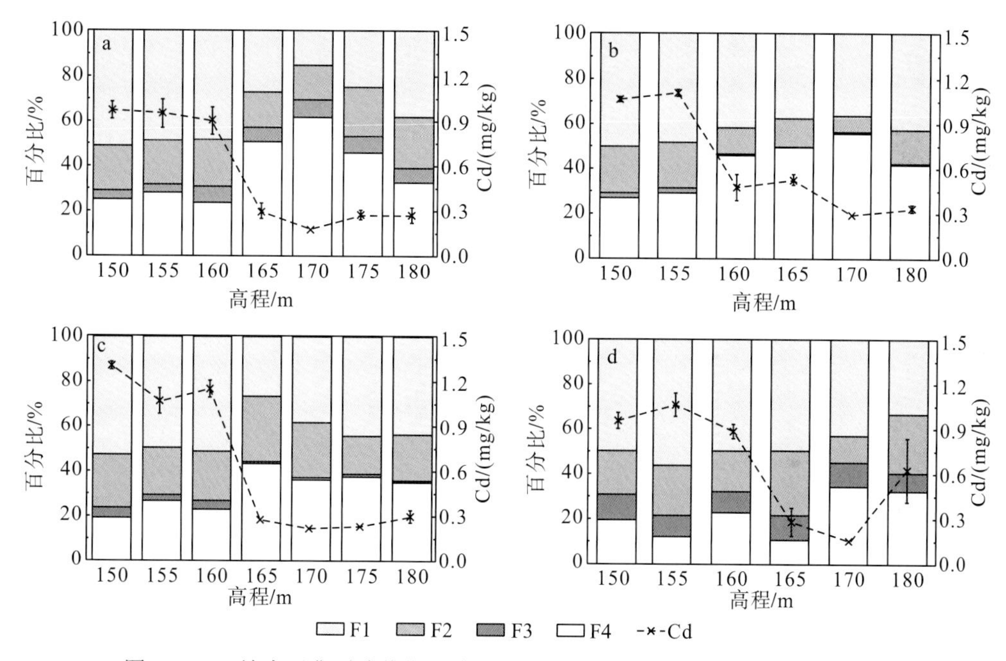

图 5.13 三峡库区典型消落带土壤/沉积物中 Cd 的浓度及其形态的空间分布特征

注：a、b、c、d 分别代表农田、林地、果园、居民点

消落带沉积物中不同形态 Cd 占其总浓度比值表现为可交换态及碳酸盐结合态(41.21%±1.48%)>残渣态(34.71%±1.88%)>铁锰氧化物结合态(19.15%±0.77%)>有机物及硫化物结合态(5.13%±0.53%)($P<0.05$)。Cd 的形态比例在土地利用类型间和高程间均存在显著性差异($P<0.05$)，这与不同形态 Cd 的浓度特征不同有关。在土地利用类型间，不同形态 Cd 的比例均存在显著性差异($P<0.05$)，居民点下方可交换态及碳酸盐结合态 Cd 占比显著高于农田($P<0.05$)；果园与居民点下方铁锰氧化物结合态 Cd 占比显著高于林地($P<0.05$)；有机物及硫化物结合态 Cd 占比为居民点>农田>果园>林地($P<0.05$)；林地与农田下方残渣态 Cd 占比显著高于居民点($P<0.05$)。在不同高程间，铁锰氧化物结合态 Cd 与有机物及硫化物结合态 Cd 占比无显著性差异($P>0.05$)，可交换态及碳酸盐结合态与残渣态 Cd 占比表现出相反的分布特征，在高程 150m、155m 和 160m 处，可交换态及碳酸盐结合态 Cd 占比显著高于高程 165m、170m 和 175m 处($P<0.05$)，而残渣态 Cd 占比显著低于高程 165m、170m 和 175m 处($P<0.05$)。

背景点土壤中不同形态 Cd 的浓度为：可交换态及碳酸盐结合态(0.14mg/kg±0.02mg/kg)与残渣态 Cd(0.13mg/kg±0.02mg/kg)最高，铁锰氧化物结合态[(0.08±0.01)mg/kg]次之，有机物及硫化物结合态 Cd 浓度(0.02mg/kg±0.01mg/kg)最低($P<0.05$)。居民点下方土壤中铁锰氧化物结合态与有机物及硫化物结合态Cd的浓度显著高于其他土地利用类型($P<0.05$)，其他两种形态 Cd 的浓度在土地利用类型间不存在显著性差异($P>0.05$)。土壤中 Cd 的各个形态占比表现为：可交换态及碳酸盐结合态(39.20%±1.46%)>残渣态(34.93%±1.77%)>铁锰氧化物结合态(21.33%±1.45%)>有机物及硫化物结合态(4.80%±1.29%)($P<0.05$)。果园和林地下方土壤可交换态及碳酸盐结合态 Cd 占比显著高于居民点($P<0.05$)，居民点下方土壤铁锰氧化物结合态 Cd 占比显著高于林地($P<0.05$)，其他两种 Cd 形态所占的比例在不同土地利用类型间不存在显著性差异($P>0.05$)。

根据线性回归分析结果(表 5.13)，消落带沉积物 Cd 及其形态浓度与高程均存在显著线性负相关($P<0.05$)。沉积物黏土含量与 Cd 及其形态浓度均存在显著线性正相关($P<0.05$)；除有机物及硫化物结合态外，Cd 及其形态浓度与粉砂存在显著线性正相关($P<0.05$)；沉积物中砂与 Cd 及其形态浓度呈显著线性负相关($P<0.05$)。消落带 Cd 及其形态浓度与 pH 均不存在显著的相关关系($P>0.05$)。除残渣态以外，Cd 及其形态浓度与有机质存在显著线性正相关，但 R^2 较低。沉积物主要元素(Al、Ca、Fe、Mg、Mn、P、Ti)与 Cd 及其形态浓度均线性正相关($P<0.05$)，且上述元素及 Cd 形态浓度均与海拔线性负相关($P<0.05$)。

考虑到 Cd 的浓度在高程间存在显著性差异，因此根据 Cd 及其形态的分布特征，定义 150～160m 为消落带下部，165～175m 为消落带上部，分别统计 Cd 及其形态浓度与沉积物理化性质的关系。线性回归结果表明，消落带下部沉积物理化性质与 Cd 及其形态的关系更加密切，粒度组成和主要元素浓度均与 Cd 及其形态存在显著的线性关系($P<0.05$)，而消落带上部仅有少量指标(黏土占比、P)与 Cd 及其形态存在显著线性关系。背景点土壤 Cd 及其形态与土壤 pH、烧失量(LOI)、砂、Al、Ca、Mg、Mn、P 均不存在线性关系($P>0.05$)，仅土壤 Ti 与 Cd 线性正相关($P<0.05$)。

表 5.13　消落带土壤/沉积物理化性质、高程与 Cd 及其形态浓度的线性关系

采样点	Adj. R^2	高程	pH	LOI	黏土	粉砂	砂	Al	Ca	Fe	Mg	Mn	P	Ti
消落带(150～175m)	Cd	−0.73*	−0.01	0.08*	0.37*	0.29*	0.42*	0.49*	0.76*	0.59*	0.81*	0.79*	0.83*	0.64*
	F1	−0.72*	−0.01	0.08*	0.37*	0.24*	0.37*	0.41*	0.76*	0.52*	0.77*	0.75*	0.79*	0.58*
	F2	−0.66*	−0.01	0.05*	0.44*	0.24*	0.39*	0.51*	0.68*	0.58*	0.76*	0.78*	0.77*	0.56*
	F3	−0.28*	−0.01	0.06*	0.29*	0.01	0.07*	0.12*	0.37*	0.20*	0.28*	0.33*	0.25*	0.26*
	F4	−0.41*	−0.01	0.03	0.09*	0.36*	0.38*	0.40*	0.39*	0.43*	0.50*	0.44*	0.52*	0.47*
消落带下部(150～160m)	Cd		−0.02	−0.02	0.03	0.13*	0.20*	0.37*	0.35*	0.56*	0.49*	0.69*	0.85*	0.27*
	F1		0.00	−0.02	0.03	0.14*	0.21*	0.27*	0.36*	0.48*	0.45*	0.63*	0.77*	0.26*
	F2		−0.02	−0.02	0.08*	0.04	0.12*	0.41*	0.18*	0.49*	0.31*	0.59*	0.61*	0.17*
	F3		−0.01	0.01	0.01	0.02	−0.01	−0.02	0.10*	0.03	0.00	0.06	0.07*	0.09*
	F4		−0.02	−0.02	−0.02	0.09*	0.06	0.13*	0.01	0.08*	0.13*	0.08*	0.16*	0.01*
消落带上部(165～175m)	Cd		−0.01	−0.01	0.06	0.03	−0.01	−0.01	−0.02	−0.01	0.03	−0.02	0.21*	0.03
	F1		−0.01	−0.01	0.08*	−0.02	0.01	0.04	−0.03	0.04	−0.02	0.06	0.11*	−0.01
	F2		0.01	−0.03	0.02	0.00	0.01	0.06	−0.02	0.02	0.20*	0.01	0.19*	−0.02
	F3		−0.02	−0.03	0.22*	0.15*	0.04	−0.02	−0.01	−0.01	−0.01	−0.03	0.18*	0.03
	F4		−0.03	−0.02	0.13*	0.25*	0.12*	0.11*	−0.02	0.13*	0.07	0.05	0.16*	0.26*

续表

采样点	Adj. R^2	高程	pH	LOI	黏土	粉砂	砂	Al	Ca	Fe	Mg	Mn	P	Ti
背景点（180m）	Cd		−0.01	0.10	0.11	0.16	−0.04	−0.02	−0.01	0.27	−0.02	−0.08	0.10	0.54*
	F1		−0.08	0.04	0.17	0.23*	−0.03	−0.06	0.03	0.29*	−0.02	−0.08	0.19	0.58*
	F2		−0.02	−0.06	−0.08	0.02	−0.02	0.11	−0.07	0.13	0.01	−0.05	−0.04	0.20
	F3		−0.05	−0.07	0.03	0.02	−0.07	−0.06	−0.03	−0.03	−0.08	−0.01	0.05	0.00
	F4		0.01	0.22	0.24*	0.13	−0.07	−0.07	0.00	0.18	−0.06	−0.08	0.10	0.44*

注：*代表存在显著性，$P<0.05$。

消落带上方人类活动与暴露时间通常被认为是影响消落带理化指标、生物特性的重要因素(叶飞等，2018；Chen et al.，2017；何立平等，2014；吴起鑫等，2009)，消落带上方土地利用类型在一定程度上可以表征人类活动的强度(叶飞等，2018；Ye et al.，2019b)。Ye 等(2019b)的研究表明，在三峡库区澎溪河流域消落带，167.5m 以上消落带沉积物理化性质主要受区域性人类活动影响，167.5m 以下消落带沉积物理化性质主要受水位变化影响；整体而言，水位变化对消落带异质性的贡献远大于人类活动。本书中沉积物理化性质的结果同样说明水位变化对消落带理化性质的影响大于人类活动，但未见明显的水位分界线，这可能是干流和支流水文特征存在明显差异所导致的。

尽管消落带沉积物理化性质整体上没有随高程呈现出明显的转变，但是 Cd 及其形态浓度则呈现出明显的高程分异，即在 160～165m 区域沉积物 Cd 及其形态浓度发生明显转变(图 5.13)，消落带下部沉积物存在较高的 Cd 累积。而且，在四种土地利用类型下方土壤/沉积物中，Cd 及其形态浓度均与高程存在显著的线性关系(表 5.13)，而消落带的高程能直接反映其暴露时间，进而说明沉积物 Cd 及其形态的空间分布主要受消落带暴露时间的影响。暴露时间对消落带 Cd 分布特征的影响，主要通过泥沙这一介质实现(敖亮等，2014；Tang et al.，2014a)，暴露时间越短的区域，其被含沙水流淹没的时间越长，泥沙沉积量也越多(王彬俨等，2016)，因此被泥沙所吸附的 Cd 的累积量也越大。

许多研究表明，消落带沉积物的物源包括江水中泥沙沉积和降雨过程导致的坡岸侵蚀(Bao et al.，2015b；Tang et al.，2014a)，坡岸土地的不同使用方式，如本书选取的农田、林地、果园和居民点，会显著地影响其向周围环境输入的物质。但本书的研究结果表明，坡岸利用方式的不同，并未对下方消落带 Cd 的分布造成显著影响。本书所选取的居民点和农田都有较完善的沟渠设施，作为 Cd 潜在来源的生活污水和农业废水没有被直接排放到下方消落带，而是通过沟渠等途径排放至干流水体中，因此可能并未向消落带沉积物和背景点土壤直接输入 Cd，也未对 Cd 的空间分布造成影响。

沉积物理化性质对消落带 Cd 的分布具有重要影响，自三峡水库运行以来，消落带经历了长期的水位涨落，消落带理化性质较蓄水前也发生了巨大变化(程瑞梅等，2017)，讨论蓄水后消落带理化性质对 Cd 分布的影响具有重要意义。由于暴露时间及泥沙沉积量是控制消落带 Cd 分布的主要因素，而泥沙尺寸是影响其对重金属吸附量的主要因素，因此沉积物的粒度组成是对 Cd 分布影响最大的沉积物理化性质。通常认为，粒径小于 63μm 的沉积物(即黏土与粉砂)能够吸附固定更多的重金属(Campana et al.，2013)，所以三峡消落带沉积物 Cd 含量通常与黏土、粉砂呈显著正相关而与砂呈显著负相关(Ye et al.，2019a；

Bing et al.，2016b)，本书的分析结果证明了这一结论。

关于消落带 pH 对沉积物重金属分布的影响，目前持有两种观点，一种认为消落带淹水后的还原反应会消耗间隙水中的 H^+，随着 pH 的升高，消落带土壤/沉积物对重金属的吸附量增大，因此消落带沉积物 pH 与重金属含量显著正相关(杨丹等，2018)；另一种观点认为，消落带反复的淹水与暴露过程，打破了正常的水土化学过程，使沉积物 pH 整体偏中性(程瑞梅等，2017)，减弱了 pH 与重金属含量间的联系，因此消落带沉积物 pH 与重金属含量无显著相关性(程瑞梅等，2009)。本书的结果与第二种观点相同，认为消落带在水位反复变化的情况下，沉积物重金属含量更依赖于水位涨落所引起的沉积与流失过程。有机质能够以吸附和络合方式与 Cd 结合，因此，消落带沉积物有机质含量通常与 Cd 含量显著相关(Ye et al.，2019a；杨丹等，2018；Bing et al.，2016b)，本书的研究结果证实了这一观点，但是 R^2 较低，可能是由消落带有机质含量较低，对 Cd 含量的影响较小导致的。此外，本书中消落带沉积物有机物及硫化物结合态 Cd 占比(5.13%±0.53%)较低，这可能是由消落带暴露时间长且有机质含量低所造成的。

消落带沉积物中主要元素浓度与 Cd 及其形态浓度间具有显著线性正相关关系，这可能反映了这些元素间具有相同的来源。泥沙在消落带沉积的过程，不仅向消落带输入了 Cd，也输入了大量其他元素(如本书中提到的 7 种主要元素)，因此，消落带沉积物 Cd 及其形态浓度均与沉积物主要元素浓度呈现较好的线性正相关关系。对于没有泥沙输入的消落带上方 180m 样点，Cd 的可能来源包括母质风化、大气沉降、人为输入等，因此，在背景点土壤样品中 Cd 与 Al、Ca、Fe、Mg、Mn 和 P 之间无显著的线性相关关系，仅与土壤母质参比元素 Ti 存在显著线性关系(R^2＝0.54)。

本书根据 Cd 及沉积物理化性质在高程间的分布特征，将消落带划分为 Cd 及主要元素浓度相对较高、沉积物粒度组成更细的消落带下部(150～160m)和 Cd 及主要元素浓度相对较低、沉积物粒度组成更粗的消落带上部(165～175m)。对消落带上部、下部 Cd 及其形态浓度与主要元素浓度分别进行线性回归分析的结果，也证明了消落带存在泥沙沉积和坡岸侵蚀的两种物源。对于消落带下部长期淹水区域，其物源不仅来自库区坡岸近源侵蚀，也来自汛期干流泥沙沉积，泥沙沉积对物源的贡献更大(Bao et al.，2015b；Tang et al.，2014a)。因此，消落带下部 Cd 与主要元素间存在显著的线性正相关关系。而消落带上部短期淹水区域，其物源主要是库区坡岸近源侵蚀(Bao et al.，2015b；Tang et al.，2014b)，所以消落带上部沉积物同 180m 背景点土壤样品一样，Cd 及其形态浓度与主要元素的关系相对较弱。

3. 消落带 Cd 的污染与生态风险评价

利用地累积指数法、Hakanson 潜在生态风险指数法、风险评价编码法评价消落带沉积物及背景点土壤 Cd 的污染现状及潜在生态风险(图 5.14)。地累积指数法结果表明，消落带沉积物 Cd 的污染程度达到偏中度污染水平(1.34±0.12)。四种用地类型下消落带沉积物 Cd 的地累积指数无显著性差异(P＞0.05)，在高程间存在显著性差异(P＜0.05)，其中 150m、155m、160m 高程污染程度最高，达到中度污染水平(2.35±0.05)；165m 和 175m 高程污染程度次之，为轻度污染(0.62±0.17)；170m 高程污染程度最低，为清洁程度

(−0.04±0.10)。背景点土壤 Cd 的地累积指数为 0.67±0.18，达到轻度污染水平，在四种土地利用类型间，土壤 Cd 的累积程度无显著性差异($P>0.05$)。

Hakanson 潜在生态风险指数法的结果表明(图 5.14)，消落带沉积物 Cd 的潜在生态风险为较高风险水平(145.35±9.77)。四种用地类型下消落带沉积物 Cd 的潜在生态风险无显著性差异($P>0.05$)，在高程间存在显著性差异($P<0.05$)，其中 150m 和 155m 高程潜在生态风险最高，达到高风险状态(232.88±6.85)；160m 高程潜在生态风险次之，同为高风险状态(192.96±15.43)；165m、170m 与 175m 高程潜在生态风险最低，为中等风险状态(59.70±4.06)。背景点土壤 Cd 的潜在生态风险为较高风险状态(80.85±12.28)，在四种土地利用类型间，土壤 Cd 的潜在生态风险无显著性差异($P>0.05$)

风险评价编码法结果表明(图 5.14)，消落带沉积物 Cd 的生态风险为高风险水平(41.23%±1.48%)。四种用地类型下消落带沉积物 Cd 的生态风险存在显著性差异($P<0.05$)，居民点下方消落带沉积物 Cd 的生态风险显著高于农田($P<0.05$)。沉积物 Cd 的生态风险在高程间存在显著性差异($P<0.05$)，其中 150m、155m、160m 高程达到高风险状态(49.64%±0.69%)，且显著高于 165m、170m 与 175m 高程的生态风险(31.51%±2.25%)。背景点土壤 Cd 的生态风险为高风险状态(39.20%±1.46%)，果园与林地下方土壤 Cd 生态风险显著高于居民点($P<0.05$)。

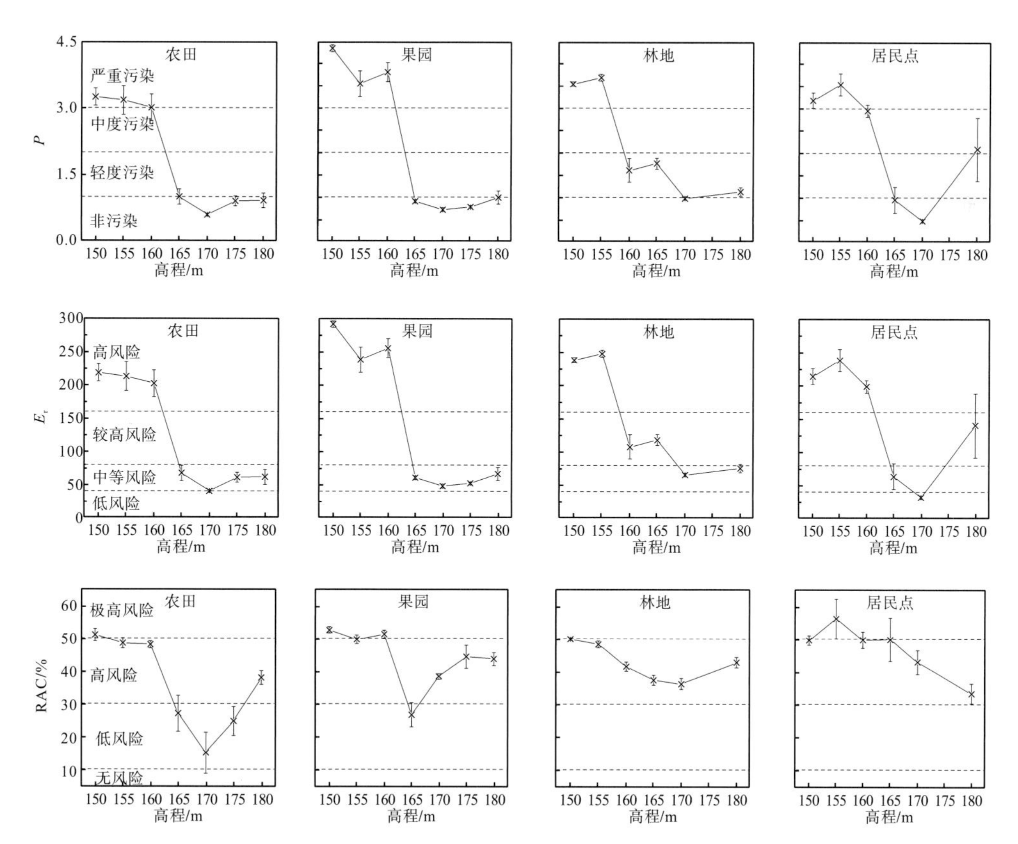

图 5.14　三峡库区典型消落带土壤/沉积物中 Cd 的污染及潜在生态风险特征

5.2.3 沉积物理化性质与重金属及其可迁移态的关系

水坝的建造限制了水的自然运移，降低了水流速度，从而增加了沉积物的停留时间，进而增加了沉积(Fremion et al.，2016；Friedl and Wüest，2002)。同蓄水之前相比，三峡水库的运行明显降低了水流速度(Lan，2005)。同时，自三峡水库完全蓄水后，水体悬移质的粒径显著减小(Yuan et al.，2013b)。本书的研究同样发现，消落带沉积物粒径组成呈现出随着距三峡大坝距离的减小而逐渐下降的趋势。沉积物中细颗粒物的增多可以显著提高重金属的累积和水质的净化。Gao 等(2016b)的研究表明，三峡库区水体中重金属的浓度从上游到下游有所降低。尽管在很大空间尺度上的数据仍然有限，但沉积物中重金属浓度的时间变化也支持了这种假设。另外，如果当地的人类活动没有增加重金属的输入，那么大坝附近区域的沉积物中应该存在重金属累积的热点区域。本书的研究发现，消落带沉积物中 Cd 的浓度在向着三峡大坝的方向上存在升高趋势，而且沉积物 Cd 与细颗粒泥沙间呈现出显著的相关关系(表 5.14)，反映了泥沙对 Cd 分布的影响。除此之外，在空间上还有一个明显的变化：水位的反季节变化是消落带沉积物中重金属不规则累积的重要原因。在夏季(雨季，低水位)，当地来源的重金属可以在丰富的降水和地表径流的影响下进入消落带的沉积物中。因此，除了细颗粒的泥沙对重金属运输的贡献外，当地的人类活动可能通过水和空气的运移影响某些重金属在沉积物中的分布。

表 5.14 三峡库区消落带和水下沉积物中重金属与理化性质间的关系

类型		Fe		Mn		黏粒		粉粒		砂粒		TOC	
		R^2	P	R^2	P	R^2	P	R^2	P	R^2	P	R^2	P
消落带沉积物	Cd	0.26	**	0.44	***			0.37	***	−0.34	***	0.14	*
	Cr	0.26	**							−0.16	**		
	Cu	0.29	***	0.22	**	0.61	***						
	Ni	0.21	**							−0.15	*		
	Pb	0.30	***	0.35	***	0.65	***			−0.10	*		
	Zn	0.35	***	0.50	***	0.36	***	0.14	*	−0.19	**		
水下沉积物	Cd	0.07	**	0.19	**			0.10	***	−0.10	***	0.32	***
	Cr	0.52	***	0.18	*			0.39	***	−0.47	***	0.24	***
	Cu	0.08	***			0.03	*	0.04	*	−0.07	***	0.07	**
	Ni	0.47	***	0.10	***	0.03	*	0.19	***	−0.28	***		
	Pb	0.15	**	0.04	**			0.08	***	−0.13	***		
	Zn	0.28	***	0.30	***			0.14	***	−0.21	***	0.33	***

注：***表示 $P<0.001$，**表示 $P<0.01$，*表示 $P<0.05$。

与沉积物中的细颗粒相比，重金属与 Al、Ca、Fe、K、Mg、Li 和 Mn 的相关性更高(表 5.15)，这意味着沉积物中重金属的分布不能简单地通过颗粒粒度的变化来解释。在冲刷、干湿交替作用下，消落带的环境条件易发生变化，使重金属在河岸带中具有较大的迁移(去除)潜力。例如，Al 与 Cu 和 Pb 之间的显著相关性表明，在碱性条件下，消落带沉积物中形成的 Al 络合物会激发这些重金属的吸附/释放。同时，由于与 Fe 和 Mn 的密切关系，消落带沉积物中重金属可能在氧化还原条件的变化下移动。虽然水下沉积物中重金属与沉积物性质(如 Cd 和 Fe、Zn 和 Fe)也有显著的相关关系，在深水区域沉积物通常表现为还原条件，但是研究没有呈现出它有利于重金属的释放。

三峡库区干流消落带沉积物和水下沉积物中酸溶性 Cd 的浓度在空间上与其总浓度相似，而其他重金属的浓度则不同。重金属的酸溶形态(可交换的或与碳酸盐结合的)通常表明其在沉积物中的污染状况。此外，沉积物中的酸溶态 Cd 与 P 有显著的相关性(表 5.15)。结合沉积物中高浓度和高比例的酸溶态 Cd，Cd 可能是来自流域内的人为输入。沉积物中其他酸溶性重金属的浓度相对较低，只有在涪陵和云阳的消落带，万州和巴东的水下地区显示为热点区域。由于沉积条件的不同，酸溶性重金属在消落带和水下沉积物中的分布有明显差异(表 5.15)。与水下沉积物中的重金属形态相比，消落带沉积物中重金属的形态受到的影响要大得多，其中粒度和 pH 是主要的影响因素。氧化还原条件和外部输入是控制水下沉积物中酸溶态重金属的主要因素，碳酸盐也影响酸溶性 Cu、Pb 和 Zn 的分布。

表 5.15　三峡库区沉积物中 Cd、Cu、Pb 和 Zn 及其酸可溶解态与沉积物理化性质间的关系（皮尔逊相关分析法）

类型	指标	沉积物理化性质
消落带沉积物(n=81)	Cd	Al**，Fe**，K**，Li**，Mn**，−Na**，P**，−LOI**，Silt**，−Sand**
	Cu	Ca**，Fe*，Mg**，Mn**，P**，Ti**，pH**，−LOI**，−Clay**，Sand*
	Pb	Ca**，Fe**，Mg**，Mn**，−Na**，P**，Ti**，pH**，−LOI**
	Zn	Al**，Fe**，K**，Li**，Mn**，−Na**，P**，Clay**，−Sand**
	Ex-Cd	Al**，Fe**，K**，Li**，Mn**，−Na**，P**，Silt**，−Sand**
	Ex-Cu	−Al*，Ca*，−K*，−Li**，Mg*，Ti**
	Ex-Pb	−P**，−pH*，Clay**
	Ex-Zn	−Al*，Ca*，−K**，−Li*，−Mn**，−P**，−pH**，Clay**
水下沉积物(n=24)	Cd	Fe**，K*，P**，Clay**
	Cu	−Al**，Ca**，Mg**，Mn*，Na**，P**，Ti**，Sand*
	Pb	Ca**，Fe*，Mg**，P**，Ti**
	Zn	Fe**，pH*
	AF-Cd	Fe**，Mn**，P**
	AF-Cu	−Al*，Ca**，Mg**，Mn**，Na**，P**
	AF-Pb	−Al*，Ca**，Mg**，Mn**，Na**，P**，Ti*
	AF-Zn	−Al*，Ca**，Mg**，Mn*，Na*，P**

注：*表示 0.05 水平下具有显著性相关(双尾检测)；**表示 0.01 水平下具有显著性相关(双尾检测)；AF 表示酸可溶解态；负号代表负相关；Clay 为黏粒；Silt 为粉粒；Sand 为砂粒。

5.3 三峡库区沉积物中重金属的污染和风险评价

采用富集因子、地累积指数、综合污染指数和潜在生态风险指数、毒性风险指数等方法分别评价库区干流沉积物中重金属的污染水平和生态风险水平。在本书研究中，选用重庆市土壤中重金属的背景浓度作为地球化学参照值来计算重金属的污染和潜在生态风险指数。具体的重金属污染和生态风险评价指标及其计算方法和分类如下。

1.富集因子法

富集因子(EF)主要用于评价沉积物中重金属富集的等级，计算公式如下：

$$\mathrm{EF}=(\mathrm{Me/Al})_{\mathrm{sample}}/(\mathrm{Me/Al})_{\mathrm{background}} \tag{5.1}$$

其中，$(\mathrm{Me/Al})_{\mathrm{sample}}$代表样品中观察到的金属与Al的比值；$(\mathrm{Me/Al})_{\mathrm{background}}$是背景中相应的比值。富集程度分为：无富集(EF≤1)、轻度富集(1＜EF ≤3)、中度富集(3＜EF≤5)、中-重度富集(5＜EF≤10)、重度富集(10＜EF≤25)、严重富集(25＜EF≤50)、极严重富集(EF＞50)。

2. 地累积指数法

地累积指数(I_{geo})用于评价沉积物中重金属的污染程度，计算公式如下：

$$I_{\mathrm{geo}}=\log_2(C_i/1.5C_0) \tag{5.2}$$

其中，C_i是金属的浓度；C_0是它的地球化学元素背景值；系数1.5用于探测微小的人为影响。地累积指数共分为七类：未污染($I_{\mathrm{geo}}\leqslant 0$)、未污染至中度污染($0<I_{\mathrm{geo}}\leqslant 1$)、中度污染($1<I_{\mathrm{geo}}\leqslant 2$)、中度至重度污染($2<I_{\mathrm{geo}}\leqslant 3$)、严重污染($3<I_{\mathrm{geo}}\leqslant 4$)、严重污染至极严重污染($4<I_{\mathrm{geo}}\leqslant 5$)、极严重污染($I_{\mathrm{geo}}>5$)。

3. 综合污染指数法

综合污染指数(PLI)用于评价沉积物中重金属的整体污染状况，计算公式如下：

$$\mathrm{PLI}=(\mathrm{PI}_1\times\mathrm{PI}_2\times\mathrm{PI}_3\times\cdots\times\mathrm{PI}_n)^{1/n} \tag{5.3}$$

其中，PI 定义为 $\mathrm{PI}=C_i/C_0$；n 是重金属的数量。污染程度分为：背景水平(PLI=0)、未污染(0<PLI≤1)、未污染至中度污染(1＜PLI≤2)、中度污染(2＜PLI≤3)、中度污染至严重污染(3＜PLI≤4)、严重污染(4＜PLI≤5)以及极严重污染(PLI＞5)。

4. 潜在生态风险指数法

潜在生态风险指数(E_r^i)用于评估沉积物中重金属的潜在生态风险。

$$E_r^i=T_r^i\times\mathrm{PI} \tag{5.4}$$

$$\mathrm{RI}=E_r^1+E_r^2+E_r^3+\cdots+E_r^n \tag{5.5}$$

其中，T_r^i为金属毒性响应系数；RI 为综合生态风险指数；Cd、Cr、Cu、Ni、Pb 和 Zn 的毒性系数分别为30、2、5、5、5和1。单个金属的潜在生态风险水平依次为轻度($E_r^i\leqslant 40$)、中度($40<E_r^i\leqslant 80$)、高度($80<E_r^i\leqslant 160$)、很高($160<E_r^i\leqslant 320$)以及极高($E_r^i>320$)；综合生态风险分为轻度(RI≤150)、中度(150＜RI≤300)、高度(300＜RI≤600)以及极高(RI＞600)。

5. 毒性风险指数法

沉积物质量基准(SQGs)，如阈值/可能效应水平(TEL/PEL)，用于评估沉积物中重金属的风险水平(表 5.16)。毒性风险指数(TRI)考虑了重金属的 TEL 和 PEL 效应，并用于评估重金属在沉积物中的综合毒性风险。

$$TRI_i=[0.5\times((C_i/TEL)^2+(C_i/PEL)^2)]^{1/2} \tag{5.6}$$

$$TRI=TRI_1+TRI_2+TRI_3+\cdots+TRI_n \tag{5.7}$$

TRI 的风险等级可被分为五类：无毒性风险(TRI≤5)、低度风险(5＜TRI≤10)、中度风险(10＜TRI≤15)、重度风险(15＜TRI≤20)以及极重度风险(TRI＞20)。

5.3.1 库区干流沉积物中重金属的污染评价

三峡库区干流沉积物中重金属及其酸可提取态的浓度见表 5.16。沉积物中重金属的浓度反映了其重金属的积累水平(Wang et al.，2017a；Pejman et al.，2015)。与重庆市区土壤和上陆壳土壤中重金属地球化学背景相比，三峡水库干流消落带沉积物中重金属含量均高于其两倍，尤其是 Cd 含量约高出其背景值的 9 倍。此外，沉积物中重金属的浓度水平显著高于三峡水库地区的农业土壤(表5.16)，这表明消落带沉积物是污染物主要的“汇”。此外，三峡水库沉积物中重金属的浓度普遍要比我国其他河流沉积物中重金属的浓度要高。这些对比结果表明，三峡库区的河岸沉积物和水下沉积物可能受到重金属污染。在重金属形态方面(表 5.16)，Cd 表现出较高的可迁移性，其可迁移态浓度占总 Cd 浓度的 50%以上，而其他重金属的迁移性相对较低。

表 5.16　三峡库区沉积物中 Cd、Cu、Pb 和 Zn 及其酸可提取态的浓度特征，沉积物重金属质量标准

(单位：mg/kg)

		Cd	Cu	Pb	Zn	文献资料
消落带沉积物[a]	范围	0.343～2.00	32.3～130	23.5～121	103～255	本书
	均值	0.990±0.4	69.3±27.6	57.1±21.0	161±28.3	
水下沉积物[a]	范围	0.591～1.34	36.5～93.9	36.5～69.5	152～211	本书
	均值	0.878±0.2	54.2±17.4	51.0±8.8	174±15.4	
消落带沉积物[b]	范围	0.175～0.905	2.0～38.0	0.418～16.8	7.05～53.0	本书
	均值	0.512±0.2	7.45±7.2	3.14±2.9	22.6±11.6	
水下沉积物[b]	范围	0.339～1.02	1.34～37.0	1.12～17.2	11.8～49.6	本书
	均值	0.517±0.1	7.72±9.9	4.22±3.8	22.3±9.8	
背景						
UCC		0.098	25.0	20.0	71.0	Taylor 和 McLennan，1995
中国土壤		0.097	22.6	26.0	74.2	CEPA，1990
重庆市土壤		0.084	19.1	21.4	51.7	Chen 等，2015
不同国家沉积物中重金属基准						
MPC(pH＜6.5)		0.30	50	250	200	GB 15618—1995
中国沉积物质量基准	Class I	0.5	35	60	150	GB 18668—2002
	Class II	1.5	100	130	300	

续表

		Cd	Cu	Pb	Zn	文献资料
美国沉积物质量基准	Class I	6	25	40	90	U.S. Environmental Protection Agency，1995
	Class II	—	50	60	200	
加拿大沉积物质量基准		0.6	35.7	35	123	CCME，1999
重金属阈值效应浓度						
最低效应水平	LEL	0.6	16	31	120	Persaud 等，1993
临界阈值效应水平	TEL	0.6	35.7	35	123	Smith 等，1996
低效应水平	MET	0.9	28	42	150	EC 和 MENVIQ，1992
可能受影响效应水平	PEL	3.5	197	91.3	315	Smith 等，1996
低影响范围水平	ERL	5	70	35	120	Long 和 Morgan，1991
沉积物质量评价基准						
临界效应浓度	TEC	1	32	36	120	MacDonald 等，2000
最有可能受影响浓度	PEC	5	150	130	460	MacDonald 等，2000

注：a 表示总的重金属浓度；b 表示重金属可迁移态浓度；UCC 表示上陆壳；MPC 表示中国农田土壤重金属的“最大可忍受浓度”。

通过计算重金属的 EF 和 I_{geo} 来评价库区干流消落带沉积物中重金属的具体污染水平。2014 年，沉积物中单个重金属的污染水平顺序为 Cd>>Cu≈Zn>Pb>Cr≈Ni，2016 年为 Cd>>Zn>Cu≈Pb>Cr≈Ni（表 5.17）。2014～2016 年各重金属的污染水平差异不显著（$P>0.05$），但是 Cd（24.1）和 Zn（7.2）的 EF 值在 2016 年最高，而 Cu 的 EF 值（8.9）在 2014 年较高，这表明 2016 年消落带沉积物中某些重金属的富集变化不明显（如 Cr、Ni 和 Pb），甚至出现浓度下降的现象（如 Cu），而 Cd 和 Zn 的富集表现出在某些点位较高的特异性分布特征。根据 EF 的分类，沉积物中 Cd 在 2014 年和 2016 年普遍处于重度富集水平，2014 年的 Cu 和 Zn 以及 2016 年的 Zn 达到了中度富集，其余的重金属则表现出轻度富集。同样地，I_{geo} 的结果显示出 2014 年和 2016 年消落带沉积物 Cd 的污染均达到了中度至重度的水平，2014 年 Cu 和 Zn 的污染表现出中度水平，2016 年 Zn 的污染为中度水平，其他重金属在两年内则未出现污染或存在中度污染的现象（表 5.17）。

表 5.17　三峡库区消落带沉积物中重金属的污染和潜在生态风险特征

指标		2014 年（n=81）						2016 年（n=63）					
		Cd	Cr	Cu	Ni	Pb	Zn	Cd	Cr	Cu	Ni	Pb	Zn
EF	Mean	**10.9**	**1.8**	**3.6**	**1.6**	**2.5**	**3.0**	**11.0**	**1.6**	**2.4**	**1.5**	**2.3**	**3.3**
	SD	3.4	0.4	1.7	0.2	1.0	0.6	4.8	0.3	0.6	0.1	0.7	1.1
	Med.	10.7	1.8	2.9	1.6	2.3	2.9	10.9	1.5	2.4	1.5	2.4	3.2
	Min.	4.7	1.2	1.4	1.2	1.1	2.1	2.9	0.9	1.4	0.9	0.9	1.5
	Max.	19.6	2.7	8.9	2.1	4.7	4.8	24.1	3.1	3.3	1.7	4.5	7.2
I_{geo}	Mean	**2.9**	**0.3**	**1.2**	**0.2**	**0.7**	**1.0**	**2.9**	**0.2**	**0.8**	**0.1**	**0.7**	**1.2**
	SD	0.6	0.3	0.5	0.3	0.3	0.7	0.7	0.2	0.3	0.3	0.5	0.5

续表

指标		2014 年(*n*=81)						2016 年(*n*=63)					
		Cd	Cr	Cu	Ni	Pb	Zn	Cd	Cr	Cu	Ni	Pb	Zn
I_{geo}	Med.	2.9	0.3	1.1	0.1	0.7	1.0	3.1	0.2	0.9	0.2	0.8	1.3
	Min.	1.4	−0.4	0.2	−0.5	−0.5	0.4	0.8	−0.9	−0.3	−0.9	−0.9	−0.1
	Max.	4.0	0.8	2.2	0.8	1.9	1.7	4.0	0.6	1.3	0.4	1.7	2.4
E_r	Mean	**354**	**3.7**	**18.1**	**8.6**	**13.3**	**3.1**	**362**	**3.4**	**12.9**	**8.1**	**12.7**	**3.6**
	SD	131	0.8	7.2	1.8	4.9	0.5	153	0.5	2.7	1.5	4.1	1.2
	Med.	329	3.7	15.8	8.3	12.0	3.1	389	3.5	13.5	8.6	13.2	3.7
	Min.	122	2.3	8.5	5.2	5.5	2.0	77.7	1.7	6.1	4.0	4.1	1.4
	Max.	714	5.2	34.1	12.9	28.2	4.9	730	4.7	18.0	10.0	24.7	7.9
TRI_i/%	Mean	**13.7**	**14.8**	**9.5**	**20.5**	**6.8**	**18.4**	**14.6**	**12.8**	**8.4**	**22.8**	**6.2**	**22.1**
	SD	3.3	4.3	3.1	6.9	3.7	8.8	3.7	3.1	3.1	8.6	3.2	8.5
	Med.	13.5	14.0	9.0	19.7	5.7	16.9	14.7	11.8	9.1	19.6	6.0	19.2
	Min.	8.3	7.9	4.5	8.6	2.0	6.3	7.6	7.3	3.2	9.5	1.7	8.5
	Max.	21.6	30.4	22.0	39.5	20.4	46.6	23.5	22.4	14.5	45.9	12.7	47.2
PLI	Mean	**3.2**						**3.0**					
	SD	0.7						0.7					
	Med.	3.1						3.3					
	Min.	1.7						1.2					
	Max.	4.5						4.5					
RI	Mean	**400**						**403**					
	SD	137						161					
	Med.	377						434					
	Min.	147						95.0					
	Max.	766						782					
TRI	Mean	**8.5**						**8.0**					
	SD	1.9						1.8					
	Med.	8.4						8.6					
	Min.	4.7						3.2					
	Max.	12.3						11.8					

注：Mean 表示平均值；SD 表示标准值；Med.表示中位数；Min.表示最小值；Max.表示最大值。

2014～2016 年库区消落带沉积物中重金属的污染在空间分布模式上存在明显差异(图 5.15)。在 EF 方面，2014 年没有明显的空间变化趋势[图 5.15(a)]，江津、江北、长寿、涪陵、忠县、万州、奉节、秭归等地的重金属富集程度普遍高于其他地点。2016 年，三峡中上游江北到万州地区 Cd 富集严重，Cu 和 Pb 轻度到中度富集，Zn 轻度富集，而其他区域除 Cd 为中度富集外，其余重金属富集程度较小。Cr 和 Ni 在所有部位都表现出轻微富集，但在三峡中上游地区发现 Cr 的富集程度相对较高。

I_{geo} 的空间分布结果与 EF 的结果基本一致[图 5.15(b)]。2014 年，所有点位都显示出中度至高度的 Cd 污染水平，而忠县、万州、奉节、巫山、秭归等地的 Cd 污染程度较高。除永川和巴南(中度污染)点位外，2016 年的其他点位也显示出中到高的 Cd 污染，其高污染区域为江北到万州段，即三峡库区的中、上段。对 Cu 而言，2014 年江津、江北、涪陵、忠县、万州、奉节和秭归的污染水平为中等，只有在江北达到中到高污染水平。2016 年，除了江北到涪陵区域外，其他点位显示 Cu 的污染为中等水平。对于 Pb，江津、江北、忠县、奉节和秭归在 2014 年呈现中等污染水平；其他点位处于无污染至中度污染水平。2016 年，在渝北、涪陵和巴东点位 Pb 的污染水平为中度，而在其他地点则存在从未污染到中度污染的现象。2014 年，从涪陵到秭归的几乎所有点位都有中等程度的 Zn 污染，而 2016 年几乎所有从江北到巴东的点位都观察到了中等水平的 Zn 污染。尽管 2014 年和 2016 年所有点位沉积物中均未受到 Cr 和 Ni 污染，但是其污染程度相对较高的点位在 2014～2016 年也发生了变化。

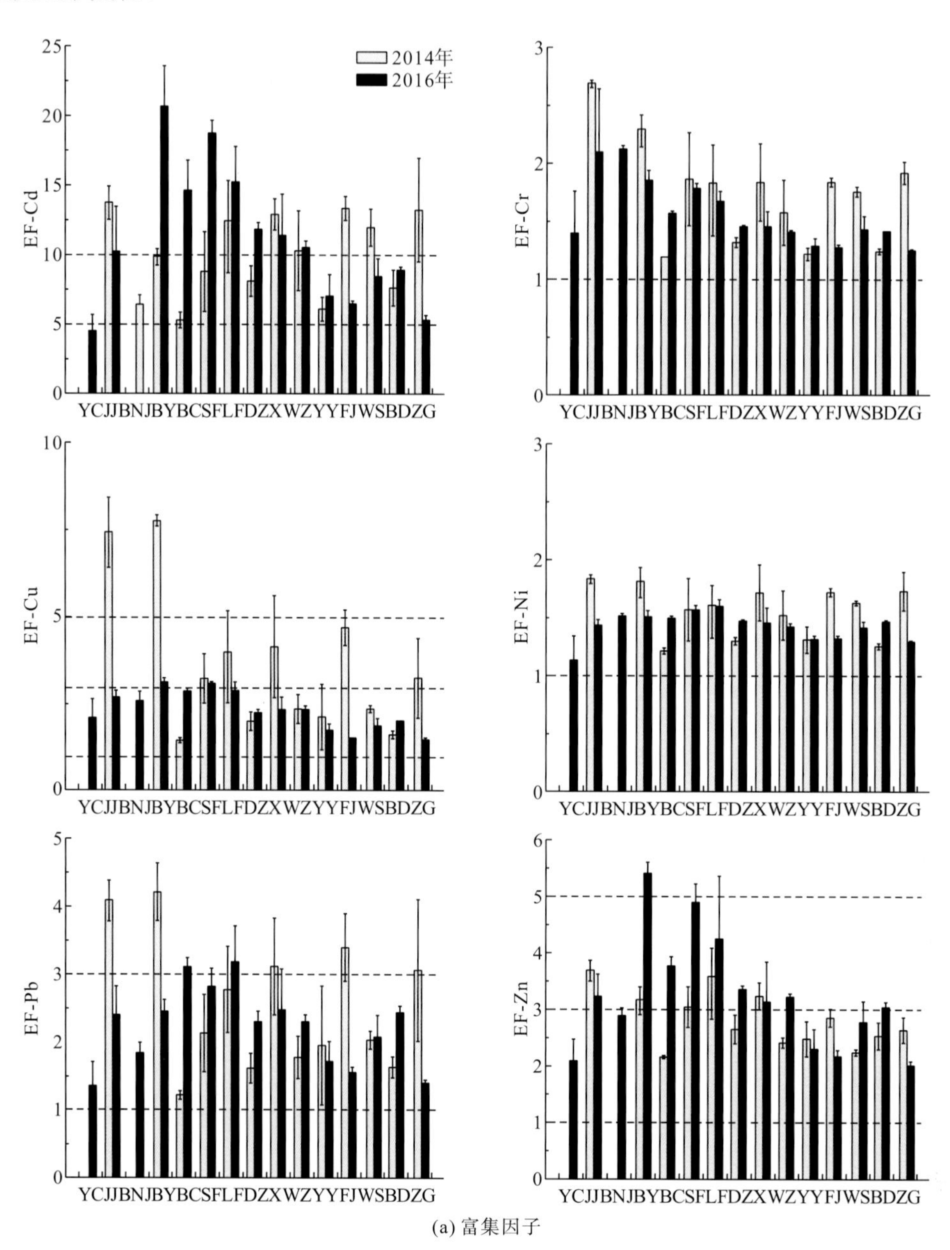

(a) 富集因子

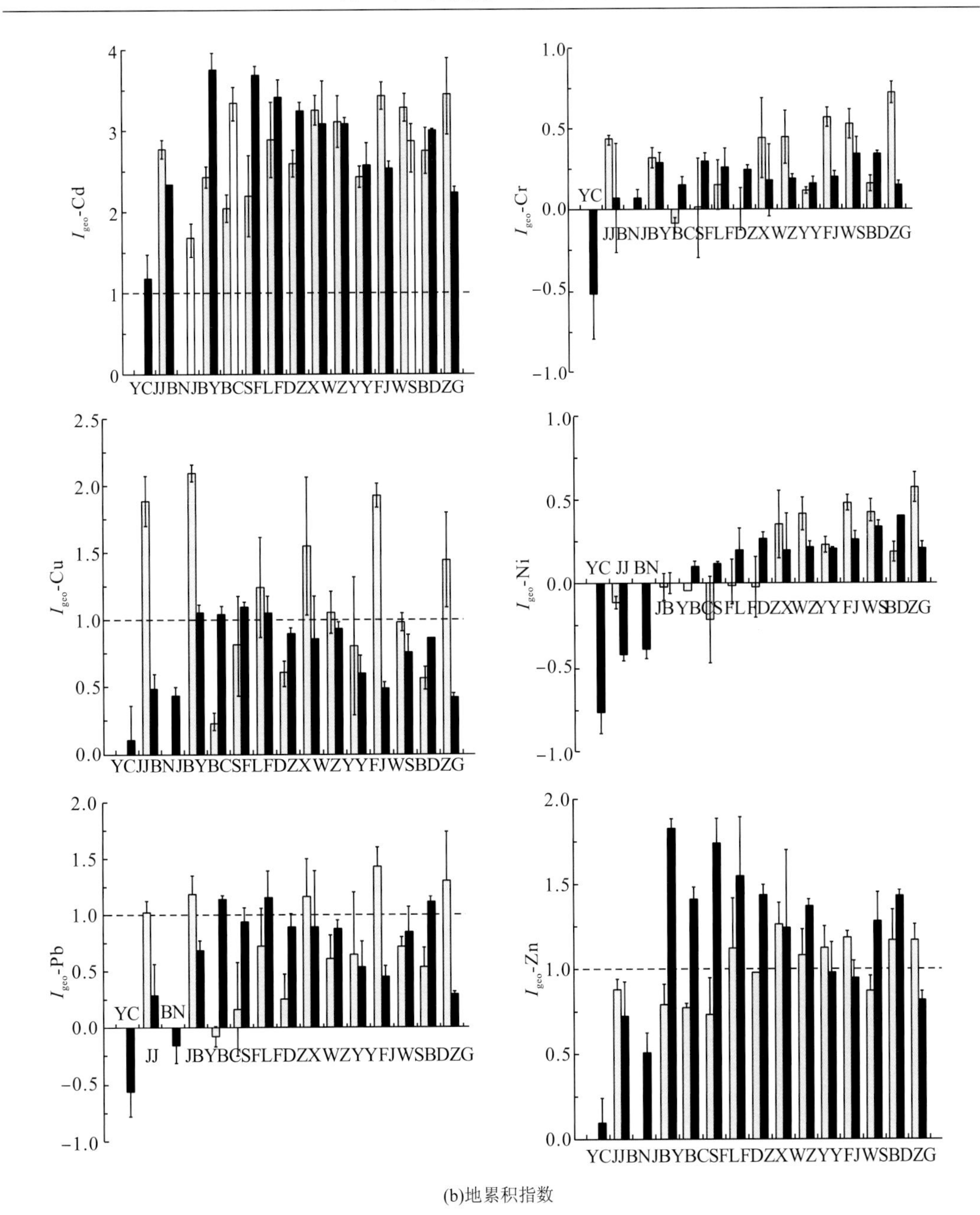

(b)地累积指数

图 5.15　三峡库区消落带沉积物中重金属的富集因子和地累积指数

注：图中横线代表重金属富集和污染等级

2014 年消落带沉积物中重金属的综合污染指数(PLI)为 1.7～4.5，平均值为 3.2，2016 年则为 1.2～4.5，平均值为 3.0(表 5.17)，2014 年和 2016 年沉积物中重金属的 PLI 值没有显著差异($P>0.05$)。这表明，三峡库区干流沉积物在这两年中均受到中等到高的重金属污染。在空间分布上，除了污染程度较高的奉节和秭归点位外，2014 年其他点位消落带沉积物受到重金属的中度污染，而在大坝附近观测到相对较高的 PLI 值(图 5.16)。2016 年，永川和巴南两地的沉积物未受到重金属污染或中度污染，而其他点

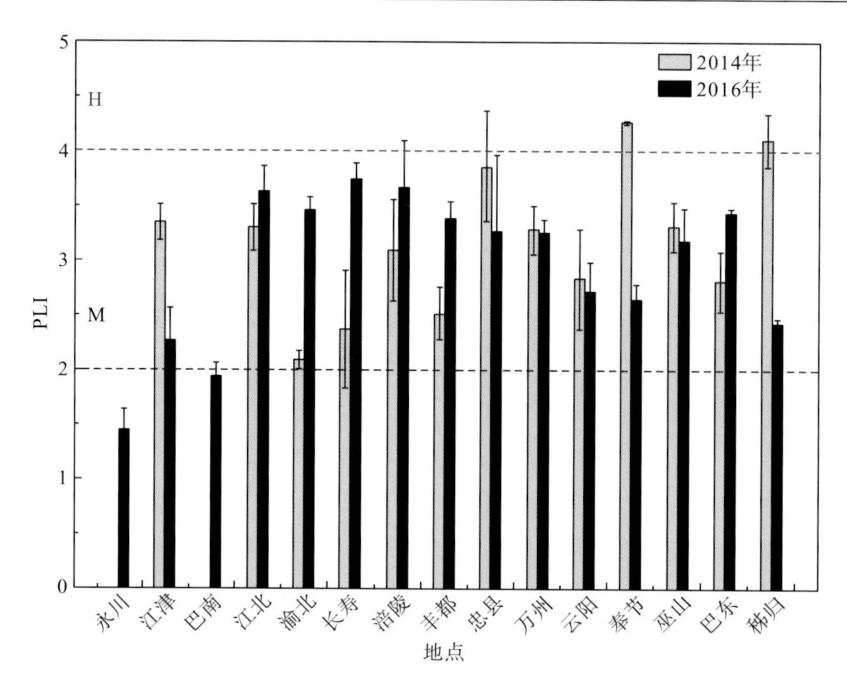

图 5.16　三峡库区干流消落带沉积物中重金属综合污染指数(PLI)的空间分布特征

注：H 和 M 分别代表沉积物存在高和中等的重金属污染水平

位则处于中等污染水平。在空间上，江北到万州以及巫山和巴东点位的沉积物受到重金属污染的程度相对较高。

利用 EF 和 I_{geo} 指数对水下沉积物中重金属的污染程度进行评价(图 5.17)。总体而言，沉积物中 Cd 的污染程度要高于其他重金属。在水下沉积物中，Cd 也表现为中度至重度富

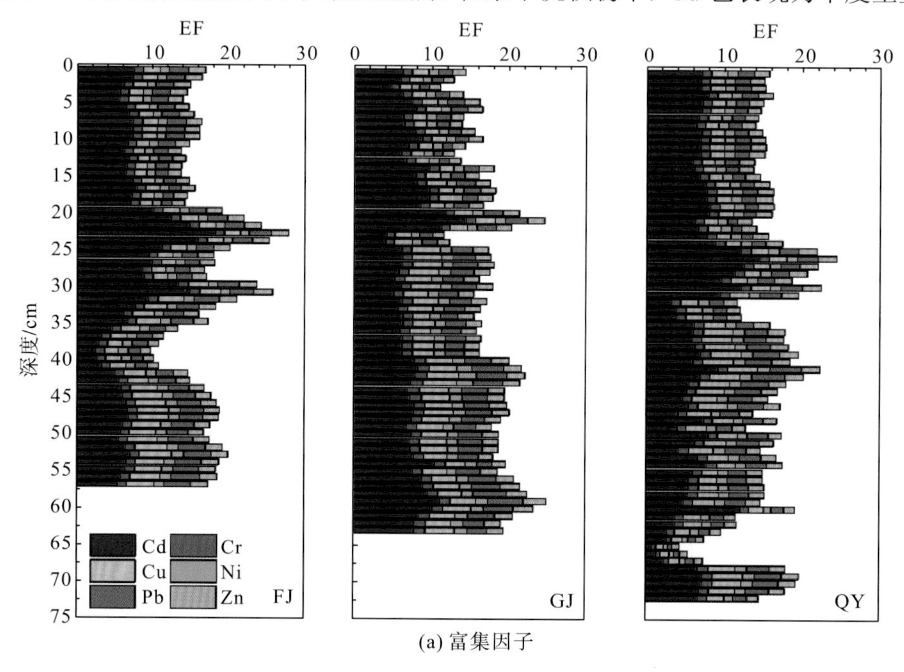

(a) 富集因子

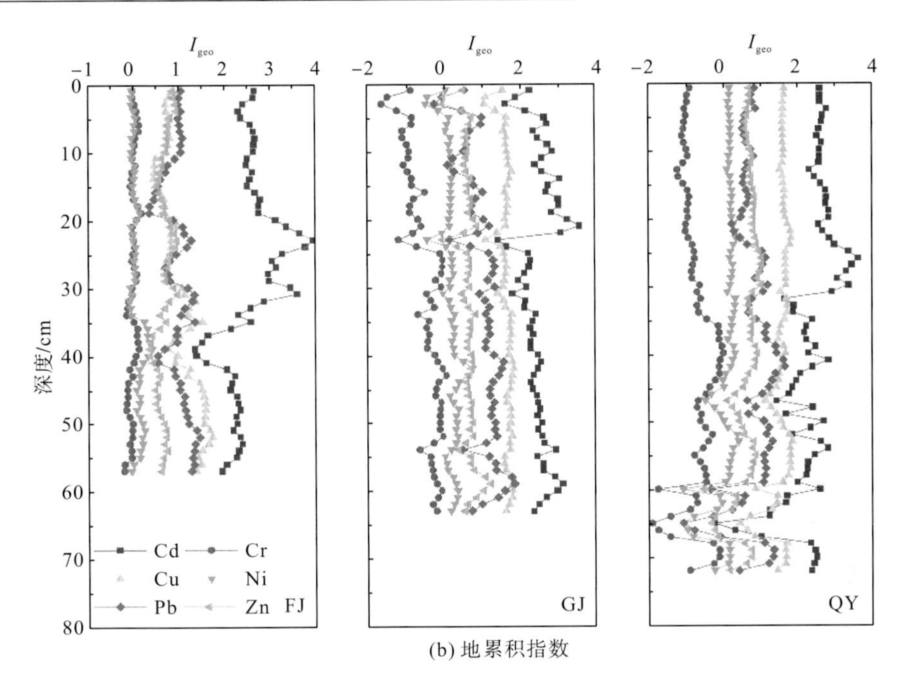

(b) 地累积指数

图 5.17　三峡库区干流水下沉积物中重金属富集因子和地累积指数的垂直分布特征

注：FJ 奉节；GJ 郭家坝；QY 屈原镇

集和中度至重度污染，Cu 的污染程度低并且为中等富集，Cr、Ni、Pb 和 Zn 富集程度较低，污染程度为无污染到中度污染。在垂向分布上，沉积物重金属的富集和污染程度变化趋势整体上与其浓度变化趋势一致。除了深度约为 20cm 处 Cd 和 Zn 的富集和污染程度相对较高外，水下沉积物中 Cd 和 Zn 的富集和污染变化不明显；对于其他重金属而言，随着深度的增加，Cu 和 Pb 的富集和污染程度呈现出上升趋势，而 Cr 和 Ni 的变化趋势不明显。

5.3.2　库区干流沉积物中重金属的生态风险和毒性风险评价

根据沉积物重金属的质量标准，当重金属浓度低于 TEL 时，不会对水生生物群落产生不利影响，而当浓度达到 PEL 时，则可能发生不利影响(Macdonald et al.，1996；Smith et al.，1996)。三峡水库消落带沉积物中重金属浓度超过 TEL 水平(表 5.16)。除 2014 年的 Ni 和 2016 年的 Cr 和 Ni 与 PEL 的浓度相当外，其他重金属没有达到 PEL。虽然每年消落带沉积物中重金属的平均浓度没有达到 SEL，但 2014 年和 2016 年 Cr 和 Cu 的最高浓度超过了这个阈值。

2014～2016 年，消落带沉积物中每种金属的 E_r^i 没有显著性差异(表 5.17)。2014 年 Cd 的 E_r^i 值为 122～714，平均值为 354；2016 年 Cd 的 E_r^i 值为 77.7～730，平均值为 362，表明消落带沉积物总体上具有极高的 Cd 潜在生态风险。然而，其他金属的 E_r^i 值在两年内远远低于 40，表明其潜在的生态风险非常低。这一结果与之前的研究结论一致(Wang et al.，2017b；Bing et al.，2016b)。在空间上，2014 年在江津、江北以及涪陵及其下游点位(除云阳)沉积物中均出现高的 Cd 潜在生态风险水平，而其他地点的沉积物则处于中等的潜在生态风险水平[图 5.18(a)]。除 Cd 外，其他重金属的 E_r^i 值很低，空间分布没有明显变化。2016 年，在江北至万州以及巫山和巴东等地，沉积物中 Cd 的潜在生态风险水平高，江北、渝北、长寿、涪陵和丰都沉积物中 Cd 的 E_r^i 值显著高于 2014 年[图 5.18(a)]。除永川和巴南的潜在生态风险较低外，其他点位沉积物中的 Cd 具有高的潜在生态风险水平。对于 2016 年的其他金属，由于极低的 E_r^i 值，其潜在生态风险水平的空间分布仅略有变化。

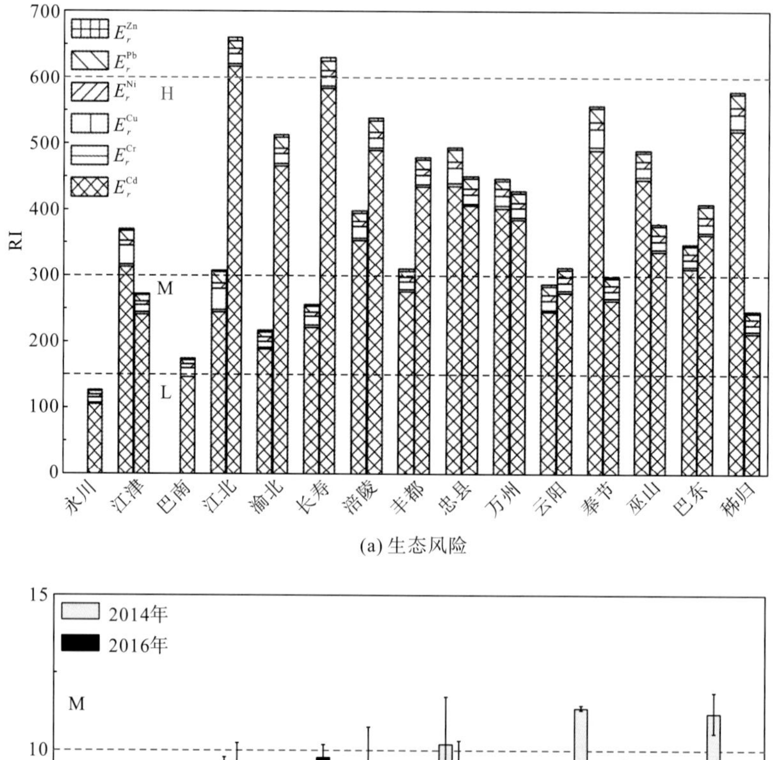

(a) 生态风险

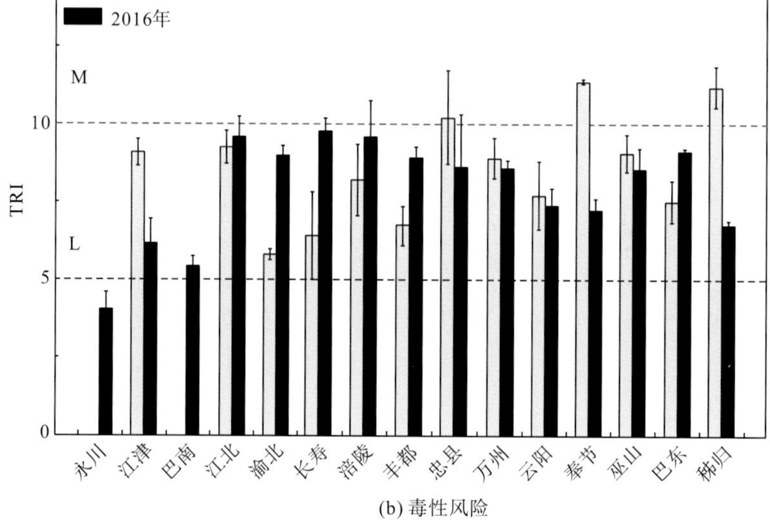

(b) 毒性风险

图 5.18　三峡库区消落带沉积物中重金属的潜在生态风险和毒性风险的空间分布特征

注：L、M 和 H 分别代表低、中和高的潜在生态风险水平；图(a)中，左边的柱状图表示 2014 年的结果，右边的表示 2016 年的结果

消落带沉积物中重金属的 RI 值在 2014 年和 2016 年并没有显著性差异。2014 年 RI 值为 147～766，平均值为 400，而 2016 年 RI 值为 95～782，平均值为 403。总体上，消落带沉积物中的 6 种重金属具有较高的潜在生态风险水平，由于 Cd 的毒性系数较高，Cd 的 RI 值比其他金属更大[图 5.18(a)]。在空间上，除渝北、长寿和云阳(中度生态风险)外，其他地点的消落带沉积物在 2014 年达到了较高的潜在生态风险水平，且呈向大坝方向上升的趋势。2016 年，江北和长寿沉积物中重金属的潜在生态风险水平极高，渝北、涪陵、丰都、忠县、万州、云阳、巫山和巴东等地的重金属含量较高，而其他地点的重金属含量较低。沿着整个三峡流域，在江北至万州以及巫山和巴东的沉积物中，2016 年重金属的潜在生态风险相对较高。

2014～2016 年，消落带沉积物中重金属的 TRI 值差异不大。2014 年的 TRI 值为 4.7～12.3，平均值为 8.5；2016 年的 TRI 值为 3.2～11.8，平均值为 8.0。总体上看，2014～2016 年 6 种重金属对消落带沉积物的毒性风险水平较低，各重金属对总重金属的贡献依次为 Ni≈Zn>Cd≈Cr>Cu>Pb。在空间上，2014 年消落带沉积物中重金属的毒性风险在忠县、奉节和秭归等地处于中等水平，在其他地点处于较低水平。除江津和江北外，2014 年的 TRI 值呈现出向大坝递增的趋势。2016 年，除永川外，其他所有地点的沉积物都处于低的毒性风险水平，而且在江北至万州以及巫山和巴东点位上存在相对较高的 TRI 值[图 5.18(b)]。

SQGs 的结果与 TRI 的结果基本一致，表明消落带沉积物中重金属的毒性风险较低，某些部位的 Ni 和 Cr 具有较高的毒性风险。然而，与 SQGs 和 TRI 结果不同的是，沉积物中重金属的潜在生态风险普遍较高，且 Cd 的潜在生态风险水平极高(表 5.17)。差异主要归因于评估指数的不同原则。SQGs 和 TRI 考虑了重金属对水生生物群的阈值/可能影响(Zhang et al.，2016a)，而 E_r^i 和 RI 则将地球化学背景与重金属毒性系数结合起来(Hakanson，1980)。另外，SQGs 和 TRI 揭示了重金属的当前毒性状态，而 E_r^i 和 RI 则反映了重金属的毒性风险潜力。在这方面，我们得出结论，虽然三峡水库消落带沉积物中重金属特别是 Cd 的生态风险在这两年中可能很高，但这些金属的毒性并没有对水生生物群构成威胁。

在水下沉积物中，奉节、郭家坝地区重金属的潜在生态风险处于中等水平(图 5.19)，但屈原镇的重金属 RI 风险较大。在空间上，由于 RI 在消落带沉积物和水下沉积物中的显著贡献，其分布格局与 Cd 相似。水下沉积物中重金属的污染和潜在生态风险与其浓度的时间变化趋势相似。三峡水库运行过程中的流量调节和气候变化决定了沉积物中重金属的污染和生态风险程度。

重金属形态是揭示其在沉积物中迁移性和生态风险的有效途径(Bing et al.，2016b)。风险评估代码(RAC)高于 50%，表明沉积物对水生生物可能存在较高的危险(Singh et al.，2005)。三峡库区干流沉积物中酸可提取态 Cu、Pb 和 Zn 的浓度普遍较低(表 5.16)，表明其释放潜力有限，而且对水生生物的影响程度较低。然而，库区沉积物中酸可提取态 Cd 的浓度较高，占总浓度的 51.9%±12.7%(消落带)和 59.2%±11.4%(水下)(表 5.16)。此外，在消落带的 11 个点位和水下的所有点位中，Cd 的 RAC 值都在 50%以上，表明沉积物中 Cd 具有较高的释放潜力。

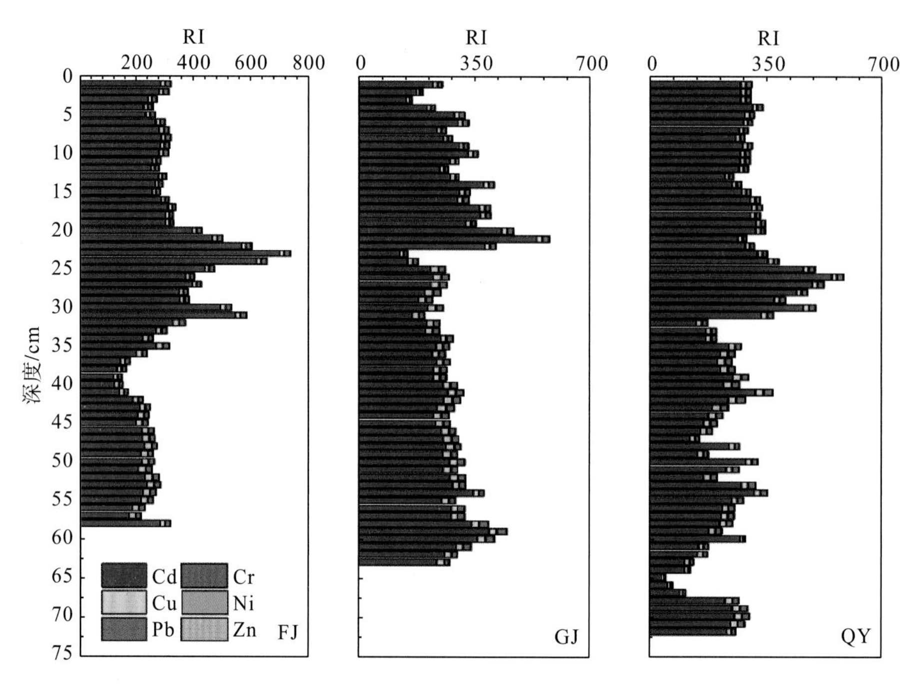

图 5.19　三峡库区干流水下沉积物中重金属潜在生态风险指数的垂直分布特征

注：FJ 奉节；GJ 郭家坝；QY 屈原镇

总体而言，与其他重金属相比，Cd 应是三峡库区干流沉积物中一个优先关注的重金属元素，特别是在其高污染和潜在生态风险的地区。在这些地区，应重点关注 Cd 对水生生物(例如渔业产品)的影响。然而，目前的研究结果只是显示了三峡完全蓄水后近期干流沉积物中重金属的污染和潜在生态风险，仍然无法全面揭示重金属对水生生态系统的影响，下一步工作应对三峡库区干流乃至支流沉积物中重金属的污染及其迁移转化过程等进行长期的研究。

5.4　本 章 小 结

三峡水库蓄水后，反季节水位的消涨、库区上游来沙减少、库区气候变化和人类活动等已经影响到沉积物中重金属的累积过程。本章重点针对三峡库区干流沉积物中主要的重金属开展研究，揭示重金属在消落带和水下沉积物中的时空分布特征、来源变化及潜在的环境风险，研究成果可为评估大型水库沉积物重金属累积、揭示其污染成因提供科学依据。

三峡水库完全运行后，沉积物中重金属(如 Cd、Cu、Pb、Zn)浓度增加，而重金属浓度在空间上无明显变化。水下沉积物中 Cd 和 Zn 的浓度变化不明显，Cu 和 Pb 的浓度随深度的加大呈上升趋势，显示出近几年来的金属积累过程。相较于其他沉积物理化性质，沉积物的粒度组成决定了重金属在水下沉积物中的垂向分布特征。由于消落带频繁地受到干湿交替的影响，铁锰氧化物对消落带沉积物重金属行为的影响作用相较于水下沉积物更突出。流域内人类活动对整个三峡库区干流消落带沉积物和水下沉积物中重金属的分布模式有着显著影响。沉积物中重金属的人为来源主要与当地的农业和工业生产、生活污水、航运业、采矿和大气沉降有关。

2014 年库区下游沉积物中重金属的累积相对较高，而 2016 年库区中、上游沉积物中重金属的累积水平较高。2014 年重金属污染水平为 Cd>Cu≈Zn>Pb>Cr≈Ni，2016 年为 Cd>Zn>Cu≈Pb>Cr≈Ni。在 2014 年和 2016 年，沉积物中 Cd 均呈现出高潜在生态风险水平，而其他重金属处于非常低的水平。两年间，沉积物中重金属的污染呈现中到高等级和较高的潜在生态风险，但对水生生物群的毒性风险较低。在空间上，2014 年下游区域的重金属污染和风险水平相对较高，而 2016 年则是中上游地区较高。与 2014 年相比，2016 年局部人为活动的增加，极大地提升了三峡中上游地区沉积物中 Cd、Cu、Pb 和 Zn 的污染水平。上游主要支流的泥沙排放减少、周期性和反季节性的水流调节、局部地貌特征和人为活动决定了三峡流域消落带沉积物中重金属的再分布。

今后，针对三峡库区沉积物中重金属的时空分布特征及其生物有效性等需要开展长期监测，而且有必要进一步研究沉积物的理化性质与重金属及其形态的关系，深入探究泥沙输入变化、库区人类活动强度、水动力扰动以及沉积物理化性质改变等对沉积物重金属迁移及形态变化的影响，从而有效保护库区水质不受影响。

第6章　三峡库区沉积物中微生物初步研究

微生物在地球上无处不在，它在任何环境适宜的地方都能繁殖，几乎出现在任何有水的地方，例如沉积物中(Yan et al.，2015a；Green et al.，2008)。此外，微生物有非常高的多样性和丰富度，令人叹为观止，这使得它们在生物圈生物地球化学循环中起着至关重要的作用(Woese，1994)。尤其在河流沉积物中，大部分的生物产品来自微生物以及它们的产物(Craft et al.，2002；Fischer and Pusch，2001)。

环境变化往往导致微生物在时间、空间尺度上群落组成、代谢特征的明显变化(Berggren and Giorgio，2015；Gibbons et al.，2014；Zhao et al.，2014a)。建造大坝作为一种人为影响河流环境的主要因素，能显著地改变河流的水文过程和沉积条件，把河流转变为半河流或湖泊型环境。并且，与大坝(或水库)管理相关的人类活动常常导致水体和沉积物的理化性质改变(Fremion et al.，2016)。因此，沉积物中微生物群落很容易遭到人为或自然胁迫。反之，微生物的变化直接影响沉积物环境中的功能过程及其元素循环、生态稳定性、恢复能力和生态服务的改变(Xie et al.，2016；Reed and Martiny，2013)。

目前，许多研究已经聚焦于微生物对不同环境的生态响应，例如土壤环境、生物反应器环境和堆肥环境(Gao et al.，2016a；Sato et al.，2016；Silva et al.，2016；Zhang et al.，2016c；Wang et al.，2015b)。然而，沉积环境中微生物生态，尤其受大坝影响的河流型水库沉积物，尚无较为全面的研究。三峡大坝以其巨大的规模，已改变了长江的水文和生态过程(Zhang et al.，2016b)。大坝的建造已经在三峡水库形成了超过500km的回水区，这使得沉积物驻留率非常高且高度变化(65%～90%)(Yang et al.，2014a)。以往关于长江的研究已经涵盖水循环(Deng et al.，2016)、沉积物重金属分布格局(Bing et al.，2016b)、沉积动态(Tang et al.，2016)、水体质量(Gao et al.，2016b)、营养元素变化格局(Wu et al.，2016；Wu et al.，2015)和植被群落(Zhang et al.，2013)等，这为人们认识三峡大坝对生态环境的影响提供了较多的信息。但对于三峡水库有关微生物的研究，仅在支流和消落带进行过(Wang et al.，2007；Yan et al.，2015a)。然而，在水文和环境改变更强的干流区对水下沉积物中微生物群落的信息尚缺乏认识。

沿着三峡水库干流，以往的研究(Bing et al.，2016b)表明，水下沉积物重金属(Cd，Cu，Pb和Zn)的存量从涪陵到秭归河段呈增加趋势，并且这些重金属在涪陵、忠县、万州和奉节的消落带沉积物中呈高值。此外，另有研究指出，沉积物中生物有效磷主要储存在涪陵到秭归河段(Wu et al.，2016)。因此，本书参照以往研究，选择涪陵、忠县、万州、奉节和秭归为采样点(图6.1)，在三峡水库高水位运行后采集水下沉积物，以期从微生物的角度揭示环境变化对三峡水库生态的影响。本章的主要目标是查明三峡水库干流沉积物中微生物脂肪酸目前的状态和相关的沉积物特征(例如营养元素和重金属)，并识别影响微生物脂肪酸分布因素的相对重要性因素，期望此结果能提高对筑坝河流微生物生态的认识水平，改进对河流生态系统的管理。

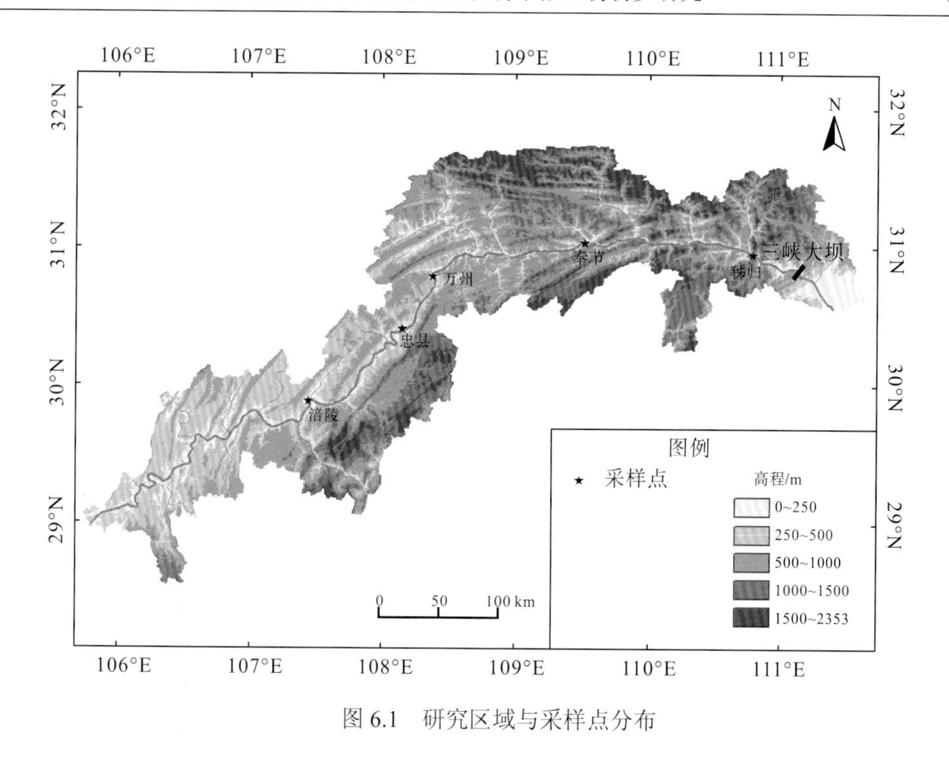

图 6.1　研究区域与采样点分布

6.1　三峡库区沉积物中微生物磷脂脂肪酸组成特征

本书采用 Bossio 和 Scow(1998)的实验方法对微生物磷脂脂肪酸(PLFA)进行测定。碳原子数为 10～23 的 29 种脂肪酸被检测到，包括饱和脂肪酸、支链脂肪酸、单不饱和脂肪酸、多不饱和脂肪酸和羟基化脂肪酸等(表 6.1)。在本书中，16∶0，18∶1ω7，16∶1ω7，18∶1ω9 和 10me16∶0 属于高丰度脂肪酸；cy19∶0，a15∶0，i15∶0，18∶0，16∶1ω5，18∶2ω6,9 和 a17∶0 的丰度也较高。把脂肪酸 18∶2ω6,9 作为真菌的代表脂肪酸，将碳原子数为 13～20 的 iso 和 anteiso 支链脂肪酸以及含一个不饱和键的单不饱和脂肪酸(不包括 16∶1ω9 和 18∶1ω9)和脂肪 15∶0 的总和作为细菌的代表脂肪酸。此外，把单不饱和脂肪和饱和脂肪的比值(MUFA/SFA)和 cy17∶0/16∶1ω7 比值作为指示微生物对环境胁迫响应的指标(Pivnickova et al.，2010；Smoot and Findlay，2001)。

表 6.1　三峡库区沉积物微生物 PLFA 组成　(单位：nmol/g，n=6)

PLFA	涪陵	忠县	万州	奉节	秭归
14∶0	0.093± 0.005	0.096±0.003	0.082±0.007	0.081±0.008	0.064±0.004
15∶0	0.081± 0.005	0.078±0.007	0.080± 0.007	0.064± 0.004	0.063± 0.003
16∶0	0.725± 0.068	0.904± 0.089	0.830± 0.042	0.651± 0.036	0.683± 0.043
17∶0	0.037± 0.003	0.074± 0.007	0.058± 0.005	0.037± 0.003	0.036± 0.003
18∶0	0.180± 0.019	0.209± 0.009	0.195± 0.015	0.182± 0.017	0.178± 0.010
i14∶0	0.070± 0.003	0.067± 0.003	0.065± 0.005	0.031± 0.002	0.030± 0.003

续表

PLFA	涪陵	忠县	万州	奉节	秭归
i15：0	0.276± 0.023	0.280± 0.012	0.255± 0.027	0.272± 0.030	0.179± 0.016
i16：0	0.076± 0.005	0.095± 0.007	0.083± 0.004	0.074± 0.004	0.065± 0.003
i17：0	0.061± 0.006	0.072± 0.007	0.068± 0.007	0.062± 0.005	0.054± 0.005
a15：0	0.304± 0.021	0.308± 0.027	0.283± 0.032	0.192± 0.019	0.123± 0.003
a17：0	0.113± 0.004	0.124± 0.006	0.121± 0.009	0.097± 0.006	0.105± 0.009
2OH-16：1	0.026± 0.003	0.036±0.003	0.033±0.002	0.006± 0.001	0.020± 0.001
3OH-11：0	0.067± 0.005	0.029± 0.002	0.064± 0.007	0.020± 0.001	0.048± 0.002
3OH-15：0	0.070± 0.006	0.096± 0.009	0.068± 0.004	0.026± 0.002	0.056± 0.004
10me16：0	0.402± 0.016	0.358± 0.030	0.374± 0.021	0.248± 0.020	0.327± 0.019
10me18：0	0.035± 0.003	0.061± 0.005	0.054± 0.002	0.034± 0.002	0.042± 0.002
11me18：1ω7	0.113± 0.008	0.136± 0.013	0.115± 0.007	0.087± 0.005	0.109± 0.004
cy17：0	0.095± 0.007	0.101± 0.007	0.122± 0.012	0.103± 0.009	0.106± 0.005
cy19：0	0.251± 0.022	0.330± 0.016	0.306± 0.022	0.257± 0.026	0.277± 0.034
15：1ω6	0.057± 0.005	0.026± 0.001	0.017± 0.001	0.008± 0.001	
16：1ω11	0.020± 0.002	0.060± 0.004	0.023± 0.002	0.060± 0.005	0.013± 0.001
16：1ω5	0.183± 0.009	0.197± 0.018	0.166± 0.012	0.144± 0.008	0.156± 0.006
16：1ω7	0.485± 0.039	0.506± 0.046	0.463± 0.039	0.295± 0.026	0.304± 0.018
16：1ω9	0.048± 0.006	0.054± 0.004	0.033± 0.002		0.014± 0.001
17：1ω8	0.010± 0.001	0.031± 0.003	0.025± 0.003	0.008± 0.001	
18：1ω7	0.711± 0.035	0.880± 0.081	0.720± 0.051	0.560± 0.052	0.594±0.055
18：1ω9	0.356± 0.037	0.446 ±0.042	0.400± 0.028	0.308± 0.015	0.288± 0.019
18：2ω6,9	0.149± 0.014	0.162± 0.006	0.185± 0.011	0.128± 0.008	0.135± 0.011
20：4ω6,9,12,15	0.019± 0.001	0.045 0.005	0.020± 0.001	0.067± 0.003	0.015± 0.001

注：空白表示低于检测限。

表征活微生物生物量的总 PLFA 沿三峡水库干流显著变化(图 6.2)。在离大坝较远的样点沉积物中总 PLFA 的值较高(4.69～6.42nmol/g)，而临近大坝样点的值较低(3.55～4.46nmol/g)，从上游到下游呈显著的减小趋势($P<0.0001$)。沿干流的这些采样点，真菌的代表脂肪酸和细菌的代表脂肪酸显示出不同的分布格局。真菌脂肪酸在万州样点出现最高值，其他样点之间没有显著差异，朝大坝方向也没有明显的变化趋势($P>0.1$)。相比之下，细菌脂肪酸从上游到下游具有明显的变化趋势($P<0.0001$)，高值区位于上游样点，低值区位于下游样点，最低值出现在临近大坝的样点，即秭归。真菌与细菌脂肪酸比值(F/B)在各样点之间没有显著差异，但从上游到下游呈现出明显的增大趋势($P<0.02$)。两种指示微生物受到环境胁迫的指标表现出明显的变化趋势：MUFA/STFA 比值在各样点之间没有明显差异，但在朝向大坝方向有较为明显的减小趋势($P<0.02$)，相比之下，

cy17：0/16：1ω7 变化更为明显，在各样点间有显著差异，并在朝向大坝方向呈现出显著的增大趋势（$P<0.0002$）。

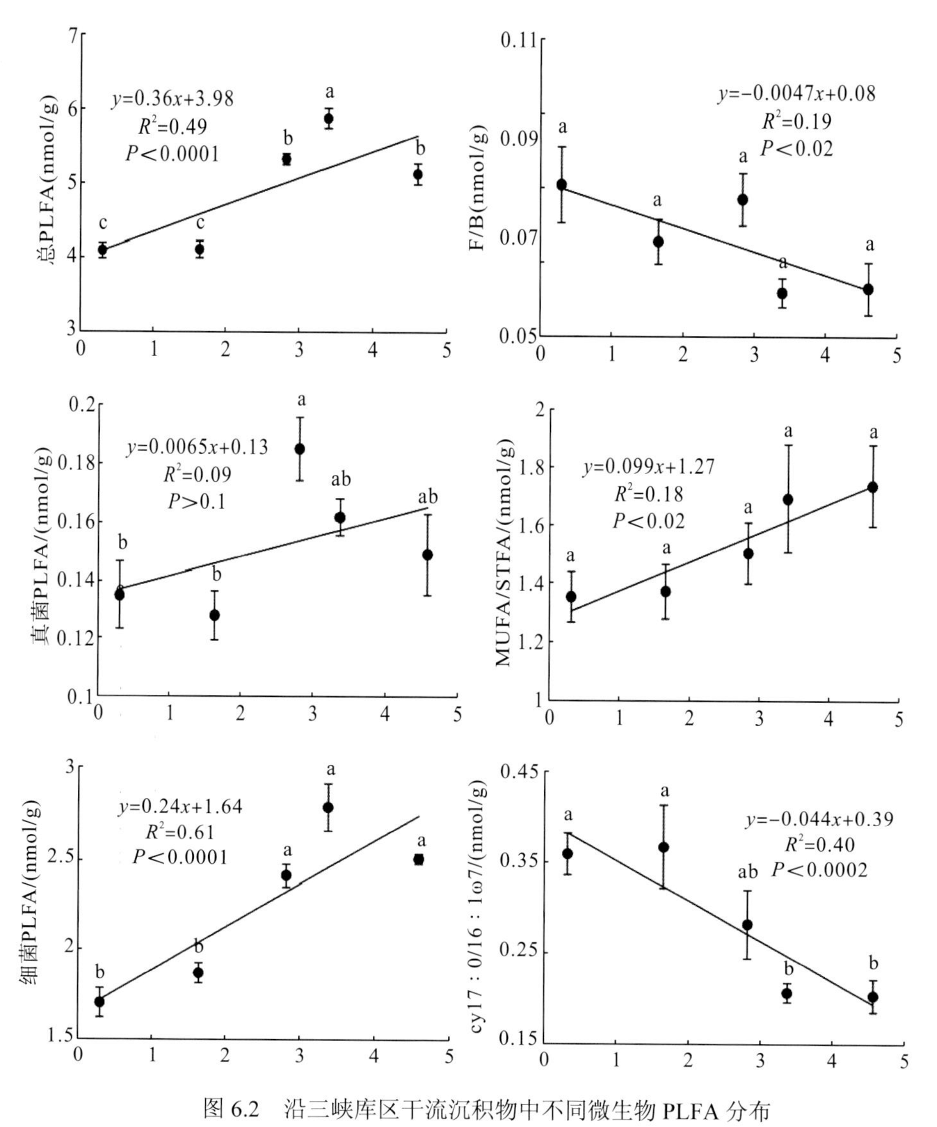

图 6.2　沿三峡库区干流沉积物中不同微生物 PLFA 分布

注：横轴坐标表示采样点距三峡大坝的距离/100km，离三峡大坝由远到近对应样点：涪陵、忠县、万州、奉节和秭归；F/B 表示真菌 PLFA 与细菌 PLFA 比值

采用冗余分析（RDA）展示 PLFA 的分布格局[图 6.3（a）]。几乎所有的 PLFA 都分布于 RDA 排序图第一轴（RDA1）正向端；上游采样点分布于 RDA1 轴的正向端，而下游采样点分布于 RDA1 轴的负向端，表明上游和下游 PLFA 的分布格局存在差异。图 6.3（b）为 PLFA 分布与营养因素（Nutr）、重金属（HM）的偏 RDA 分析。

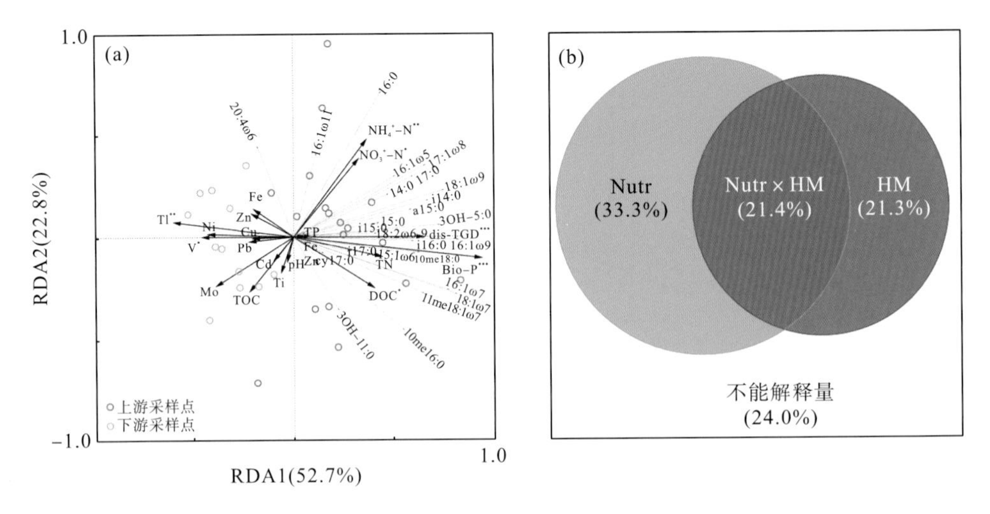

图 6.3　沉积物微生物 PLFA 与环境因素的 RDA 分析

注：dis-TGD 表示距三峡大坝的距离；*表示环境因素对微生物 PLFA 分布格局的解释显著性：*$P<0.05$，**$P<0.01$；***$P<0.001$

6.2　沉积物微生物生境中碳氮磷和重金属分布

为探明库区上下游 PLFA 分布格局差异的原因，测定沉积物的性质。测量发现沉积物都为碱性，pH 为 7.88～8.96，均值为 8.75，从上游到下游样点呈现不显著的升高趋势(图 6.4)。线性回归分析显示 Bio-P 浓度呈现出明显的上游高下游低的分布格局($P<0.0001$)，

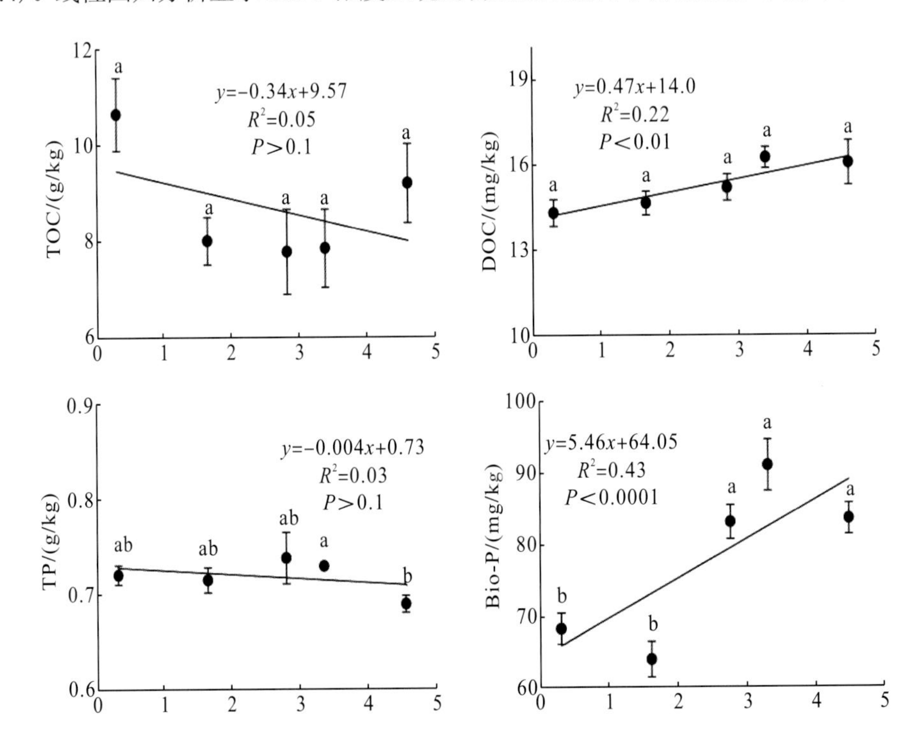

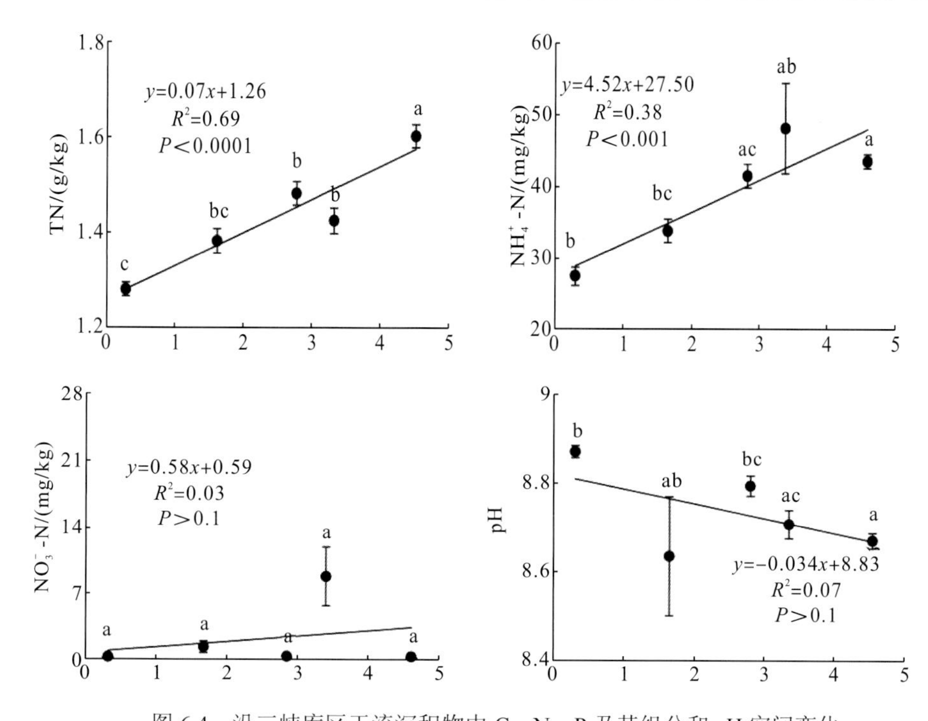

图 6.4　沿三峡库区干流沉积物中 C、N、P 及其组分和 pH 空间变化

注：横轴坐标表示采样点距三峡大坝的距离/100km，离大坝由远到近对应样点：涪陵、忠县、万州、奉节和秭归

最高值出现在忠县，最低值在奉节。相比之下，总磷(TP)浓度没有显示出明显的变化趋势($P>0.1$)。与磷分布相似，总有机碳(TOC)浓度沿河流没有明显的变化趋势($P>0.1$)，其生物易利用成分可溶性有机碳(DOC)浓度呈现出明显的上游高下游低的分布格局($P<0.01$)，但各样点间没有显著差异($P>0.05$)。总氮(TN)和铵态氮(NH_4^+-N)浓度在朝大坝方向上呈现出显著降低的趋势(分别为 $P<0.0001$ 和 $P<0.001$)，并且各样点之间有明显的差异($P<0.05$)，TN 最高值出现在涪陵样点，NH_4^+-N 最高值出现在忠县样点，两者最低值都出现在临近大坝的秭归样点。尽管硝态氮(NO_3^--N)各样点平均值为 0.12～8.73mg/kg，但许多采样点处 NO_3^--N 的值低于检测限。

测量沉积物样品中十种重金属的浓度见表 6.2。总体上，重金属浓度在下游样点(奉节、秭归)较高，而在上游样点(涪陵、忠县)较低。V、Mo、Zn 和 Cd 的浓度在秭归最高，在涪陵最低。Tl 的浓度在奉节最高，在忠县最低。Ti、Cu 和 Pb 的浓度在万州最高，在涪陵最低。Ni 和 Fe 分别在秭归和万州有高值，它们的最低值均出现在忠县。

表 6.2　三峡库区沉积物重金属浓度　(单位：mg/kg)

重金属	涪陵	忠县	万州	奉节	秭归
Cd	0.71±0.03b	0.85±0.04ab	0.86±0.10ab	0.82±0.04ab	0.92±0.04a
Cu	38.11±0.10b	41.53±1.01ab	46.09±3.52ab	43.09±1.79ab	45.82±1.28a
Fe	43855.19±235.01c	43792.13±290.09c	45570.10±367.03a	45205.41±201.16ab	44022.37±249.26bc
Mo	0.96±0.01b	0.99±0.04b	1.02±0.02b	1.01±0.01b	1.18±0.02a
Ni	39.68±0.62a	39.45±0.41a	40.74±0.50a	41.06±0.37a	41.15±0.38a

续表

重金属	涪陵	忠县	万州	奉节	秭归
Pb	38.97±1.67b	44.84±2.05ab	51.12±6.01ab	48.45±2.53ab	50.62±1.65a
Ti	4959.19±22.48a	5064.99±57.69a	5327.26±159.40a	5124.56±85.53a	5154.22±52.08a
Tl	0.63±0.01bc	0.61±0.01c	0.62±0.01bc	0.67±0.01a	0.65±0.01ab
V	110.14±1.52c	111.57±3.11bc	119.26±1.52ab	119.97±1.17ab	121.22±1.25a
Zn	157.33±4.40a	171.00±2.43a	178.13±10.44a	173.17±4.99a	178.70±4.42a

注：数值为均值±标准误差，n=6。带不同字母的数值表示具有显著差异性(P<0.05)。

6.3　影响沉积物中营养元素分布原因

一方面，水文和沉积条件对生物有效性营养的空间分布有重要作用。大坝的建造明显减缓了水流速度，增加了沉积物滞留时间。并且，三峡水库的形状长而窄，形成了超过500km的永久回水区。因此，三峡水库为细颗粒物质沉降形成了一个低流速、长流径的沉积环境(图 6.5)。越细小的颗粒悬浮时间越长，能被传输到更远的下游成为沉积物。在颗粒悬浮和传输的过程中，相比较大的颗粒，细小的颗粒处于相对较浅的水深，在它们沉到河床成为沉积物之前，具有较长的时间和较好的条件(如氧气、光照、溶质浓度等)与水体或水生生物进行物质交换(如反硝化、吸附解吸、生物同化等)。这些过程可以归结为水体的自净作用。

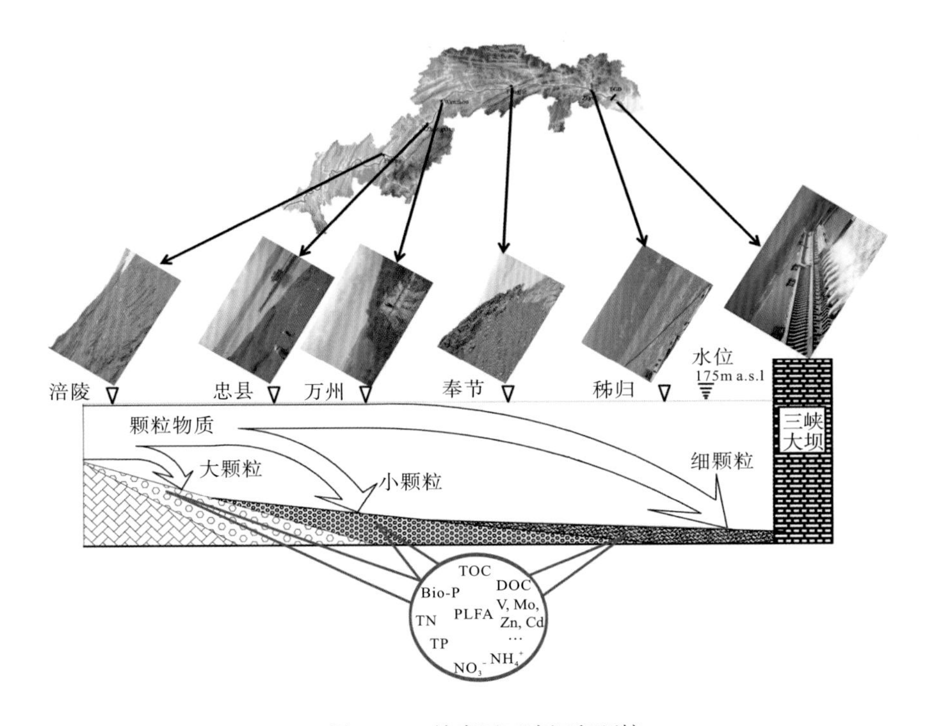

图 6.5　三峡库区干流沉积环境

另一方面，三峡水库消落带的性质也是造成沉积物营养元素空间变化的一个重要原因。从研究区的上游到下游，消落带的坡度由缓变陡，消落带的面积也由大变小(Bao et al.，2015a)。例如，上游消落带典型坡的水平投影长度超过 100m，而在临近大坝的下游消落带典型坡的水平投影长度几乎为 0m。因此，上游消落带地形更有利于人类活动。总体上，与下游消落带相比，生长季(即低水位期)上游消落带有更好的植被覆盖(如农作物、小灌木、野草等)。因此，上游消落带土壤营养元素有更好的生物有效性。但在波浪侵蚀和暴雨条件下，消落带的营养物质被侵蚀带走，首先贡献到当地的沉积物中。以上这些过程导致沉积物中生物有效性营养从上游到下游降低。

沉积物中总有机碳和总磷与它们的生物有效组分(即 DOC 和 Bio-P)相比，显示出各样点间较为均一的格局。除了水文和沉积条件外，人类活动是造成这种格局的主要原因。在原本人口密度就高的条件下，三峡库区还必须容纳从三峡工程干扰区搬来的移民(Tan and Yao，2006)，这导致人类活动强度(例如，工业农业发展、航运和快速的城市化)进一步增强，加大了三峡库区工农业和生活废物的排放，这些废物中难被生态系统转化的成分很可能积累到了沉积物 TOC 和 TN 中。结合以上关于生物有效性营养分布格局的分析，总有机碳和总磷数据暗示了 TOC 和 TP 中含有大量的生物不可利用组分。否则，它们的分布格局应该相似于生物有效性营养组分的分布格局。同时，这种较为均一的分布格局暗示了各样点间人类活动对 TOC 和 TP 沉降的影响没有太大差异。此外，造成 TP 分布格局的另一个原因是下游喀斯特地貌的分布，在这个区域水体中溶解态的磷会与 Ca^{2+} 和 Mg^{2+} 结合而沉淀，从而贡献到 TP 中(Wu et al.，2016)。

6.4　影响沉积物微生物磷脂脂肪酸分布原因

微生物生物量能被总 PLFA 表征(Xu et al.，2015；Findlay，1996；White et al.，1979)，它提供的是微生物群落中活的生物量的信息。在三峡库区，总 PLFA 浓度朝下游方向出现明显的降低趋势。有研究表明在酸性岩石出流(Ben-David et al.，2004)或废弃矿(Walton and Johnson，1992)影响下的河流有相似的结果，他们把原因归结为上游微生物能更好适应酸性或富含重金属的环境，而下游这些条件变弱导致总 PLFA 浓度下降。然而，本书中总 PLFA 浓度沿河流方向降低不大可能是由于酸碱性条件变化和重金属降低引起的。首先，以往的研究(Bing et al.，2016b)和本书研究的数据表明，各样点间沉积物 pH 没有显著的差异性，这种相对均一的 pH 不大可能造成总 PLFA 明显变异。Pearson 相关分析也表明，pH 与总 PLFA 之间没有显著的相关性(表 6.3)。其次，本书研究数据表明，重金属含量从上游到下游呈升高趋势，而不是下降趋势。这暗示重金属是导致总 PLFA 浓度下降的原因之一。以往研究已经指出，重金属能降低微生物生物量(Nwuche and Ugoji，2008；Wang et al.，2007)。Akmal 等(2005)将这种结果归因于微生物需要耗费额外的能量来应对重金属胁迫。本书从相关分析中也证明一些重金属(Tl、V、Mo 和 Ni)与总 PLFA 有显著的相关关系(表 6.3)。因此，重金属是影响总 PLFA 分布的重要因素。

除重金属外，沉积物中营养元素的赋存状态是影响总 PLFA 分布的另一个更重要的原因。根据 RDA 分析结果，营养元素对 PLFA 组成分布格局的解释量远大于重金属的解释量。有两方面原因：一方面，营养元素能供养微生物的生长；另一方面，营养元素不仅能为微生物提供能量抵御或适应重金属的胁迫(Akmal et al.，2005)，而且也能影响重金属毒性或调节重金属的生物有效性。此外，本书的研究结果也显示，与重金属相比，营养元素与总 PLFA 有更强的相关性(表 6.3 和图 6.3)。

表 6.3 总 PLFA 与营养元素、重金属的 Pearson 相关分析(n=30)

	V	Tl	Mo	Ni	Fe	Ti	Zn	Cu	Cd
总 PLFA	−0.42*	−0.62**	−0.42*	−0.41*	−0.15	−0.02	−0.14	−0.16	−0.07

	Pb	TOC	TN	TP	pH	DOC	NH_4^+-N	NO_3^--N	Bio-P
总 PLFA	−0.17	−0.23	0.46*	0.08	−0.10	0.42*	0.45*	0.37*	0.91***

注：*表示 $P<0.05$；**表示 $P<0.001$，***表示 $P<0.0001$。

PLFA 作为生物标记物常常用于微生物分类，PLFA 图谱也被用于表征微生物生理代谢状态(Willers et al.，2015)。因此，PLFA 分析技术能提供微生物群落组成和对环境梯度响应生理状态方面的综合信息。RDA 统计方法能让我们查明环境变量对 PLFA 数据的影响程度。在本书中，RDA 分析表明环境变量能解释 PLFA 数据变异量的 78.6%，并且观测到胁迫指标(cy17∶0/16∶1ω7 和 MUFA/STFA)的显著变化趋势。这些结果暗示研究区的微生物遭受了环境胁迫。

通常认为 pH 是控制微生物群落最重要的可识别因素，已发现它可驱动土壤环境中微生物 PLFA 的组成(Djukic et al.，2010；Rousk et al.，2010)。然而，在本研究区，沉积物 pH 对微生物 PLFA 组成的影响并不显著(图 6.3 和表 6.3)，其原因可能是 pH 变化区间太窄(Singh et al.，2014)。然而，这种相对均一的 pH 有利于揭示其他环境因素对微生物 PLFA 分布格局影响的相对重要性。

RDA 分析揭示，与 TOC、TN 和 TP 相比，它们的生物易利用组分(即 DOC、NH_4^+-N、NO_3^--N 和 Bio-P)是在 PLFA 排序图中更重要的环境因素。因为 DOC、NH_4^+-N、NO_3^--N 和 Bio-P 更具有生物有效性，它们能对微生物的生长和繁殖产生更直接的作用。这一结果强调了营养元素的组分分析相比总量分析在识别影响微生物群落主要因素方面更有意义。值得一提的是，RDA 分析揭示出在营养元素中，Bio-P 是影响微生物 PLFA 组成最突出的因素。相比上游样点，下游样点较低的 Bio-P 可能是限制沉积物微生物群落发展的重要因素。近年来也有研究指出，P 营养高度影响河流沉积物中细菌的组成(Xie et al.，2016)。然而，以往很多研究着重关注土壤或沉积物中 C 和 N 以及它们的组分对微生物群落的影响，而忽视了 P 及其组分的影响(Lu et al.，2016；Weise et al.，2016；Xu et al.，2015)，这导致以往研究很难识别出 C、N 和 P 之间对微生物群落的相对重要性。

相似于总 PLFA 的分析结果，RDA 分析揭示出在控制 PLFA 分布格局上，一些重金属(Tl、V、Mo 和 Ni)起到的作用比另一些(Zn、Cu、Cd 和 Pb)的大[图 6.3(a)]。然而，这一发现并不意味着这些重金属已经在三峡库区造成了严重的污染或通过它们的毒性对微生物生态起到主导作用。首先，本书研究发现重金属对 PLFA 组成和分布的纯效应比营养元素的纯效应小得多[图 6.3(b)]。其次，依据中国环境质量相关标准(GB 15618—1995 和 HJ 350—2007)判断，Zn、Cu、Cd、Pb 和 Tl 浓度均值属于低或无污染类别(但缺乏中国土壤或沉积物 V、Mo 和 Ni 质量标准)。再次，本书研究区沉积物都为碱性，有利于降低这些重金属的生物毒性(Bravo et al.，2017)。尽管重金属 Zn、Cu、Cd 和 Pb 在许多地方产生污染进而受到了广泛关注，但本书强调重金属 Tl、V、Mo 和 Ni 在三峡库区不应该被忽视，本书研究结果暗示在三峡库区微生物对这些重金属更敏感。这个结果相似于 Shotyk 等(2017)的研究结果，他们报道在环境监测和资源评估中，V、Mo 和 Ni 是更为敏感的指标。

6.5　本 章 小 结

水文条件和人类活动显著影响着三峡库区干流沉积物性质和微生物 PLFA。环境因素的改变(如营养元素和重金属)导致了沿干流微生物总 PLFA 浓度的降低。在营养元素组分中，Bio-P 是影响研究区微生物 PLFA 分布格局最突出的因素，其浓度的降低暗示了下游沉积物中微生物群落受到 P 有效性的限制，同时也暗示临近大坝的沉积物受到 P 污染的生态风险低。微生物 PLFA 的分布明显受到营养元素和重金属元素控制，但营养元素的作用更重要。并且，在营养组分之间，Bio-P、NH_4^+-N、NO_3^--N 和 DOC 比 TOC、TN 和 TP 更重要。在重金属之间，Tl、V、Mo 和 Ni 比 Zn、Cu、Cd 和 Pb 更重要。同时，本书的研究结果也暗示，在三峡库区不应该忽视对 Tl、V、Mo 和 Ni 等重金属的研究，以预防它们对环境造成污染。

第7章　结论与展望

本书通过对长江上游主要干支流水电开发现状、径流和泥沙变化规律的分析，探讨长江上游水库群建设对三峡水库入库水沙变化的影响；利用多种指标分析三峡库区泥沙来源及其在库区的淤积特征；分析库区及消落带沉积物磷的含量、形态组成及时空分布特征，同时开展泥沙对磷的吸附、解吸过程的研究，结合库区泥沙输入输出量，评估泥沙对水体磷的吸附能力，并评估沉积物磷迁移转化及其生态环境效应；分析库区及消落带沉积物中重金属的含量、形态组成及时空分布特征，利用多种指标评价重金属的生态环境风险；对库区沉积物中微生物的群落结构进行调查，分析影响沉积物中微生物群落结构的主要因素，探讨磷和重金属对沉积物中微生物的影响。本书丰富了大型水库建设过程中关于水沙变化、泥沙和污染物来源识别及时空分布的研究，有利于为三峡库区水生态环境保护、预测和长江上游生态屏障建设提供科学依据。

7.1　主要结论

根据长江上游主要干支流控制站多年水沙资料统计分析，长江上游干流径流主要来自金沙江、岷江、沱江和乌江等河流，而干流悬移质泥沙主要来源于金沙江和嘉陵江。长江上游水沙变化整体上表现为空间上水、沙异源，时间上水、沙变化同步。不同区域的自然条件及人类活动使三峡水库来水、来沙呈现不同的变化。截至2014年11月，长江上游已建(在建)大型水库75座，其中长江上游干流已建(在建)水库10座。金沙江流域输沙量在20世纪90年代和21世纪初期，占三峡入库沙量的比重高达70%，可见其是三峡水库泥沙的主要来源，但由于下游大型水电站的修建，2010～2016年金沙江流域输沙量占三峡入库泥沙量的比重大幅下降，由74.22%下降到43.19%。从年际上看，长江上游输沙变化的主要特点为各支流输沙量均明显减小；从长江上游主要控制站多年逐月平均输沙量以及年内分配统计情况看，汛期5～10月径流量、输沙量分别占全年的78.9%和95.8%以上，主汛期7～9月径流量、输沙量分别占全年的50%和73%以上。气象条件变化、水利工程拦沙、水土保持减沙、河道采砂等是影响三峡库区上游泥沙输送的重要因素。为了评价长江上游水库群建设运行对三峡库区来水来沙的影响，对三峡库区上游来沙情形进行了模拟，综合水库群拦沙淤积对寸滩和武隆站的影响，得出因长江上游水库群拦沙淤积而减少的三峡水库入库沙量为1510万～1882万t/a，约占长江上游水库群年拦沙淤积量11300万t/a的14%～17.3%。

2003年三峡水库蓄水后，库区每年淤积泥沙约1.18亿m^3。其中，三峡大坝至秭归河段平均每年淤积泥沙48.49万m^3/km，是三峡水库单位里程泥沙淤积最多的河段，属于典型的坝前淤积；库区中部丰都至云阳河段平均每年淤积泥沙33.30万m^3/km，是三峡水库典型的连续淤积河段，其绵延 200 余千米的河道范围内，淤积量始终维持在较高水平。2012～2015 水文年，三峡水库消落带泥沙年均沉积量为 86.58～419.19kg/m^2。在空间上，库区中部任家镇至石宝镇河段泥沙年均沉积量为全库区最高，该河段为水库重点泥沙淤积区；水库前端瞿塘峡以下河段是消落带泥沙沉积量最小的干流河段；而水库末端江津至涪陵河段则介于库中和库首之间，因具体沉积环境不同和多种人类活动的干扰，该河段内还存在较明显的组内差异。奉节泥沙淤积量较小，周镇明显增多，体现出与河道沉积的一致性。在时间上，消落带在 2012～2015 水文年的泥沙沉积量分别为 279.60kg/m^2、261.52kg/m^2 和 172.59kg/m^2，呈逐年减少趋势。但与河道沉积相比，消落带泥沙沉积量的年际降幅明显更小，这种差异形成的原因主要是水库周期性反季节水位调节。

三峡水库消落带泥沙沉积的下垫面特征存在明显的空间变化，不同河段的首要影响因素各不相同。在库首奉节—秭归段，消落带泥沙主要沉积在坡度小于 15° 的区域，且坡度越缓，沉积量越多，不同高程间的泥沙沉积量并无太大差异；在库中涪陵—奉节河段，消落带泥沙主要沉积在坡度小于 25° 且高程小于 165m 的区域，坡度越缓，沉积量越多，高程越低，消落带被江水淹没的时间越长，沉积量也越多；在库尾江津—涪陵河段，消落带泥沙主要沉积在高程小于 175m 的区域，但该河段受人类活动的影响剧烈，自然环境因素与泥沙沉积量没有明显关系。

库区沉积物中的磷浓度呈现出明显的时空变化特征。时间上，三峡水库正式运行以来，库区沉积物中的总磷(TP)浓度出现明显升高：2014 年以前，忠县至坝前消落带沉积物中的 TP 浓度升高幅度较大(平均升高 415mg/kg)；而在 2014 年以后，消落带沉积物中 TP 浓度升高的区域主要集中在重庆城区至万州段(升高幅度215mg/kg)。库区变动回水区沉积物中的生物有效磷(Bio-P)在年内不同季节会出现沉积分异，而常年回水区沉积物中 Bio-P 的沉积分异受季节的影响较小。空间上，沉积物中 TP 浓度在整个库区没有明显变化，而 Bio-P 浓度从库区变动回水区到常年回水区呈现出升高趋势。在垂向上，表层 30cm 沉积物中的 Bio-P 浓度高于 30cm 以下沉积物中的 Bio-P 浓度。另外，通过计算表层 30cm 沉积物中磷的蓄积量，发现库区水下沉积物中磷的蓄积量在忠县至秭归段较高，而消落带沉积物中磷的蓄积量在涪陵至奉节段偏高。

三峡水库完全运行后，沉积物中重金属(如 Cd、Cu、Pb、Zn)浓度增加，而重金属浓度在空间上无明显变化趋势。水下沉积物中 Cd 和 Zn 的浓度变化不明显，Cu 和 Pb 的浓度随深度的变化呈上升趋势，说明了近几年来的金属积累过程。2014 年库区下游沉积物中重金属的累积相对较高，而 2016 年库区中、上游沉积物中重金属累积水平较高。2014 年重金属污染水平为 Cd>Cu≈Zn>Pb>Cr≈Ni，2016 年 Cd>Zn>Cu≈Pb>Cr≈Ni。在 2014 年和 2016 年，沉积物中 Cd 均呈现出高潜在生态风险水平，而其他重金属处于非常低的水平。两年间，沉积物中重金属的污染呈现中到高等级和较高的潜在生态风险，但对水生生物群的毒性风险较低。在空间上，2014 年下游区域的重金属污染和风险水平相对较高，而 2016 年则是中上游地区较高。与 2014 年相比，2016 年局部人为活动的增加，极大地提升了三峡中上游地区沉积物中 Cd、Cu、Pb 和 Zn 的污染水平。上游主要支流的泥沙排放减少、周期性和反季节性的水流调节、局部地貌特征和人为活动决定了三峡流域消落带沉积物中重金属的再分布。沉积物中重金属的人为来源主要与当地的农业和工业生产、生活污水、航运业、采矿和大气沉积有关。

相较于沉积物其他理化性质，沉积物的粒度是影响磷和重金属分布的主要因素。对不同粒径泥沙中的元素分布和磷形态分析发现，库区泥沙中的细颗粒物聚集区是磷元素分布的主要区域。具体而言，库区常年回水区沉积物中 Bio-P 的浓度变化明显，沉积物中的 Mn_{ox}、Al_{ox}和粉粒是 Bio-P 浓度变化的主要影响因素；而在变动回水区沉积物中，盐酸提取态磷(HCl-P)的浓度变化明显，沉积物中的 Fe_{ox}、Ca、pH 和砂粒为 HCl-P 浓度变化的主要影响因素。由于消落带频繁地受到干湿交替的影响，铁锰氧化物对消落带沉积物重金属的影响作用相较于水下沉积物更突出。流域内人类活动对整个三峡库区干流消落带沉积物和水下沉积物中磷和重金属的分布模式有着显著的影响。

水文条件和人类活动显著影响着三峡库区干流沉积物性质和微生物 PLFA。环境因素的改变(如营养元素和重金属)导致了沿干流微生物总 PLFA 浓度的降低。在营养元素组分中，Bio-P 是影响研究区微生物 PLFA 分布格局最突出的因素，其浓度的降低暗示了下游沉积物中微生物群落受到 P 有效性的限制，同时也暗示临近大坝的沉积物受到 P 污染的生态风险低。微生物 PLFA 的分布明显受到营养元素和重金属元素控制，但营养元素的作用更重要。具体来说：在营养组分之间，Bio-P、NH_4^+-N、NO_3^--N 和 DOC 比 TOC、TN 和 TP 更重要；在重金属之间，Tl、V、Mo 和 Ni 比 Zn、Cu、Cd 和 Pb 更重要。

7.2 研究展望

河流是一个复杂的系统，流域内的物质来源多样且时空差异明显。在气候变化和人类活动影响不断加强的背景下，三峡库区泥沙的输移和污染物的迁移转化过程也存在显著变化，对三峡库区泥沙输移的时空变化和污染物的迁移转化进行深入研究，有利于库区的生态环境保护和长江上游生态屏障建设，同时也有利于为提高三峡水库的管理水平提供科学依据。因此，关于三峡水库中泥沙输移和污染物迁移转化的研究今后应当注意以下几点。

(1)在流域范围内对污染物的地球化学循环过程进行长期监测。流域内不同区域之间污染物的地球化学循环过程具有不同特征，并且污染物的地球化学循环过程在不同时空尺度下也不同。因此，只有建立大空间尺度上的长时间监测，才能对河流中污染物的迁移转化过程有深入了解。

(2)河流中污染物迁移转化的主要过程及控制因素。影响河流中污染物迁移转化过程的因素复杂多样，在不同区域、河流的不同部位其主要影响因素也不同。因此，需要研究不同区域、不同时间内影响污染物迁移转化的主要因素，这有利于对河流中的污染物采取不同的控制措施。

(3)河流中污染物迁移转化的数学模型研究。国内外已有学者利用数学模型对污染物在河流中迁移转化的过程进行了表达。但是对不同时空尺度下污染物的迁移转化过程需建立不同的模型进行模拟，特别是对泥沙—水界面污染物的微观迁移过程需要更加精确的模型进行精细刻画。

(4)在气候变化和人类活动不断加剧的背景下，河流水沙变化对污染物迁移转化的影响应引起重视。气候变化特别是降雨的变化直接影响三峡库区水沙输送，使泥沙输送量和不同粒径泥沙比例发生变化；泥沙颗粒对污染物具有较强的吸附能力，特别是细颗粒泥沙是污染物迁移的重要载体，而河流建坝使大量泥沙滞留在水库中，泥沙的沉积过程对污染物的滞留和形态转化产生重要影响；水库的运行过程影响库区的水环境，进而影响库区沉积物中污染物的迁移转化过程。因此，在今后的研究中要特别重视气候变化、上游建坝和水库运行管理对三峡库区泥沙输移及污染物迁移转化的影响研究。

(5)微生物在污染物迁移转化过程中的作用日益突出。微生物有非常高的多样性和丰富度，其在生物圈生物地球化学循环中起着至关重要的作用。沉积物中微生物群落很容易遭到人为或自然胁迫，同时微生物的变化直接影响沉积物环境中元素的地球化学循环过程、生态稳定性、恢复能力和生态服务。因此，在今后三峡库区污染物迁移转化研究中要更加关注微生物的作用。

参 考 文 献

敖亮, 雷波, 王业春, 等, 2014. 三峡库区典型农村型消落带沉积物风险评价与重金属来源解析. 环境科学, 35(1): 179-85.

白厚义, 2005. 试验方法及统计分析. 北京: 中国林业出版社.

鲍玉海, 贺秀斌, 2011. 三峡水库消落带土壤侵蚀问题初步探讨. 水土保持研究, 18(6): 190-195.

鲍正风, 李长春, 王祥, 2016. 长江上游流域水文条件变化下的三峡水库综合运用. 水利水电技术, 47(04): 98-103.

曹琳, 2011. 三峡库区消落带水—沉积物界面磷干湿交替分布特征及转化机理研究. 重庆: 重庆大学.

长江水利委员会水文局, 2016. 三峡水库区间来沙量分析研究报告.

陈锦山, 何青, 郭磊城, 2011. 长江悬浮物絮凝特征. 泥沙研究, 5: 11-18.

陈静, 陈中原, 徐開钦, 等, 2005. 长江三峡 ADP 流速剖面特征及其水文地貌环境意义分析. 科学通报, 5: 464-468.

陈明洪, 2008. 泥沙颗粒吸附磷的规律及微观形貌变化的研究. 北京: 清华大学.

陈松生, 许全喜, 陈泽方, 2008a. 乌江流域水沙变化特性及其原因分析. 泥沙研究, 5: 43-48.

陈松生, 张欧阳, 陈泽方, 等, 2008b. 金沙江流域不同区域水沙变化特征及原因分析. 水科学进展, 19(4): 475-482.

陈振楼, 黄荣贵, 万国江, 1992. 红枫湖沉积物—水界面 Fe、Mn 的分布和迁移特征. 科学通报, 21: 1974-1977.

程根伟, 麻泽龙, 范继辉, 2004. 西南江河梯级水电开发对河流水环境的影响及对策. 中国科学院院刊, 19(6): 433-437.

程瑞梅, 刘泽彬, 肖文发, 等, 2017. 三峡库区典型消落带土壤化学性质变化. 林业科学, 53(2): 19-25.

程瑞梅, 王晓荣, 肖文发, 等, 2009. 三峡库区消落带水淹初期土壤物理性质及金属含量初探. 水土保持学报, 23(5): 156-161.

邓金燕, 2015. 沱江流域中游河段生态水利工程初探. 绿色科技, 5: 20-22.

丁悌平, 高建飞, 石国钰, 等, 2013. 长江水中悬浮物含量与矿物和化学组成及其地质环境意义. 地质学报, 87(5): 634-660.

段炎冲, 李丹勋, 王兴奎, 2015. 长江上游梯级水库群拦沙效果分析. 四川大学学报(工程科学版), 47(6): 15-23.

范继辉, 2007. 梯级水库群调度模拟及其对河流生态环境的影响. 北京: 中国科学院研究生院(成都山地灾害与环境研究所).

范继辉, 程根伟, 张艳, 等, 2005. 岷江上游水电梯级开发存在的问题及建议. 中国水利, 10: 47-49.

冯秀富, 杨青远, 张欧阳, 等, 2008. 二滩水库拦沙作用及其对金沙江流域水沙变化的影响. 四川大学学报(工程科学版), 40(6): 37-42.

冯亚文, 任国玉, 刘志雨, 等, 2013. 长江上游降水变化及其对径流的影响. 资源科学, 35(6): 1268-1276.

高鹏, 穆兴民, 王炜, 2010. 长江支流嘉陵江水沙变化趋势及其驱动因素分析. 水土保持研究, 17(4): 57-61, 66.

郭进, 文安邦, 严冬春, 等, 2012. 三峡库区紫色土坡地土壤颗粒流失特征. 水土保持学报, 26(3): 18-21.

郭世兴, 刘斌, 王光社, 等, 2015. 基于 Mann-Kendall 法的汉江上游水沙趋势分析. 水电能源科学, 33(11): 140-142.

何立平, 付川, 谢昆, 等, 2014. 三峡库区万州段不同类型消落带土壤磷形态贮存特征. 长江流域资源与环境, 23(4): 534-541.

何梦颖, 郑洪波, 黄湘通, 等, 2011. 长江流域沉积物黏土矿物组合特征及物源指示意义. 沉积学报, 29: 544-551.

胡江, 张鹏, 黄原森, 2012. 三峡水库135m蓄水阶段长江万州—涪陵河段泥沙淤积特性分析. 重庆交通大学学报(自然科学版), 31(6): 1232-1235.

胡莲, 陈晓彬, 2001. 积极开发乌江水电资源. 中国水利, 2: 45.

胡鹏, 2011. 三峡水库成库初期库区泥沙淤积研究. 重庆: 重庆交通大学.

康宇, 2017. 四川省雅砻江中下游河段水电开发社会环境影响后评价. 成都: 西南交通大学.

兰凯, 2005. 三峡库区重庆段水流模型研究. 重庆: 重庆大学.

李丹勋, 2010. 三峡水库上游来水来沙变化趋势研究. 北京: 科学出版社.

李丹勋, 毛继新, 杨胜发, 等, 2010. 三峡水库上游来水来沙变化趋势研究. 北京: 科学出版社.

黎国有, 肖尚斌, 王雨春, 等, 2012. 三峡水库干流沉积物的粒度分布与矿物组成特征. 三峡大学学报: 自然科学版, 24(1): 9-13.

李海彬, 张小峰, 胡春宏, 等, 2011. 三峡入库沙量变化趋势及上游建库影响. 水力发电学报, 30(01): 94-100.

李璐璐, 2014. 三峡库区消落带土壤及沉积物中磷素分布与赋存特征研究. 重庆: 西南大学.

李文杰, 杨胜发, 付旭辉, 等, 2015. 三峡水库运行初期的泥沙淤积特点. 水科学进展, 26(5): 676-685.

梁俐, 张和喜, 黄维, 2017. 乌江干流梯级水库段气候变化特征分析. 人民长江, 48(S2): 68-72.

蔺秋生, 黄莉, 姚仕明, 2010. 长江上游干流近期水沙变化规律分析. 人民长江, 41(10): 5-8.

刘丹雅, 2010. 三峡及长江上游水库群水资源综合利用调度研究. 人民长江, 41(15): 5-9.

刘启贞, 2007. 长江口细颗粒泥沙絮凝主要影响因子及其环境效应研究. 上海: 华东师范大学.

刘同宦, 范中海, 陈立, 等, 2011. 长江上游川江河道水沙输移特性分析. 泥沙研究, 1: 60-64.

刘孝盈, 2008. 嘉陵江流域不同尺度水土保持减沙效果研究. 北京: 北京林业大学.

鲁凤, 钱鹏, 胡秀芳, 等, 2013. 基于小波分析与 Mann-Kendall 法的上海市近 12 年空气质量变化. 长江流域资源与环境, 22(12): 1614-1620.

潘婷婷, 赵雪, 袁轶君, 等, 2015. 三峡水库沉积物不同赋存形态磷的时空分布. 环境科学学报, 36(8): 2968-2973.

彭亚, 2004. 金沙江水电基地及前期工作概况(一). 中国三峡建设, 4: 37-38, 75-76.

秦伯强, 杨柳燕, 陈非洲, 等, 2006. 湖泊富营养化发生机制与控制技术及其应用. 科学通报, 51(16): 1857-1866.

秦胜伍, 2006. 三峡地区地质环境演化分析. 长春: 吉林大学.

冉祥滨, 2009. 三峡水库营养盐分布特征与滞留效应研究. 青岛: 中国海洋大学.

饶开永, 2010. 长江三峡地质遗迹类型及成因的构造初步分析. 科技创业月刊, 23(1): 136-137.

唐将, 李勇, 邓富银, 等，2005. 三峡库区土壤营养元素分布特征研究. 土壤学报, (3): 473-478.

唐强, 2014. 三峡水库干流典型消落带沉积泥沙物源示踪. 北京: 中国科学院研究生院.

王彬俨, 文安邦, 严冬春, 等, 2016. 三峡水库干流消落带泥沙沉积影响因素. 中国水土保持科学, 14(1): 12-20.

王冬, 李义天, 邓金运, 等, 2014. 长江上游梯级水库蓄水优化初步研究. 泥沙研究, 2: 62-67.

王开军, 黄添强, 2010. 基于趋势秩的 Spearman 相关方法. 福建师范大学学报(自然科学版), 26(1): 38-41.

王延贵, 胡春宏, 刘茜, 等, 2016. 长江上游水沙特性变化与人类活动的影响. 泥沙研究, 1: 1-8.

王永艳, 文安邦, 张信宝, 等, 2017. 三峡水库干支流悬移质泥沙及支流泥沙沉积特征——以忠县段为例. 山地学报, 35(2): 151-159.

魏丽, 卢金友, 刘长波, 2010. 三峡水库蓄水后长江上游水沙变化分析. 中国农村水利水电, 6: 1-8.

翁文林, 刘尧成, 周新春, 2013. 长江上游水库群兴建对水沙情势的影响分析. 长江科学院院报, 30(5): 1-4.

吴起鑫, 韩贵琳, 唐杨, 2009. 水位变化对湖泊(水库)消落带生态环境影响的研究进展. 地球与环境, 37(4): 446-453.

吴晓玲, 张欣, 向小华, 等, 2018. 乌江流域上游水沙特性变化及其水电站建设的影响. 生态学杂志, 37(3): 642-650.

熊亚兰, 张科利, 杨光檄, 等, 2008. 乌江流域水沙特性变化分析. 生态环境学报, 17(5): 230-235.

肖新成, 倪九派, 何丙辉, 等, 2014. 三峡库区重庆段农业面源污染负荷的区域分异与预测. 应用基础与工程科学学报, (4): 634-646.

徐成汉, 2018. 长江上游降水径流趋势分析. 安徽水利水电职业技术学院学报, 18(1): 1-3.

徐金英, 胡明庭, 2019. 基于 Matlab 的水库年径流序列变化周期及趋势性分析. 华电技术, 41(2): 22-25.

许炯心, 2007. 长江上游不同水沙来源区产沙量变化对宜昌-汉口河段泥沙冲淤量的影响. 泥沙研究, 1: 36-43.

许全喜, 陈松生, 熊明, 等, 2008. 嘉陵江流域水沙变化特性及原因分析. 泥沙研究, 2: 1-8.

阎丹丹, 鲍玉海, 贺秀斌, 等, 2014. 三峡水库蓄水后长江干支流及消落带泥沙颗粒特征分析. 水土保持学报, 28(4): 289-292, 329.

杨丹, 谢宗强, 樊大勇, 等, 2018. 三峡水库蓄水对消落带土壤Cu、Zn、Cr、Cd含量的影响. 自然资源学报, 33(7): 1283-1290.

杨金艳, 赵超, 刘光生, 等, 2017. 基于 Mann-Kendall 和 R/S 法的水文序列变化趋势分析——以苏州市为例. 水利水电技术, 48(2): 27-30, 137.

杨维鸽, 代茹, 张雁, 等, 2019. 2000—2015年长江干流水沙变化及成因分析. 中国水土保持科学, 1: 16-23.

叶飞, 吴胜军, 姜毅, 等, 2018. 人类活动对三峡消落带土壤亚硝酸盐型甲烷厌氧氧化菌群落的影响. 环境科学学报, 38(8): 3266-3277.

禹雪中, 廖文根, 吕平毓, 2010. 三峡库区泥沙对主要污染物作用研究. 北京: 科学出版社.

张彬, 2013. 三峡水库消落带土壤有机质、氮、磷分布特征及通量研究. 重庆: 重庆大学.

张超, 2014. 水电能资源开发利用. 北京: 化学工业出版社.

张明波, 郭海晋, 徐德龙, 等, 2003. 嘉陵江流域水保治理水沙模型研究与应用. 水土保持学报, 17(5): 110-113.

张信宝, 2009. 关于三峡水库消落带地貌变化之思考. 水土保持通报, 29(3): 1-9.

张信宝, 文安邦, 2002. 长江上游干流和支流河流泥沙近期变化及其原因. 水利学报, 4: 56-59.

张信宝, 文安邦, Walling D E, 等, 2011. 大型水库对长江上游主要干支流河流输沙量的影响. 泥沙研究, 4: 59-66.

郑艳霞, 陈步青, 2015. 嘉陵江流域泥沙输移量变化影响因素分析. 人民长江, 46(21): 43-46.

周建平, 钱钢粮, 2011. 十三大水电基地的规划及其开发现状. 水利水电施工, 1: 1-7.

周新春, 许银山, 冯宝飞, 2017. 长江上游干流梯级水库群防洪库容互用性初探. 水科学进展, 28(3): 103-110.

朱广伟, 陈英旭, 2001. 沉积物中有机质的环境行为研究进展. 湖泊科学, 13(3): 272-279.

朱江, 2005. 乌江流域梯级水电站水库群联合调度初探. 水电自动化与大坝监测, 5: 60-62.

Akmal M, Xu J M, Li Z J, et al., 2005. Effects of lead and cadmium nitrate on biomass and substrate utilization pattern of soil microbial communities. Chemosphere, 60: 508-514.

Andrieux-Loyer F, Aminot A, 2001. Phosphorus forms related to sediment grain size and geochemical characteristics in French coastal areas. Estuarine Coastal and Shelf Science, 52: 617-629.

Ao L, Lei B, Wang Y C, et al., 2014. Heavy metal risk assessment and sources distinguishing in town polluted river sediment at the Three Gorges Reservoir. Journal of Beijing University of Technology, 40(3): 444-450.

Arain M B, Kazi T G, Jamali M K, et al., 2008. Time saving modified BCR sequential extraction procedure for the fraction of Cd, Cr, Cu, Ni, Pb and Zn in sediment samples of polluted lake. Journal of Hazardous Materials, 160: 235-239.

Armid A, Shinjo R, Zaeni A, et al., 2014. The distribution of heavy metals including Pb, Cd and Cr in Kendari Bay surficial sediments. Marine Pollution Bulletin, 84: 373-378.

Baborowski M, Büttner O, Morgenstern P, et al., 2012. Spatial variability of metal pollution in groyne fields of the Middle Elbe-implications for sediment monitoring. Environmental Pollution, 167: 115-123.

Bai J H, Jia J, Zhang G L, et al., 2016. Spatial and temporal dynamics of heavy metal pollution and source identification in sediment cores from the short-term flooding riparian wetlands in a Chinese delta. Environmental Pollution, 219: 379-388.

Bai J H, Xiao R, Zhang K J, et al., 2012. Arsenic and heavy metal pollution in wetland soils from tidal freshwater and salt marshes before and after the flow-sediment regulation regime in the Yellow River Delta, China. Journal of Hydrology, 450: 244-253.

Bao Y H, Gao P, He X B, 2015a. The water-level fluctuation zone of Three Gorges Reservoir-a unique geomorphological unit. Earth Science Reviews, 150: 14-24.

Bao Y H, Tang Q, He X B, et al., 2015b. Soil erosion in the riparian zone of the Three Gorges Reservoir, China. Hydrology Research, 46(2): 198-201.

Bastami K D, Bagheri H, Haghparast S, et al., 2012. Geochemical and geo-statistical assessment of selected heavy metals in the surface sediments of the Gorgan Bay, Iran. Marine Pollution Bulletin, 64: 2877-2884.

Ben-David E A, Holden P J, Stone D J M, et al., 2004. The use of phospholipid fatty acid analysis to measure impact of acid rock drainage on microbial communities in sediments. Microbial Ecology, 48: 300-315.

Berggren M, Giorgio P A D, 2015. Distinct patterns of microbial metabolism associated to riverine dissolved organic carbon of different source and quality. Journal of Geophysical Research-Biogeosciences, 120: 989-999.

Bi X Y, Feng X B, Yang Y, et al., 2007. Heavy metals in an impacted wetland system: a typical case from southwestern China. Science of the Total Environment, 387: 257-268.

Bi X Y, Li Z G, Wang S X, et al., 2017. Lead isotopic compositions of selected coals, Pb/Zn ores and fuels in China and the application for source tracing. Environmental Science & Technology, 51: 13502-13508.

Bing H J, Wu Y H, Nahm W H, et al., 2013. Accumulation of heavy metals in the lacustrine sediment of Longgan Lake, middle reaches of Yangtze River, China. Environmental Earth Science, 69: 2679-2689.

Bing H J, Wu Y H, Zhou J, et al., 2016a. Historical trends of anthropogenic metals in Eastern Tibetan Plateau as reconstructed from alpine lake sediments over the last century. Chemosphere, 148: 211-219.

Bing H J, Zhou J, Wu Y H, et al., 2016b. Current state, sources, and potential risk of heavy metals in sediments of Three Gorges Reservoir, China. Environmental Pollution, 214: 485-496.

Bing H J, Wu Y H, Zhou J, et al., 2019. Spatial variation of heavy metal contamination in the riparian sediments after two-year flow regulation in the three gorges reservoir, China. Science of the Total Environment, 649: 1004-1016.

Bollhofer A, Rosman K, 2001. Isotopic source signatures for atmospheric lead: The Northern Hemishere. Geochim Cosmochim Acta, 65(11): 1727-1740.

Borovec Z, 1996. Evaluation of the concentrations of trace elements in stream sediments by factor and cluster analysis and the sequential extraction procedure. Science of the Total Environment, 177: 237-250.

Bossio D A, Scow K M, 1998. Impacts of carbon and flooding on soil microbial communities: phospholipid fatty acid profiles and substrate utilization patterns. Microbial Ecology, 35: 265-278.

Bravo S, Amoros J A, Perez-de-los-Reyes C, et al., 2017. Influence of the soil pH in the uptake and bioaccumulation of heavy metals (Fe, Zn, Cu, Pb and Mn) and other elements (Ca, K, Al, Sr and Ba) in vine leaves, Castilla-La Mancha (Spain). Journal of Geochemical Exploration, 174: 79-83.

Burford M A, Green S A, Cook A J, et al., 2012. Sources and fate of nutrients in a subtropical reservoir. Aquatic Sciences, 74: 179-190.

Campana O, Blasco J, Simpson S L, 2013. Demonstrating the appropriateness of developing sediment quality guidelines based on sediment geochemical properties. Environmental Science & Technology, 47(13): 7483-7489.

Cao S, Duan X, Zhao X, et al., 2014. Isotopic ratio based source apportionment of children's blood lead around coking plant area. Environment International, 73: 158-166.

CCME, 1999. Canadian sediment quality guidelines for the protection of aquatic life: summary tables// Canadian Environmental

Quality Guidelines. Winniperg: Canadian Council of Ministers of the Environment.

CEPA, 1990. Elemental Background Values of Soils in China. Beijing: Environmental Science Press of China.

Chen C D, Wu S J, Meurk C D, et al., 2017. Effects of local and landscape factors on exotic vegetation in the riparian zone of a regulated river: Implications for reservoir conservation. Landscape and Urban Planning, 157: 45-55.

Chen H Y, Teng Y G, Li J, et al., 2016a. Source apportionment of trace metals in river sediments: a comparison of three methods. Environmental Pollution, 211: 28-37.

Chen J, Finlayson B L, Wei T Y, et al., 2016b. Changes in monthly flows in the Yangtze River, China—with special reference to the Three Gorges Dam. Journal of Hydrology, 536: 293-301.

Chen H Y, Teng Y G, Lu S J, et al., 2015. Contamination features and health risk of soil heavy metals in China. Science of the Total Environment, 512: 143-153.

Chen J M, Tan M G, Li Y L, et al., 2005. A lead isotope record of Shanghai atmospheric lead emissions in total suspended particles during the period of phasing out of leaded gasoline. Atmospheric Environment, 39: 1245-1253.

Cheng H, Hu Y, 2010. Lead（Pb）isotopic fingerprinting and its applications in lead pollution studies in China: a review. Environmental Pollution, 158: 1134-1146.

Christophoridis C, Dedepsidis D, Fytianos K, 2009. Occurrence and distribution of selected heavy metals in the surface sediments of Thermaikos Gulf, N Greece Assessment using pollution indicators. Journal of Hazardous Materials, 168: 1082-1091.

Christophoridis C, Fytianos K, 2006. Conditions affecting the release of phosphorus from surface lake sediments. Journal of Environmental Quality, 35: 1181-1192.

Cornwell J C, Glibert P M, Owens M S, 2014. Nutrient fluxes from sediments in the San Francisco Bay Delta. Estuaries and Coasts, 37: 1120-1133.

Craft J A, Stanford J A, Pusch M, 2002. Microbial respiration within a floodplain aquifer of a large gravel-bed river. Freshwater Biology, 47: 251-261.

Cunha D, Calijuri M D, Dodds W K, 2014. Trends in nutrient and sediment retention in Great Plains reservoirs（USA）. Environmental Monitoring and Assessment, 186: 1143-1155.

Deng K, Yang S Y, Lian E G, et al., 2016.Three Gorges Dam alters the Changjiang（Yangtze）river water cycle in the dry seasons: Evidence from H-O isotopes. Science of the Total Environment, 562:89-97.

Dai S B, Lu X X, 2014. Sediment load change in the Yangtze River（Changjiang）: a review. Geomorphology, 215: 60-73.

Dai Y Y, Zhu J M, Tan D C, et al., 2017. Preliminary investigation on concentration and isotopic composition of lead in coal from Guizhou Provience, China. Earth & Environment, 45: 290-298.

Dieter D, Herzog C, Hupfer M, 2015. Effects of drying on phosphorus uptake in re-flooded lake sediments. Environmental Science and Pollution Research, 22: 17065-17081.

Ding S M, 2007. Pollution Properties of Heavy Metals in Municipal Solid Waste Incineration fly Ash in Chongqing. Chongqing: Chongqing University.

Djukic I, Zehetner F, Mentler A, et al., 2010. Microbial community composition and activity in different Alpine vegetation zones. Soil Biology & Biochemistry, 42: 155-161.

Draut A E, Rubin D M, 2013. Assessing grain-size correspondence between flow and deposits of controlled floods in the Colorado River, USA. Journal of Sedimentary Research, 8: 962-973.

Duan C J, Fang L C, Yang C L, et al., 2018. Reveal the response of enzyme activities to heavy metals through in situ zymography.

Ecotoxicology and Environmental Safety, 156: 106-115.

EC, MENVIQ (Environment Canada and Ministère de l' Environnement du Québec), 1992. Interim Criteria for Quality Assessment of St Lawrence River Sediment. Ottawa, Ontario: Environment Canada.

El Nemr A, El-Said G F, Ragab S, et al., 2016. The distribution, contamination and risk assessment of heavy metals in sediment and shellfish from the Red Sea coast, Egypt. Chemosphere, 165: 369-380.

Feng C H, Zhao S, Wang D X, et al., 2014a. Sedimentary records of metal speciation in the Yangtze Estuary: role of hydrological events. Chemosphere, 107: 415-422.

Feng L, Hu C M, Chen X L, et al., 2014b. Influence of the Three Gorges Dam on total suspended matters in the Yangtze Estuary and its adjacent coastal waters: observations from MODIS. Remote Sensing of Environment, 140: 779-788.

Feng J L, Hu Z G, Cui J Y, et al., 2010. Distributions of lead isotopes with grain size in aeolian deposits. Terra Nova, 22: 257-263.

Findlay R H, 1996. The use of phospholipid fatty acids to determine microbial community structure./ In: Akkermans A D L, Van Elsas J D, De Bruijn F J(eds) Molecular Microbial Ecology Manual. Springer, Dordrecht.

Fischer H, Pusch M, 2001. Comparison of bacterial production in sediments, epiphyton and the pelagic zone of a lowland river. Freshwater Biology, 46: 1335-1348.

Fremion F, Bordas F, Mourier B, et al., 2016. Influence of dams on sediment continuity: a study case of a natural metallic contamination. Science of the Total Environment, 547: 282-294.

Friedl G, Wüest A, 2002. Disrupting biogeochemical cycles—consequences of damming. Aquatic Sciences, 64: 55-65.

Fu B J, Wu B F, Lu Y H, et al., 2010. Three gorges project: efforts and challenges for the environment. Progress in Physical Geography, 34 (6) : 741-754.

Gai N, Zhang P, Tan K Y, et al., 2017. Studies on lead isotope analysis and composition in soils and nearsurface atmospheric aerosols of Ruoergai high altitude plateau and lead sources identification. Rock Mineral Analysis, 36 (3) : 265-272.

Gao B, Gao L, Xu D Y, et al., 2018. Assessment of Cr pollution in tributary sediment cores in the Three Gorges Reservoir combining geochemical baseline and in situ DGT. Science of the Total Environment, 628: 241-248.

Gao L, Gao B, Xu D Y, et al., 2019. Multiple assessments of trace metals in sediments and their response to the water level fluctuation in the Three Gorges Reservoir, China. Science of the Total Environment, 648: 197-205.

Gao P, Xu W L, Sontag P, et al., 2016a. Correlating microbial community compositions with environmental factors in activated sludge from four full-scale municipal wastewater treatment plants in Shanghai, China. Applied Microbiology and Biotechnology, 100: 4663-4673.

Gao Q, Li Y, Cheng Q Y, et al., 2016b. Analysis and assessment of the nutrients, biochemical indexes and heavy metals in the Three Gorges Reservoir, China, from 2008-2013. Water Research, 92: 262-274.

Gao Z Y, Yin G, Ni S J, et al., 2004. Geochemical features of the urban environmental lead isotope in Chengdu city. Carsologica Sinica, 23: 267-272.

Gibbons S M, Jones E, Bearquiver A, et al., 2014. Human and environmental impacts on river sediment microbial communities. Plos One, 9 (5) :e97435.

Green J L, Bohannan B J M, Whitaker R J, 2008. Microbial biogeography: from taxonomy to traits. Science, 320: 1039-1043.

Güçlü Y S, 2018. Multiple Şen-innovative trend analyses and partial Mann-Kendall test. Journal of Hydrology, 566: 685-704.

Guo L C, Su N, Zhu C Y, et al., 2018. How have the river discharges and sediment loads changed in the Changjiang River basin downstream of the Three Gorges Dam? Journal of Hydrology, 560: 259-274.

Gurnell A M, Petts G E, Hannah D M, et al., 2001. Riparian vegetation and island formation along the gravel-bed Fiume Tagliamento, Italy. Earth Surface Processes and Landforms, 26(1): 31-62.

Ha L F, Gao B, Wei X, et al., 2015. The characteristic of Pb isotopic compositions in different chemical fractions in sediments from Three Gorges Reservoir, China. Environmental Pollution, 206: 627-635

Hakanson L, 1980. An ecological risk index for aquatic pollution control, a sedimentological approach. Water Research, 14: 975-1000.

Han L F, Gao B, Zhou H D, et al., 2015. The spatial distribution, accumulation and potential source of seldom monitored trace elements in sediments of Three Gorges Reservoir, China. Scientific Reports, 5: 16170.

Hatch J R, Leventhal J S, 1992. Relationship between inferred redox potential of the depositional environment and geochemistry of the Upper Pennsylvanian (Missourian) Stark Shale member of the Dennis Limestone, Wabaunsee County, Kansas, USA. Chemical Geology, 99: 65-82.

He H J, Chen H T, Yao Q Z, et al., 2009. Behavior of different phosphorus species in suspended particulate matter in the Changjiang estuary. Chinese Journal of Oceanology and Limnology, 27: 859-868.

He Y, Meng W, Xu J, et al., 2015. Spatial distribution and toxicity assessment of heavy metals in sediments of Liaohe River, northeast China. Environmental Science and Pollution Research, 22(19): 14960-14970.

Hu G R, Yu R L, Hu Q C, et al., 2016. Tracing heavy metal sources in the atmospheric dustfall using stable lead isotope. Journal of Jilin University (Earth Science Edition), 46(5): 1520-1526.

Hu J, Yang S, Wang X, 2013. Sedimentation in Yangtze River above Three Gorges Project since 2003. Journal of Sediment Research, 1: 39-40.

Huang X J, Jiang C S, Hao Q J, 2014. Assessment of heavy metal pollutions in soils and bioaccumulation of heavy metals by plants in Rongxi Manganese mineland of Chongqing. Acta Ecologica Sinica, 34(15): 4201-4211.

Ip C C M, Li X D, Zhang G, et al., 2007. Trace metal distribution in sediments of the Pearl River Estuary and the surrounding coastal area, South China. Environmental Pollution, 147: 311-23.

Jaramillo F, Destouni G, 2015. Local flow regulation and irrigation raise global human water consumption and footprint. Science, 350(6265): 1248-1251.

Jarvie H P, Jurgens M D, Williams R J, et al., 2005. Role of river bed sediments as sources and sinks of phosphorus across two major eutrophic UK river basins: the Hampshire Avon and Herefordshire Wye. Journal of Hydrology, 304: 51-74.

Jia F J, Yan Y F, Wu W, et al., 2016. S, Pb, H and O isotopic geochemistry of Laojunshan tin poly-metallic metallogenic region, southeastern Yunnan Province, China. Journal of Jilin University (Earth Science Edition), 46(1): 105-118.

Jia X W, Wang C, Zeng X Y, et al., 2014. The occurrence, accumulation and preliminary risk assessment of heavy metals in sediments from the main tributaries in the Three Gorges Reservoir. Geochimica, 43(2): 174-179.

Jiang W, 2008. The investigation of the six metal elements and their chemical species in dust in Chongqing main city. Chongqing: Southwest University.

Jiang Y G, Cui Y L, Wu J, et al., 2011. Characteristics of stable isotope geochemistry of lead and zinc deposit in Yuhucun formation in northeast Yunnan. Mineral Resources and Geology, 25: 417-422.

Jin Z F, Ding S M, Sun Q, et al., 2019. High resolution spatiotemporal sampling as a tool for comprehensive assessment of zinc mobility and pollution in sediments of a eutrophic lake. Journal of Hazardous Materials, 364: 182-191.

Keitel J, Zak D, Hupfer M, 2016. Water level fluctuations in a tropical reservoir: the impact of sediment drying, aquatic macrophyte dieback, and oxygen availability on phosphorus mobilization. Environmental Science and Pollution Research, 23: 6883-6894.

Koiv T, Noges T, Laas A, 2011. Phosphorus retention as a function of external loading, hydraulic turnover time, area and relative depth in 54 lakes and reservoirs. Hydrobiologia, 660: 105-115.

Kucuksezgin F, Uluturhan E, Batki H, 2008. Distribution of heavy metals in water, particulate matter and sediments of Gediz River (Eastern Aegean). Environmental Monitoring and Assessment, 141: 213-225.

Kunz M J, Anselmetti F S, Uuml W, et al., 2011. Sediment accumulation and carbon, nitrogen, and phosphorus deposition in the large tropical reservoir Lake Kariba (Zambia/Zimbabwe). Journal of Geophysical Research, 116: 2779-2799.

Lai D Y, Lam K C, 2009. Phosphorus sorption by sediments in a subtropical constructed wetland receiving stormwater runoff. Ecological Engineering, 35: 735-743.

Lan K, 2005. Study on flow model of the Three Gorges area in Chongqing region. Chongqing: Chongqing University.

Li F L, Liu C Q, Yang Y G, et al., 2012. Natural and anthropogenic lead in soils and vegetables around Guiyang city, southwest China: a Pb isotopic approach. Science of the Total Environment, 431: 339-347.

Li H, Zhang Y, 2015. Analysis of characteristics of inflow and outflow runoff and sediment in Three Gorges Reservoir and its influential factors. Yangtze River, 46: 13-18.

Li H M, Qian X, Hu W, et al., 2013. Chemical speciation and human health risk of trace metals in urban street dusts from a metropolitan city, Nanjing, SE China. Science of the Total Environment, 456-457: 212-221.

Li L L, Zhang S, Liu J H, et al., 2005. Evaluation of potential ecological risk caused by heavy metals in the water-level-fluctuating zone of the Three Gorges Reservoif area. Journal of Southwest Agricultural University (Natural Science), 27(4): 470-473.

Li Q F, Yu M X, Lu G B, et al., 2011. Impacts of the Gezhouba and Three Gorges reservoirs on the sediment regime in the Yangtze River, China. Journal of Hydrology, 403: 224-233.

Li R Z, Shu K, Luo Y Y, et al., 2010. Assessment of heavy metal pollution in estuarine surface sediments of Tangxi River in Chaohu Lake Basin. Chinese Geographical Science, 20: 9-17.

Li F P, Wang Z T, Chao N F, et al., 2018a. Assessing the influence of the Three Gorges Dam on hydrological drought using GRACE data. Water, 10: 669.

Li W J, Yang S F, Xiao Y, et al., 2018b. Rate and distribution of sedimentation in the Three Gorges Reservoir, upper Yangtze River. Journal of Hydraulic Engineering, 144(8): 05018006.

Liu B L, Diao G L, Han X, et al., 2015a. Spatial distribution and ecological risk assessment heavy metals in surface sediments from Songhua River. Science Technology and Engineering, 15(8): 140-145.

Liu M, Yang Y, Yun X, et al., 2015b. Concentrations, distribution, sources, and ecological risk assessment of heavy metals in agricultural topsoil of the Three Gorges Dam region, China. Environmental Monitoring and Assessment, 187: 1-11.

Liu J L, Li Y L, Zhang B, et al., 2009. Ecological risk of heavy metals in sediments of the Luan River source water. Ecotoxicology, 18(6): 748-758.

Liu J Q, Ping Y, Chen B, et al., 2016. Distribution and contamination assessment of heavy metals in surface sediments of the Luanhe River Estuary, northwest of the Bohai Sea. Marine Pollution Bulletin, 109: 633-639.

Long E R, Morgan L G, 1991. The potential for biological effect of sediment-sorbed contaminants tested in the National Status and Trends Program//NOAA Technical Memorandum NOS OMA 52. Seattle, Washington: National Oceanic and Atmospheric Administration: 175.

López P, López-Tarazón J A, Casas-Ruiz J P, et al., 2016. Sediment size distribution and composition in a reservoir affected by severe water level fluctuations. Science of the Total Environment, 540: 158-167.

Loska K, Cebula J, Pelczar J, et al., 1997. Use of enrichment and contamination factors together with geoaccumulation indexes to evaluate the content of Cd. Cu and Ni in the Rybnik water Reservoir in Poland. Water, Air, & Soil Pollution, 93: 347-365.

Loska K, Wiechula D, 2003. Application of principle component analysis for the estimation of source of heavy metal contamination in surface sediments from the Rybnik Reservoir. Chemosphere, 51: 723-733.

Loska K, Wiechula D, Korus I, 2004. Metal contamination of farming soils affected by industry. Environmental International, 30: 159-165.

Lu X, Higgitt D, 2001. Sediment delivery to the Three Gorges: 2. Local response. Geomorphology, 41: 157-169.

Lu S D, Sun Y J, Zhao X, et al., 2016. Sequencing insights into microbial communities in the water and sediments of Fenghe River, China. Archives of Environmental Contamination and Toxicology, 71: 122-132.

Luo B, Liu L, Zhang J L, et al., 2010. Levels and distribution characteristics of heavy metals in sediments in main stream of Huaihe River. Journal of Environment and Health, 27(12): 1122-1127.

Luo X S, Xue Y, Wang Y L, et al., 2015. Source identification and apportionment of heavy metals in urban soil profiles. Chemosphere, 127: 152-157.

Luo X S, Yu S, Zhu Y G, et al., 2012. Trace metal contamination in urban soils of China. Science of the Total Environment, 421-422: 17-30.

Lv G P, Chen L, Shen Z Y, 2015a. Progress on Three Gorges Reservoir research: from a bibliometrics perspective. Science & Technology Review, 33(9): 108-119.

Lv M Q, Wu S J, Chen C D, et al., 2015b. A review of studies on water level fluctuating zone (WLFZ) of the Three Gorges Reservoir (TGR) based on bibliometric perspective. Acta Ecologica Sinica, 35(11): 3504-3518.

Lv S C, Zhang H, Shan B Q, et al., 2013. Spatial distribution and ecological risk assessment of heavy metals in the estuaries surface sediments from the Haihe River basin. Environmental Science, 34(11): 4204-4210.

Ma X L, Zuo H, Tian M J, et al., 2016. Assessment of heavy metals contamination in sediments from three adjacent regions of the Yellow River using metal chemical fractions and multivariate analysis techniques. Chemosphere, 144: 264-272.

Ma Y Q, Qin Y W, Zheng B H, et al., 2016. Three Gorges Reservoir: metal pollution in surface water and suspended particulate matter on different reservoir operation periods. Environmental Earth Science, 75: 1413.

MacDonald D D, Carr R S, Calder F D, et al., 1996. Development and evaluation of sediment quality guidelines for Florida coastal waters. Ecotoxicology, 5: 253-278.

MacDonald D D, Ingersoll C G, Berger T A, 2000. Development and evaluation of consensus-based sediment quality guideline for freshwater ecosystems. Archives of Environmental Contamination and Toxicology, 39: 20-31.

Mar S S, Okazaki M, 2012. Investigation of Cd contents in several phosphate rocks used for the production of fertilizer. Microchemical Journal, 104: 17-21.

Meng J, Yao Q Z, Yu Z G, 2014a. Particulate phosphorus speciation and phosphate adsorption characteristics associated with sediment grain size. Ecological Engineering, 70: 140-145.

Meng J, Yu Z, Yao Q, et al., 2014b. Distribution, mixing behavior, and transformation of dissolved inorganic phosphorus and suspended particulate phosphorus along a salinity gradient in the Changjiang Estuary. Marine Chemistry, 168: 124-134.

Molisani M M, Becker H, Barroso H S, et al., 2013. The influence of castanhao reservoir on nutrient and suspended matter transport during rainy season in the ephemeral Jaguaribe river (CE, Brazil). Brazilian Journal of Biology, 73: 115-123.

Mukai H, Naoki F, Toshihiro F, et al., 1993. Characterization of sources of lead in the urban air of Asia using ratios of stable lead isotopes. Environmental Science & Technology, 27: 1347-1356.

Muller G, 1969. Index of geoaccumulation in sediments of the Rhine River. Geojournal, 2(108): 108-118.

Nakayama T, Shankman D, 2013. Impact of the Three-Gorges Dam and water transfer project on Changjiang floods. Global and Planetary Change, 100: 38-50.

Nelson E J, Booth D B, 2002. Sediment sources in an urbanizing, mixed land-use watershed. Journal of Hydrology, 264: 51-68.

Nemr A M E, Sikaily A E, Khaled A, 2007. Total and leachable heavy metals in muddy and sandy sediments of Egyptian coast along Mediterranean Sea. Environmental Monitoring and Assessment, 129: 151-168.

Nilsson C, Reidy C A, Dynesius M, et al., 2005. Fragmentation and flow regulation of the world' s large river systems. Science, 308(5720): 405-408.

Niu H Y, Deng W J, Wu Q H, et al., 2009. Potential toxic risk of heavy metals from sediment of the Pearl River in South China. Journal of Environmental Sciences, 21(8): 1053-1058.

Nwuche C O, Ugoji E O, 2008. Effects of heavy metal pollution on the soil microbial activity. International Journal of Environmental Science and Technology, 5: 409-414.

Palma P, Ledo L, Alvarenga P, 2015. Assessment of trace element pollution and its environmental risk to freshwater sediments influenced by anthropogenic contributions: the case study of Alqueva reservoir (Guadiana Basin). Catena, 128: 174-184.

Pei S X, Jian Z J, Guo Q S, et al., 2018. Temporal and spatial variation and risk assessment of soil heavy metal concentrations for water-level-fluctuating zones of the Three Gorges Reservoir. Journal of Soils and Sediments, 18: 2924-2934.

Pejman A, Bidhendi G N, Ardestani M, et al., 2015. A new index for assessing heavy metals contamination in sediments: a case study. Ecological Indicators, 58: 365-373.

Peng Y L, 2014. Concentrations and Deposition Fluxes of Heavy Metals in Precipitation in Core Urban Areas, Chongqing. Chongqing: Southwest University.

Persaud D R, Jaagumagi R, Hayton A, 1993. Guidelines for the Protection and Management of Aquatic Sediments in Ontario//Standards Development Branch. Toronto, Canada: Ontario Ministry of Environment and Energy.

Philip N, 1988. Kinetic control of dissolved phosphate in natural rivers and estuaries: a primer on the phosphate buifer mechanism. Limnology and Oceanography, 33: 649-668.

Pivnickova B, Rejmankova E, Snyder J M, et al., 2010. Heterotrophic microbial activities and nutritional status of microbial communities in tropical marsh sediments of different salinities: the effects of phosphorus addition and plant species. Plant and Soil, 336: 49-63.

Rauret G, Lopez-Sanchez J, Sahuquillo A, et al., 1999. Improvement of the BCR three step sequential extraction procedure prior to the certification of new sediment and soil reference materials. Journal of Environmental Monitoring, 1: 57-61.

Reed H E, Martiny J B H, 2013. Microbial composition affects the functioning of estuarine sediments. ISME Journal, 7: 868-879.

Reis A, Parker A, Alencoão A, 2014. Storage and origin of metals in active stream sediments from mountainous rivers: a case study in the River Douro basin (North Portugal). Applied Geochemistry, 44: 69-79.

Ren M Y, Ding S M, Fu Z, et al., 2019. Seasonal antimony pollution caused by high mobility of antimony in sediments: in situ evidence and mechanical interpretation. Journal of Hazardous Materials, 367: 427-436.

Rosado D, Usero J, Morillo J, 2016. Assessment of heavy metals bioavailability and toxicity toward Vibrio fischeri in sediment of the Huelva Estuary. Chemosphere, 153: 10-17.

Rousk J, Brookes P C, Baath E, 2010. The microbial PLFA composition as affected by pH in an arable soil. Soil Biology & Biochemistry, 42: 516-520.

Sakan S M, Dordevic D S, Manojlovic D D, et al., 2009. Assessment of heavy metal pollutants accumulation in the Tisza river sediments. Journal of Environmental Management, 90: 3382-3390.

Sato Y, Hori T, Navarro R R, et al., 2016. Fine-scale monitoring of shifts in microbial community composition after high organic loading in a pilot-scale membrane bioreactor. Journal of Bioscience and Bioengineering, 121: 550-556.

Schillereff D N, Chiverrell R C, Macdonald N, et al., 2014. Flood stratigraphies in lake sediments: a review. Earth-Science Reviews, 135: 17-37.

Selig U, 2003. Particle size-related phosphate binding and P-release at the sediment-water interface in a shallow German lake. Hydrobiologia, 492: 107-118.

Selvaraj K, Mohan V R, Szefer P, 2004. Evaluation of metal contamination in coastal sediments of the Bay of Bengal, India: geochemical and statistical approaches. Marine Pollution Bulletin, 49: 174-185.

Sen I S, Bizimis M, Tripathi S N, et al., 2016. Lead isotopic fingerprinting of aerosols to characterize the sources of atmospheric lead in an industrial city of India. Atmospheric Environment, 129: 27-33.

Shang Z, Ren J, Tao L, et al., 2015. Assessment of heavy metals in surface sediments from Gansu section of Yellow River, China. Environmental Monitoring and Assessment, 187(3): 1-10.

Shotyk, Bicalho B, Cuss C W, et al., 2017. Trace metals in the dissolved fraction (<0.45μm) of the lower Athabasca River: analytical challenges and environmental implications. Science of the Total Environment, 580: 660-669.

Shuang Y, Fu S H, Zhu Z J, et al., 2014. Sulfur and lead isotopic geochemistry and its significance for ore-forming material of the Shidi Pb-Zn Deposit in Xiushan, Southeast Chongqing. Acta Mieralogica Sinica, 34(4): 496-502.

Silva M E F, Lopes A R, Cunha-Queda A C, et al., 2016. Comparison of the bacterial composition of two commercial composts with different physicochemical, stability and maturity properties. Waste Management, 50: 20-30.

Singh D, Lee-Cruz L, Kim W S, et al., 2014. Strong elevational trends in soil bacterial community composition on Mt. Ha lla, South Korea. Soil Biology & Biochemistry, 68: 140-149.

Singh K P, Mohan D, Singh V K, et al., 2005. Studies on distribution and fractionation of heavy metals in Gomati river sediments—a tributary of the Ganges, India. Journal of Hydrology, 312: 14-27.

Smith S L, MacDonald D D, Keenleyside K A, et al., 1996. A preliminary evaluation of sediment quality assessment values for freshwater ecosystems. Journal of Great Lakes Research, 22: 624-638.

Smoot J C, Findlay R H, 2001. Spatial and seasonal variation in a reservoir sedimentary microbial community as determined by phospholipid analysis. Microbial Ecology, 42: 350-358.

Sondergaard M, Jensen J P, Jeppesen E, 2003. Role of sediment and internal loading of phosphorus in shallow lakes. Hydrobiologia, 506: 135-145.

Steiger J, Gurnell A M, 2003. Spatial hydrogeomorphological influences on sediment and nutrient deposition in riparian zones: observations from the Garonne River, France. Geomorphology, 49(1-2): 1-23.

Sun Z G, Mou X J, Tong C, et al., 2015. Spatial variations and bioaccumulation of heavy metals in intertidal zone of the Yellow River estuary, China. Catena, 126: 43-52.

Tan M G, Zhang G L, Li X L, et al., 2006. Comprehensive study of lead pollution in Shanghai by multiple techniques. Analytical Chemistry, 78: 8044-8050.

Tan Y, Yao F, 2006. Three Gorges project: Effects of resettlement on the environment in the reservoir area and countermeasures. Population and Environment, 27: 351-371.

Tang J, Zhong Y, Wang L, 2008. Background value of soil heavy metals in the Three Gorges Reservior District. Chinese Journal of Eco-Agriculture, 16: 848-852.

Tang M, Yang C, Lei B, 2013. Spatial distribution investigation on the water-level-fluctuating zone slopes in Three Gorges Reservoir areas based on GIS. Environment and Ecology in the Three Gorges, 35: 8-20.

Tang Q, Bao Y, He X, et al., 2014a. Sedimentation and associated trace metal enrichment in the riparian zone of the Three Gorges Reservoir, China. Science of the Total Environment, 479: 258-266.

Tang X, Wu M, Li Q, et al., 2014b. Impacts of water level regulation on sediment physic-chemical properties and phosphorus adsorption-desorption behaviors. Ecological Engineering, 70: 450-458.

Tang Q, Bao Y H, He X B, et al., 2016. Flow regulation manipulates contemporary seasonal sedimentary dynamics in the reservoir fluctuation zone of the Three Gorges Reservoir, China. Science of the Total Environment, 548-549: 410-420.

Tang Q, Collins A L, Wen A B, et al., 2018a. Particle size differentiation explains flow regulation controls on sediment sorting in the water-level fluctuation zone of the Three Gorges Reservoir, China. Science of the Total Environment, 633: 1114-1125.

Tang Q, Fu B J, Collins A L, et al., 2018b. Developing a sustainable strategy to conserve reservoir marginal landscapes. National Science Review, 5 (1) : 10-14.

Taylor S R, McLennan S M, 1995. The geochemical evolution of the continental crust. Reviews of Geophysics, 33 (2) : 241-265.

Teodoru C, Wehrli B, 2005. Retention of sediments and nutrients in the Iron Gate I Reservoir on the Danube River. Biogeochemistry, 76: 539-565.

Tian X S, Zhang H, Zhang J Z, 2012. Relationship between particulates substances and heavy metals in urban rainfall runoff in Chongqing. Environmental Science & Technology, 35 (11) : 6-11.

Toonen W H J, Winkels T G, Cohen K M, et al., 2015. Lower Rhine historical flood magnitudes of the last 450 years reproduced from grain-size measurements of flood deposits using End Member Modelling. Catena, 130: 69-81.

Townseng A T, Seen A J, 2012. Historical lead isotope record of a sediment core from the Derwent River (Tasmania, Australia) : a multiple source environment. Science of the Total Environment, 424: 153-161.

U. S. Environmental Protection Agency, 1995. Proposed sediment quality criteria, in: Quality Assurance Technical Document 7—Compilation of Sediment and Soil Standards, Criteria and Guidelines. The Resources Agency Department of Water Resource State of California.

Viers J, Dupre B, Gaillardet J, 2009. Chemical composition of suspended sediments in World River: new insights from a new database. Science of the Total Environment, 407: 853-868.

Wakida F, Lara-Ruiz D, Temores-Pena J, et al., 2008. Heavy metals in sediments of the Tecate River, Mexico. Environmental Geology, 546: 37-42.

Walling D E, 2006. Human impact on land-ocean sediment transfers by the world' s rivers. Geomorphology, 79: 192-216.

Walton K C, Johnson D B, 1992. Microbiological and chemical characteristics of an acidic stream draining a disused copper mine. Environmental Pollution, 76: 169-175.

Wang B Y, Yan D C, 2018. Sediment sources tracing in riparian zone based on grain size distribution and ^{137}Cs activity in the Three Gorges Reservoir. Journal of Yangtze River Scientific Research Institute, 35 (6) : 146-153.

Wang B Y, Yan D C, Wen A B, et al., 2016a. Influencing factors of sediment deposition and their spatial variability in riparian zone of the Three Gorges Reservoir, China. Journal of Mountain Science, 13: 1387-1396.

Wang C, Yang Z F, Zhong C, et al., 2016b. Temporal-spatial variation and source apportionment of soil heavy metals in the representative river-alluviation depositional system. Environmental Pollution, 216: 18-26.

Wang J, Liu G J, Lu L L, et al., 2016c. Metal distribution and bioavailability in surface sediments from the Huaihe River, Anhui, China. Environmental Monitoring and Assessment, 188: 3.

Wang T J, Pan J, Liu X, 2016d. Characterization of heavy metal contamination in the soil and sediment of the Three Gorges Reservoir, China. Journal of Environmental Science and Health, Part A, 11: 1-9.

Wang Y, Huang P, Ye F, et al., 2016e. Nitrite-dependent anaerobic methane oxidizing bacteria along the water level fluctuation zone of the Three Gorges Reservoir. Applied Microbiology and Biotechnology, 100: 1977-1986.

Wang H T, Wang J W, Liu R M, et al., 2015a. Spatial variation, environmental risk and biological hazard assessment of heavy metals in surface sediments of the Yangtze River estuary. Marine Pollution Bulletin, 93: 250-258.

Wang X Q, Cui H Y, Shi J H, et al., 2015b, Relationship between bacterial diversity and environmental parameters during composting of different raw materials. Bioresource Technology, 198: 395-402.

Wang J K, Gao B, Zhou H D, et al., 2012a. Heavy metals pollution and its potential ecological risk of the sediments in Three Gorges Reservoir during its impounding period. Environmental Chemistry, 33 (5) : 1693-1699.

Wang T J, Yang Q W, Pan J, et al., 2012b. Chemical fraction composition characteristics of heavy metals in sediments of water-level-fluctuation zone of Three Gorges Reservoir area. Journal of Environment and Health, 29 (10) : 905-909.

Wang M Q, Gao Y Y, 2007. Tracing source of geogas with lead isotopes: a case study in Jiaolongzhang Pb-Zn Deposit, Gansu Province. Geochimica, 36 (4) : 391-399.

Wang X L, Xu Y M, 2015. Soil heavy metal dynamics and risk assessment under long-term land use and cultivation conversion. Environmental Science and Pollution Research, 22: 264-274.

Wang X X, Bing H J, Wu Y H, et al., 2017a. Distribution and potential eco-risk of chromium and nickel in sediments after impoundment of Three Gorges Reservoir, China. Human and Ecological Risk Assessment, 23 (1) : 172-185.

Wang Y Y, Wen A B, Zhang X B, et al., 2017b. Sedimentary characteristics of suspending particles in the mainstream of the Three Gorges Reservoir and its tributaries—a case study in Zhong County. Mountain Research, 35: 151-159.

Wang Y, Shen Z Y, Niu J F, et al., 2009. Adsorption of phosphorus on sediments from the Three-Gorges Reservoir (China) and the relation with sediment compositions. Journal of Hazardous Materials, 162: 92-98.

Wang Y, Shi J, Wang H, et al., 2007. The influence of soil heavy metals pollution on soil microbial biomass, enzyme activity, and community composition near a copper smelter. Ecotoxicology and Environmental Safety, 67: 75-81.

Wang Y K, Zhang N, Wang D, et al., 2018. Investigating the impacts of cascade hydropower development on the natural flow regime in the Yangtze River, China. Science of the Total Environment, 624: 1187-1194.

Wei X, Han L F, Gao B, et al., 2016. Distribution, bioavailability, and potential risk assessment of the metals in tributary sediments of Three Gorges Reservoir: the impact of water impoundment. Ecological Indicators, 61 (2) : 667-675.

Weise L, Ulrich A, Moreano M, et al., 2016. Water level changes affect carbon turnover and microbial community composition in lake sediments. FEMS Microbiology Ecology, 92: fiw035.

White D C, Robbie R J, Herron J S, et al., 1979. Biochemical measurements of microbial biomass and activity from environmental samples. ASTM Special Technical Publication, 695: 13: 69-81.

Willers C, Rensburg P J J V, Claassens S, 2015. Phospholipid fatty acid profiling of microbial communities-a review of interpretations and recent applications. Journal of Applied Microbiology, 119: 1207-1218.

Woese C R, 1994. There must be a prokaryote somewhere—microbiologys search for itself. Microbiological Reviews, 58: 1-9.

Wu Q, Qi J, Xia X H, 2017. Long-term variations in sediment heavy metals of a reservoir with changing trophic states: implications for the impact of climate change. Science of the Total Environment, 609: 242-250.

Wu Y, Bao H Y, Yu H, et al., 2015. Temporal variability of particulate organic carbon in the lower Changjiang (Yangtze River) in the post-Three Gorges Dam period: links to anthropogenic and climate impacts. Journal of Geophysical Research-Biogeosciences, 120: 2194-2211.

Wu Y H, Wang X X, Zhou J, et al., 2016. The fate of phosphorus in sediments after the full operation of the Three Gorges Reservoir, China. Environmental Pollution, 214: 282-289.

Xiao R, Bai J H, Huang L B, et al., 2013. Distribution and pollution, toxicity and risk assessment of heavy metals in sediments from urban and rural rivers of the Pearl River delta in southern China. Ecotoxicology, 22(10): 1564-1575.

Xiao S B, Liu D F, Wang Y C, et al., 2011. Characteristics of heavy metal pollution in sediments at the Xiangxi Bay of Three Gorges Reservoir. Resources and Environment in the Yangtze Basin, 20(8): 983-989.

Xiao X G, Huang Z L, Zhou J X, et al., 2012. Source of metallogenic materials in the Shaojiwan Pb-Zn deposit in northwest Guizhou Province, China: an evidence from Pb isotope composition. Acta Mineralogica Sinica, 32: 294-299.

Xie Y, Wang J, Wu Y, et al., 2016. Using in situ bacterial communities to monitor contaminants in river sediments. Environmental Pollution, 212: 348-357.

Xu G, Chen J, Berninger F, et al., 2015. Labile, recalcitrant, microbial carbon and nitrogen and the microbial community composition at two Abies faxoniana forest elevations under elevated temperatures. Soil Biology & Biochemistry, 91: 1-13.

Xu K H, Milliman J D, 2009. Seasonal variations of sediment discharge from the Yangtze River before and after impoundment of the Three Gorges Dam. Geomorphology, 104: 276-283.

Xu X Q, Deng G Q, Hui J Y, et al., 1999. Heavy metal pollution in sediments from the Three Gorges Reservoir area. Acta Hydrobiologica Sinca, 23(1): 1-10.

Xue C J, Zeng R, Liu S W, et al., 2007. Geologic, fluid inclusion and isotopic characteristics of the Jinding Zn-Pb deposit, western Yunnan, South China: a review. Ore Geology Reviews, 31: 337-359.

Xue W, Xue C J, Li H J, et al., 2012. Source of the ore-forming material of the Baiyangping poly-metallic deposit in Lanping Basin, northwestern Yunnan: constraints from C, H, O, S and Pb isotope geochemistry. Geoscience, 26(4): 663-672.

Yan N, Zhang J, Yuan W M, et al., 2013. Characteristics of isotopic geochemistry and metallogenesis of the Gala Gold Deposit in Ganzi-Litang suture zone, western Sichuan Province, China. Acta Petrologica Sinica, 29(4): 1347-1357.

Yan Q, Bi Y, Deng Y, et al., 2015a. Impacts of the Three Gorges Dam on microbial structure and potential function. Scientific Reports, 5: 8605.

Yan Y L, Guo L L, Zhang G X, et al., 2015b. Isotope characteristics of lead in $PM_{2.5}$ of Taiyuan City, China. Earth & Environment, 43(3): 279-284.

Yang H F, Yang S L, Xu K H, et al., 2018. Human impacts on sediment in the Yangtze River: a review and new perspectives. Global and Planetary Change, 162: 8-17.

Yang S L, Milliman J D, Xu K H, et al., 2014a. Downstream sedimentary and geomorphic impacts of the Three Gorges Dam on the Yangtze River. Earth-Science Reviews, 138: 469-486.

Yang Z F, Xia X Q, Wang Y P, et al., 2014b. Dissolved and particulate partitioning of trace elements and their spatial-temporal distribution in the Changjiang River. Journal of Geochemical Exploration, 145: 114-123.

Yang S L, Xu K H, Milliman J D, et al., 2015. Decline of Yangtze River water and sediment discharge: impact from natural and anthropogenic changes. Scientific Reports, 5: 12581.

Yang Z, Wang H J, Saito Y, et al., 2006. Dam impacts on the Changjiang（Yangtze）River sediment discharge to the sea: the past 55 years and after the Three Gorges Dam. Water Resources Research, 42: W04407.

Yang Z F, Wang Y, Shen Z Y, et al., 2009. Distribution and speciation of heavy metals in sediments from the mainstream, tributaries, and lakes of the Yangtze River catchment of Wuhan, China. Journal of Hazardous Materials, 166(2-3): 1186-1194.

Yang Z P, Lu W X, Xin X, et al., 2008. Lead isotope signatures and source identification in urban soil of Changchun City. Journal of Jilin University(Earth Science Edition), 38(4): 663-669.

Ye C, Butler O M, Du M, et al., 2019a. Spatio-temporal dynamics, drivers and potential sources of heavy metal pollution in riparian soils along a 600 kilometre stream gradient in central China. Science of the Total Environment, 651: 1935-1945.

Ye C, Li S Y, Zhang Y L, et al., 2011. Assessing soil heavy metal pollution in the water-level-fluctuation zone of the Three Gorges Reservoir, China. Journal of Hazardous Materials, 191: 366-372.

Ye F, Ma M H H, Wu S J, et al., 2019b. Soil properties and distribution in the riparian zone: the effects of fluctuations in water and anthropogenic disturbances. European Journal of Soil Science, 70: 664-673.

Yu F, Zhang C, Zhang S, et al., 2006. Contents and distribution of heavy metals in the draw-down zone of the Three Gorges Reservoir area. Journal of Southwest Agricultural University（Natural Science）, 28(1): 165-168.

Yuan J, Xu Q, Tong H, 2013a. Study of sediment deposition in region of Three Gorges reservoir after its impoundment. Journal of Hydroelectric Engineering, 32: 139-145.

Yuan X Z, Zhang Y W, Liu H, et al., 2013b. The littoral zone in the Three Gorges Reservoir, China: challenges and opportunities. Environmental Science and Pollution Research, 20: 7092-7102.

Zahra A, Hashmi M Z, Malik R N, et al., 2013. Enrichment and geo-accumulation of heavy metals and risk assessment of sediments of the Kurang Nallah-feeding tributary of the Rawal Lake Reservoir, Pakistan. Science of the Total Environment, 470: 925-33.

Zang X P, Guo L P, Chen H Z, et al., 1992. Background and pollution conditions of twelve metal elements in sediments of the mainstream of Yangtze River. Environmental Monitoring in China, 8(4): 18-20.

Zhang B, 2013. Study on Distribution Characteristics and Flux of Organic Matter, Nitrogen and Phosphorus in the Soil of WLFZ of Three Gorges Reservoir. Chongqing : Chongqing University.

Zhang C, Yu Z G, Zeng G M, et al., 2014. Effects of sediment geochemical properties on heavy metal bioavailability. Environment International, 73: 270-281.

Zhang C Q, Mao J W, Wu SP, et al., 2005. Distribution, characteristics and genesis of Mississippi Valley—type lead-zinc deposits in Sichuan-Yunnan-Guizhou area. Mineral Deposits, 24(3): 336-348.

Zhang C S, Zhang S, Wang L J, et al., 1998. Geochemistry of metals in sediments from Changjiang River and Huanghe River and their comparison. Acta Geographica Sinica, 53(4): 314-322.

Zhang G L, Bai J H, Zhao Q Q, et al., 2016a. Heavy metals in wetland soils along a wetland-forming chronosequence in the Yellow River Delta of China: levels, sources and toxic risks. Ecological Indicators, 69: 331-339.

Zhang X, Dong Z, Gupta H, et al., 2016b. Impact of the Three Gorges Dam on the hydrology and ecology of the Yangtze River. Water, 8: 590-590.

Zhang Y, Dong S K, Gao Q Z, et al., 2016c. Climate change and human activities altered the diversity and composition of soil microbial community in alpine grasslands of the Qinghai-Tibetan Plateau. Science of the Total Environment, 562: 353-363.

Zhang Z W, Hu G R, Yu R L, et al., 2016d. Characteristics and source apportionment of metals in the dustfall of Quanzhou City. Environmental Science, 37(8): 2881-2888.

Zhang J, Liu C, 2002. Riverine composition and estuarine geochemistry of particulate metals in China—weathering features, anthropogenic impact and chemical fluxes. Estuarine Coastal and Shelf Science, 54(6): 1051-1070.

Zhang W G, Feng H, Chang J N, et al., 2009. Heavy metal contamination in surface sediments of Yangtze River intertidal zone: an assessment from different indexes. Environmental Pollution, 157: 1533-1543.

Zhang Z Y, Wan C Y, Zheng Z W, et al., 2013. Plant community characteristics and their responses to environmental factors in the water level fluctuation zone of the three gorges reservoir in China. Environmental Science and Pollution Research, 20: 7080-7091.

Zhao D Y, Wei Y M, Wei S, et al., 2013. Pb pollution source identification and apportionment in the atmospheric deposits based on the lead isotope analysis technique. Journal of Safety and Environment, 13(4): 107-110.

Zhao J, Zhao X, Chao L, et al., 2014a. Diversity change of microbial communities responding to zinc and arsenic pollution in a river of northeastern China. Journal of Zhejiang University Science B, 15: 670-680.

Zhao Q H, Liu S L, Deng L, et al., 2014b. Soil degradation associated with water-level fluctuations in the Manwan Reservoir, Lancang River Basin. Catena, 113: 226-235.

Zhao J B, He X B, Shao T J, 2012. Material composition and microstructure of purple soil and purple mudstone in Chongqing area. Acta Pedologica Sinica, 49: 212-219.

Zhao X J, Gao B, Xu D Y, et al., 2017a. Heavy metal pollution in sediments of the largest reservoir (Three Gorges Reservoir) in China: a review. Environmental Science and Pollution Research, 24: 20844-20858.

Zhao Y F, Zou X Q, Liu Q L, et al., 2017b. Assessing natural and anthropogenic influences on water discharge and sediment load in the Yangtze River, China. Science of the Total Environment, 607-608: 920-932.

Zheng J, Tan M, Shibata Y, et al., 2004. Characteristics of lead isotope ratios and elemental concentrations in PM_{10} fraction of airborne particulate matter in Shanghai after the phase-out of leaded gasoline. Atmospheric Environment, 38: 1191-1200.

Zheng N, Wang Q, Liang Z, et al., 2008. Characterization of heavy metal concentrations in the sediments of three freshwater rivers in Huludao City, Northeast China. Environmental Pollution, 154: 135-42.

Zhou A M, Tang H X, Wang D S, 2005. Phosphorus adsorption on natural sediments: modeling and effects of pH and sediment composition. Water Research, 39: 1245-1254.

Zhou J, Zhang M, Lu P Y, 2013. The effect of dams on phosphorus in the middle and lower Yangtze River. Water Resources Research, 49: 3659-3669.

Zhou J X, Huang Z L, Lv Z C, et al., 2014. Geology, isotope geochemistry and ore genesis of the Shanshulin carbonate-hosted Pb-Zn deposit, southwest China. Ore Geology Reviews, 63: 209-225.

Zhu B Q, Chen Y W, Peng J H, 2001. Lead isotope geochemistry of the urban environment in the Pearl River Delta. Applied Geochemistry, 16: 409-417.

Zhu S Q, Zang X P, 2001. On heavy metal pollution along Yangtze River stretches of urban areas in major cities. Yangtze River, 32(7): 23-25.

Zhu Z M, Sun G Y, Bi X Y, et al., 2013. Identification of trace metal pollution in urban dust from kindergartens using magnetic, geochemical and lead isotopic analyses. Atmospheric Environment, 77: 9-15.

索 引

Z